A CONQUISTA SOCIAL DA TERRA

FSC
www.fsc.org
MISTO
Papel produzido a partir de fontes responsáveis
FSC® C012418

A marca FSC® é a garantia de que a madeira utilizada na fabricação do papel deste livro provém de florestas que foram gerenciadas de maneira ambientalmente correta, socialmente justa e economicamente viável, além de outras fontes de origem controlada.

EDWARD O. WILSON

A conquista social da Terra

Tradução
Ivo Korytovski

COMPANHIA DAS LETRAS

Grafia atualizada segundo o Acordo Ortográfico da Língua Portuguesa de 1990, que entrou em vigor no Brasil em 2009.

Título original
The Social Conquest of Earth

Capa
Mariana Newlands

Foto de capa
Paul Gauguin, *D'où venons nous/ Que sommes nous/ Où allons nous*, 1897-8, óleo sobre tela, 139,1 cm x 374,6 cm, Museum of Fine Arts, Boston, Tompkins Collection – Arthur Gordon Tompkins Fund. Foto © 2012 Museum of Fine Arts, Boston/ Bridgeman Art Library. Todos os direitos reservados.

Revisão técnica
Maria Guimarães

Preparação
Silvia Rebello

Índice remissivo
Luciano Marchiori

Revisão
Thaís Totino Richter
Renata Lopes Del Nero

Dados Internacionais de Catalogação na Publicação (CIP)
(Câmara Brasileira do Livro, SP, Brasil)

Wilson, Edward O.
A conquista social da Terra / Edward O. Wilson ; tradução Ivo Korytovski — 1ª ed. — São Paulo : Companhia das Letras, 2013.

Título original: The Social Conquest of Earth.
ISBN 978-85-359-2220-2

1. Evolução (Biologia) – Filosofia 2. Evolução humana – Filosofia 3. Evolução social – Filosofia I. Título.

12-15661 CDD-599.938

Índice para catálogo sistemático:
1. Condição humana : Evolução social : Ciências da vida 599.938

[2013]

EDITORA SCHWARCZ S.A.
Rua Bandeira Paulista, 702, cj. 32
04532-002 — São Paulo — SP
Telefone: (11) 3707-3500
Fax: (11) 3707-3501
www.companhiadasletras.com.br
www.blogdacompanhia.com.br

Sumário

Prólogo

Não existe Graal mais fugidio ou precioso na vida da mente que a chave da compreensão da condição humana. Aqueles que a buscam sempre tiveram por costume explorar o labirinto dos mitos: na religião, os mitos da criação e os sonhos dos profetas; no caso dos filósofos, os vislumbres da introspecção e os raciocínios neles baseados; nas artes criativas, relatos baseados na ação dos sentidos.

A grande arte visual em particular é a expressão da jornada de uma pessoa, uma evocação de sentimentos que não podem ser expressos em palavras. Talvez naquilo até aqui oculto resida um sentido mais profundo, mais essencial. Paul Gauguin, caçador de segredos e famoso Criador de Mitos (como tem sido chamado), fez essa tentativa. Sua história é um pano de fundo válido para a resposta moderna a ser oferecida nesta obra.

No final de 1897, em Punaauia, a quase cinco quilômetros do porto taitiano de Papeete, Gauguin sentou-se para pôr na tela sua maior e mais importante pintura. Estava debilitado pela sífilis e por uma série de ataques cardíacos. Seus recursos estavam quase esgotados, e a notícia de que sua filha Aline havia morrido de pneumonia pouco antes na França o deprimia.

Gauguin sabia que seu tempo estava se esgotando. Pretendia que aquela fosse sua última pintura. Assim, ao terminá-la, subiu nas montanhas de Papeete para se suicidar. Carregava consigo um frasco de arsênico que havia guardado, talvez ignorando quão dolorosa pode ser a morte por esse veneno. Pretendia se esconder antes de tomá-lo, para que seu corpo não fosse logo encontrado, sendo antes devorado pelas formigas.

Mas então ele se arrependeu e retornou a Punaauia. Embora restasse pouca coisa em sua vida, decidiu continuar lutando. Para sobreviver, aceitou um emprego de seis francos diários em Papeete como funcionário no Escritório de Obras Públicas e Topografia. Em 1901 se isolou ainda mais, mudando-se para a ilhota de Hiva Oa, no distante arquipélago das Marquesas. Dois anos depois, envolvido em problemas legais, Paul Gauguin morreu de insuficiência cardíaca sifilítica e foi enterrado no cemitério católico da ilha.

"Sou um selvagem", ele escreveu a um magistrado poucos dias antes de partir. "E as pessoas civilizadas suspeitam disso, pois nas minhas obras não há nada mais surpreendente e desconcertante que esse aspecto 'selvagem apesar de mim'."

Gauguin fora à Polinésia francesa, a esse quase inatingível fim de mundo (somente as Ilhas Pitcairn e a Ilha da Páscoa são mais remotas), para encontrar paz e uma nova fronteira de expressão artística. Alcançou esse segundo objetivo, mas jamais o primeiro.

A jornada de Gauguin, de corpo e mente, foi singular entre os grandes artistas de sua época. Nascido em Paris em 1848, foi criado em Lima e depois Orléans pela mãe, de origem peruana. Essa mistura étnica deu uma pista do que estava por vir. Quando jovem, ingressou na Marinha Mercante francesa e viajou ao redor do mundo por seis anos. Durante esse período, em 1870-1, combateu na Guerra Franco-Prussiana, no Mediterrâneo e no mar do Norte. De volta a Paris, de início não deu muita importância para a arte, tornando-se corretor de ações sob a orientação de seu abastado protetor Gustave Arosa. Seu interesse pela arte foi despertado e sustentado por Arosa, dono de grande coleção de obras de arte francesa, incluindo as últimas obras dos impressionistas. Quando o mercado de ações despencou em janeiro de 1882 e seu próprio banco faliu, Gauguin voltou-se para a pintura e começou a desenvolver seu notável talento. Apresentado ao impressionismo por pintores de grandeza indubitável — Pissarro, Cézanne, Van Gogh, Manet, Seurat, Degas —, procurou aderir a suas fileiras. Ao longo de suas viagens, de Pontoise a Rouen, de Pont-Aven a Paris, criou retratos, naturezas-mortas, paisagens, numa obra cada vez mais fantasmagórica, prenunciando o Gauguin que estava por emergir.

Mas Gauguin se desapontou com o resultado e permaneceu apenas pouco tempo na companhia de seus fascinantes contemporâneos. Não se tornara rico e famoso por seus próprios esforços, embora, como mais tarde declarou, soubesse que era um grande artista. Sonhava com uma vida mais simples e fácil para encontrar seu destino. Paris, ele escreveu em 1886, "é um deserto para um homem pobre. [...] Vou ao Panamá viver a vida de um nativo. [...] Levarei minhas tintas e pincéis e me revigorarei longe da companhia dos homens".

Não foi apenas a pobreza que afastou Gauguin da civilização. No fundo, era uma alma inquieta, um aventureiro, sempre ansioso por descobrir o que jazia além do local onde vivia. Na arte, foi igualmente um experimentalista. Em suas perambulações foi atraído pelo exotismo das culturas não ocidentais, e desejou mergulhar nelas em busca de novos modos de expressão visual. Passou algum tempo no Panamá, e depois na Martinica. De volta ao lar, candidatou-se a um emprego na província de Tonkin, governada pela França, agora no norte do Vietnã. Negado seu pedido, recorreu enfim à Polinésia francesa, seu derradeiro paraíso.

Em 9 de junho de 1891, Gauguin chegou em Papeete e imergiu na cultura indígena. Acabou se tornando um defensor dos direitos dos nativos e, portanto, um criador de problemas aos olhos das autoridades coloniais. Muito mais importante foi seu pioneirismo em um estilo novo chamado primitivismo: simplório, pastoral, amiúde violentamente colorido, simples e direto, e autêntico.

No entanto, não podemos escapar à conclusão de que Gauguin buscava mais do que apenas esse novo estilo. Estava também profundamente interessado na condição humana, no que realmente é e em como retratá-la. Os locais da França metropolitana, especialmente Paris, eram um domínio de mil vozes clamando por atenção, onde a vida intelectual e artística era regida por autoridades reconhecidas, cada uma enraizada em seu próprio feudo de conhecimentos. Ninguém, ele achava, poderia criar uma nova unidade a partir daquela dissonância.

Aquilo poderia ser feito, porém, no mundo bem mais simples, mas ainda totalmente funcional, do Taiti. Ali alguém talvez pudesse descer à base da condição humana. Nesse aspecto Gauguin tinha afinidade com Henry David Thoreau, que anteriormente havia se retirado para sua minúscula cabana na margem do lago Walden para "enfrentar apenas os fatos essenciais da vida e ver se poderia aprender tudo o que ela tinha para ensinar. [...] viver com tanto vigor que conseguisse aniquilar tudo o que não fosse vida, empurrar a vida contra uma esquina, reduzi-la aos seus termos mais humildes".

Essa percepção é mais bem expressa por Gauguin em sua obra-prima de 3,7 metros de largura. Observe de perto seus detalhes. Ela contém uma sucessão de figuras dispostas diante de uma mistura frouxa de paisagens taitianas, montanha e mar. A maioria das figuras são mulheres (o que é típico do Gauguin taitiano). Alternadamente realistas e surreais, representam o ciclo da vida humana. O artista pretende que examinemos o quadro da direita para a esquerda. Um bebê na extrema direita representa o nascimento. Um adulto de sexo ambíguo foi colocado no centro, braços elevados, um símbolo do autorreconhecimento individual. Ao lado, à esquerda, um casal jovem colhendo e comendo maçãs é o arquétipo de Adão e Eva, em busca do conhecimento. Na extrema esquerda, representando a morte, uma velha acocorada em angústia e desespero (supostamente inspirada na gravura *Melancolia*, de Albrecht Dürer, de 1514).

Um ídolo pintado de azul nos contempla do fundo à esquerda, braços elevados ritualisticamente, talvez benigno ou talvez maligno. O próprio Gauguin descreveu seu sentido com uma ambiguidade poética reveladora.

> O ídolo está ali não como uma explicação literária, mas como uma estátua, menos estátua talvez do que as figuras de animais; menos animal também, unindo-se em meu sonho, diante de minha cabana, ao resto da natureza, dominando *nossa alma primitiva*, a consolação imaginária de nossos sofrimentos e o que eles contêm do valor e do incompreensível diante do mistério de nossas origens e de nosso futuro. (grifo de Gauguin)

No canto superior esquerdo da tela, ele escreveu o famoso título:

D'où venons nous/ Que sommes nous/ Où allons nous [*De onde viemos/ O que somos/ Para onde vamos*].

A pintura não é uma resposta. É uma pergunta.

I. POR QUE EXISTE VIDA SOCIAL AVANÇADA?

1. A condição humana

"*De onde viemos? O que somos? Para onde vamos?*" Concebidos em suprema simplicidade por Paul Gauguin na tela de sua obra-prima taitiana, esses são de fato os problemas centrais da religião e da filosofia. Seremos capazes de resolvê-los um dia? Às vezes parece que não. Mas talvez sejamos.

A humanidade hoje é como um sonâmbulo, imprensada entre as fantasias do sono e o caos do mundo real. A mente procura mas não consegue achar o lugar e a hora precisos. Criamos uma civilização de *Guerra nas estrelas*, com emoções da Idade da Pedra, instituições medievais e tecnologia divina. Nós nos debatemos. Ficamos perplexos com o mero fato de nossa existência, e nos tornamos um perigo para nós e para o resto dos seres vivos.

A religião jamais resolverá esse grande enigma. Desde o Paleolítico, cada tribo — as quais têm se multiplicado aos milhares e milhares — inventou seu próprio mito da criação. Durante esse longo tempo do sonho de nossos ancestrais, seres sobrenaturais falaram com xamãs e profetas. Identificaram-se aos mortais alternadamente como Deus, uma tribo de deuses, uma família divina, o Grande Espírito, o Sol, espíritos dos ancestrais, serpentes supremas, híbridos de diversos animais, quimeras em parte humanas, em parte animais, aranhas celestes onipotentes — qualquer coisa que pudesse ser evocada pelos sonhos, por alucinógenos e pela imaginação fértil dos líderes espirituais. Foram moldados em parte pelos ambientes de seus inventores. Na Polinésia, os deuses separaram o céu do solo e do mar, e a criação da vida e da humanidade se sucedeu. Nos patriarcados do judaísmo, do cristianismo e do islamismo que habitavam o deserto, não surpreende que os profetas concebessem um patriarca divino, todo-poderoso, que fala com seu povo através da escritura sagrada.

As histórias da criação davam aos membros de cada tribo uma explicação de sua existência. Faziam com que se sentissem amados e protegidos acima de todas as outras tribos. Em troca, os deuses exigiam crença e obediência absolutas. E com razão. O mito da criação era o elo essencial que mantinha a tribo unida. Ele fornecia aos seus crentes uma identidade singular, exigia sua fidelidade, fortalecia a ordem, garantia o cumprimento da lei, encorajava a bravura e o sacrifício e dava sentido aos ciclos de vida e morte. Nenhuma tribo conseguia sobreviver por muito tempo sem que o sentido de sua existência fosse definido por uma história da criação. A opção era enfraquecer, dissolver-se e morrer. Na história inicial de cada tribo o mito, portanto, se tornou uma verdade absoluta.

O mito da criação é um dispositivo darwiniano para a sobrevivência. O conflito tribal, contrapondo os crentes de dentro aos infiéis de fora, foi uma importante força propulsora que moldou a natureza humana biológica. A verdade de cada mito vivia no coração, não na mente racional. A criação de mitos, sozinha, jamais conseguiu descobrir a origem e o sentido da humanidade. Mas a ordem inversa é possível. A descoberta da origem e do sentido da humanidade poderia explicar a origem e o sentido dos mitos, e, portanto, o núcleo da religião organizada.

Essas duas visões de mundo poderão se reconciliar? A resposta, em termos sinceros e simples, é não. Elas são irreconciliáveis. Sua oposição define a diferença entre ciência e religião, entre confiança no empirismo e crença no sobrenatural.

Se o grande enigma da condição humana não pode ser resolvido pelo recurso à base mítica da religião, tampouco será resolvido pela introspecção. A investigação racional pura não consegue conceber seu próprio processo. A maioria das atividades do cérebro sequer é percebida pela mente consciente. O cérebro é a cidadela, como disse certa vez Darwin, que não pode ser conquistada pelo ataque direto.

Pensar sobre o pensamento é o processo central das artes criativas, mas é algo que nos diz muito pouco sobre *como* pensamos assim, e nada nos informa sobre *por que* as artes criativas se originaram. A consciência, tendo evoluído por milhões de anos de luta de vida ou morte, e sobretudo devido a essa luta, não foi projetada para o autoexame. Ela foi projetada para sobrevivência e reprodução. O pensamento consciente é movido pela emoção, estando totalmente comprometido com o propósito de sobrevivência e reprodução. As distorções intricadas da mente podem ser transmitidas pelas artes criativas em detalhes refinados, mas são construídas como se a natureza humana jamais tivesse uma história evolutiva. Suas metáforas contundentes não nos aproximaram da solução do enigma mais do que o teatro e a literatura da Grécia antiga.

Os cientistas, examinando os contornos da cidadela, buscam brechas potenciais em suas muralhas. Com tecnologia projetada para esse propósito, penetraram-na e agora leem os códigos e rastreiam as vias de bilhões de células nervosas. Dentro de uma geração, provavelmente teremos progredido o suficiente para explicar a base física da consciência.

Mas quando a natureza da consciência for solucionada, saberemos então o que somos e de onde viemos? Não, não saberemos. Entender as operações físicas do cérebro até seus fundamentos nos aproxima do Graal. Para achá-lo, porém, precisamos de muito mais conhecimentos coletados da ciência e das humanidades. Precisamos entender como o cérebro evoluiu da maneira que evoluiu, e por quê.

Além disso, buscamos em vão na filosofia a resposta ao grande enigma. Apesar de seus nobres propósito e história, a filosofia pura há muito abandonou as perguntas básicas sobre a existência humana. Essa própria investigação é uma assassina de reputações. Tornou-se uma Górgona para os filósofos, cujo semblante até os melhores pensadores temem olhar. Eles têm boas razões para sua aversão. A maior parte da história da filosofia consiste em modelos fracassados da mente. O campo do discurso está coalhado dos destroços de teorias da consciência. Após o declínio do positivismo lógico, em meados do século XX, e das tentativas desse movimento de fundir ciência e lógica num sistema fechado, os filósofos profissionais se dispersaram em uma diáspora intelectual. Eles emigraram para as disciplinas menos espinhosas ainda não colonizadas pela ciência — história intelectual, semântica, lógica, fundamentos da matemática, ética, teologia e, mais lucrativamente, problemas de ajuste na vida pessoal.

Os filósofos florescem nesses vários empreendimentos, mas, ao menos por enquanto, e por um processo de eliminação, a solução do enigma ficou a cargo da ciência. O que a ciência promete, e já ofereceu em parte, é o seguinte: existe uma história da criação real da humanidade, e somente uma, e não é um mito. Ela vem sendo elaborada, testada, enriquecida e fortalecida, passo a passo.

Sustentarei que os avanços científicos, especialmente aqueles das duas últimas décadas, são agora suficientes para abordarmos, de forma coerente, as questões sobre de onde viemos e o que somos. Para isso, porém, precisamos de respostas a duas questões ainda mais fundamentais levantadas pela investigação. A primeira é por que a vida social avançada chegou a existir e tem ocorrido tão raramente na história da vida. A segunda se refere à identidade das forças propulsoras que a fizeram surgir.

Esses problemas podem ser resolvidos reunindo-se informações de várias disciplinas, variando entre genética molecular, neurociência e biologia evolutiva e arqueologia, ecologia, psicologia social e história.

Para testar qualquer dessas teorias de processo complexo convém apresentar outros conquistadores da Terra, com estrutura social altamente desenvolvida, formigas, abelhas, vespas e cupins, o que farei. Eles são necessários para fornecer uma perspectiva ao desenvolvimento da teoria da evolução social. Creio que posso ser facilmente mal interpretado ao colocar insetos junto das pessoas. Já bastam os macacos, você poderia alegar, mas insetos? Na biologia humana, é sempre bom fazer essas justaposições. Existem precedentes em comparar os menores com os maiores. Os biólogos voltaram-se com grande sucesso às bactérias e leveduras para aprender os princípios da genética molecular humana. Eles dependeram de nematódeos e moluscos para aprender a base da nossa organização neural e da nossa memória. E as drosófilas nos ensinaram muito sobre o desenvolvimento dos embriões humanos. Também com os insetos sociais temos bastante a aprender, nesse caso para esclarecer com mais precisão a origem e o sentido da humanidade.

II. DE ONDE VIEMOS?

2. Os dois caminhos para conquistar

Os seres humanos criam culturas por meio de linguagens maleáveis. Inventamos símbolos para nos entender mutuamente e, assim, geramos redes de comunicação infinitamente maiores do que a de qualquer animal. Conquistamos a biosfera e a devastamos como nenhuma outra espécie na história da vida. Somos únicos naquilo que forjamos.

Mas não somos únicos em nossas emoções. Encontra-se, por exemplo, em nossa anatomia e em nossas expressões faciais o que Darwin chamou de marca indelével de nossa ancestralidade animal. Somos uma quimera evolutiva, vivendo com base na inteligência dirigida pelas exigências do instinto animal. Por esse motivo, estamos descuidadamente destruindo a biosfera e, com isso, nossas próprias perspectivas de existência permanente.

A humanidade é uma realização magnífica mas frágil. A nossa espécie é ainda mais impressionante porque somos a culminação de uma epopeia evolutiva representada continuamente com muito perigo. Em grande parte, nossas populações ancestrais foram bem pequenas, de um tamanho que, no decorrer da história dos mamíferos, costumava ter grandes chances de extinção precoce. Todos os grupos pré-humanos tomados em conjunto constituem uma população de no máximo algumas dezenas de milhares de indivíduos. Bem cedo, os ancestrais pré-humanos dividiram-se em dois ou mais de uma vez. Durante esse período, a vida média de uma espécie mamífera era de apenas meio milhão de anos. Em conformidade com esse princípio, a maioria das linhagens colaterais pré-humanas desapareceu. Aquela destinada a dar origem à humanidade moderna esteve perto da extinção ao menos uma vez, e possivelmente várias vezes, no último meio milhão de anos. A epopeia poderia facilmente ter acabado em qualquer dessas constrições, desaparecido para sempre num piscar de olhos geológico. Isso poderia ter ocorrido durante uma seca rigorosa na hora e no lugar errado, devido a uma doença estranha migrando dos animais circundantes para a população, ou por pressão de outros primatas mais competitivos. Teria então sucedido... nada. A evolução da biosfera teria recuado, para nunca mais produzir o que nos tornamos.

Os insetos sociais, que atualmente governam o ambiente terrestre dos invertebrados, evoluíram para a existência, em sua maioria, bem mais de 100 milhões de anos atrás. As estimativas dos especialistas são meados do Triássico, ou 220 milhões de anos atrás, para os cupins; do Jurássico Superior ao Cretáceo Inferior, cerca de 150 milhões de anos atrás, para as formigas; e para as abelhas, Cretáceo Superior, cerca de 70-80 milhões de anos atrás. Dali para a frente, e pelo resto da era mesozoica, a diversidade das espécies nessas várias linhagens em evolução aumentou junto com a ascensão e a disseminação das plantas floríferas. Mesmo assim, as formigas e os cupins conquistaram seu atual predomínio espetacular entre os invertebrados terrestres somente depois de existirem por um longo período. Seu pleno poder foi adquirido gradualmente, inovação após inovação, alcançando seus níveis atuais entre 65 e 50 milhões de anos atrás.

À medida que os enxames de formigas e cupins se espalharam pelo mundo, muitos outros invertebrados terrestres evoluíram paralelamente a eles e, como resultado, não apenas sobreviveram mas prosperaram. As plantas e os animais desenvolveram defesas contra suas depredações. Muitos se especializaram em depender de formigas, cupins e abelhas como alimento. Esses predadores incluíram também as plantas carnívoras, capazes de aprisionar e digerir grandes quantidades, suplementando os nutrientes obtidos do solo. Uma grande variedade de espécies de plantas e animais formou simbioses íntimas com os insetos sociais, aceitando-os como parceiros. Uma grande porcentagem passou a depender deles inteiramente para sua sobrevivência, alternadamente como presas, simbiontes, detritívoros, polinizadores ou revolvedores do solo.

No todo, o ritmo da evolução das formigas e dos cupins foi bastante lento para ser contrabalançado pela contrarrevolução ao longo da vida. Como resultado, esses insetos não conseguiram destruir o resto da biosfera terrestre pela força dos números, mas se tornaram elementos vitais dela. Os ecossistemas que dominam hoje, além de sustentáveis, dependem deles.

Num forte contraste, os seres humanos da espécie *Homo sapiens* emergiram nas últimas centenas de milhares de anos e se espalharam ao redor do mundo somente nos últimos 60 mil anos. Não tivemos tempo de evoluir paralelamente ao resto da biosfera. As outras espécies não estavam preparadas para o ataque. Essa deficiência logo teve consequências trágicas para o restante dos seres vivos.

De início, houve um processo ambientalmente benigno de formação de espécies nas populações de nossos ancestrais imediatos espalhadas pelo Velho Mundo. A maioria levou à extinção e, portanto, a becos sem saída filogenéticos — ramos na árvore de vida que deixaram de crescer. Um zoólogo dirá que nada houve de anormal nesse padrão geográfico. No arquipélago de Sunda Menor, a leste de Java, viviam os estranhos "*hobbits*" minúsculos, o *Homo floresiensis*. Embora seus cérebros não fossem muito maiores que os dos chimpanzés, desenvolveram ferramentas de pedra. Afora isso pouco sabemos da vida deles. Na Europa e no Levante encontravam-se os homens de Neanderthal, *Homo neanderthalensis*, uma espécie irmã do nosso próprio *Homo sapiens*. Onívoros como nossos próprios ancestrais, os homens de Neanderthal tinham estruturas ósseas enormes e cérebros até maiores que os do moderno *Homo sapiens*. Usavam ferramentas de pedra rudes, mas especializadas. A maioria de suas populações se adaptou aos climas rigorosos da "estepe dos mamutes", os campos gramados frios na orla da geleira continental. Poderiam com o tempo ter evoluído em uma forma humana avançada própria, mas declinaram até a extinção sem maiores progressos. Por fim, completando o bestiário humano no norte da Ásia, havia outra espécie — conhecida com base em uns poucos fragmentos de ossos até o momento em que escrevo este livro —, os "denisovanos", claramente vicariantes dos homens de Neanderthal, ocupando terras a leste.

Nenhuma dessas espécies de *Homo* — sejamos generosos chamando-as de as outras espécies humanas — sobreviveu até os dias de hoje. Caso tivessem sobrevivido, é intrigante imaginar as questões morais e religiosas que teriam criado nos tempos modernos. (Direitos civis para os homens de Neanderthal? Educação especial para os *hobbits*? Salvação e paraíso para todos?) Se bem que faltem indícios diretos, quase não há dúvida sobre a causa da extinção dos homens de Neanderthal ocorrida, a julgar pelos vestígios em Gibraltar, no máximo 30 mil anos atrás. De uma maneira ou de outra, pela competição por comida e espaço, pelo extermínio puro e simples ou por ambas as causas, nossos ancestrais foram os exterminadores do futuro dessa e de qualquer outra espécie surgida durante a irradiação adaptativa do *Homo*. Linhagens arcaicas do *Homo sapiens* viviam isoladas na África no tempo dos homens de Neanderthal, e seus descendentes estavam destinados a se expandir explosivamente para fora do continente. Eles povoaram o Velho Mundo até chegarem à Austrália e finalmente descobriram o caminho até o Novo Mundo e os arquipélagos distantes da Oceania. No processo, todas as outras espécies humanas encontradas foram esmagadas e obliteradas.

Somente 10 mil anos atrás surgiu a agricultura, tendo sua invenção ocorrido ao menos oito vezes independentemente no Velho e no Novo Mundo combinados. Sua adoção aumentou tremendamente o suprimento de comida e, com isso, a densidade populacional em terra firme. Esse avanço decisivo propiciou um aumento exponencial da população e a conversão de grande parte do ambiente terrestre natural em ecossistemas drasticamente simplificados. Onde quer que os humanos saturassem as áreas naturais, a biodiversidade retrocedia à escassez de seu período mais antigo, meio bilhão de anos antes. O resto do mundo vivo não conseguiu evoluir paralelamente com rapidez suficiente para conviver com o ataque de um conquistador espetacular que parecia vindo do nada, e começou a desmoronar devido à pressão.

Mesmo pela definição técnica estrita aplicada aos animais, o *Homo sapiens* é o que os biólogos denominam "eussocial", o que significa que os membros do grupo abrangem várias gerações e tendem a realizar atos altruístas como parte de sua divisão de trabalho. Nesse aspecto, são tecnicamente comparáveis a formigas, cupins e outros insetos eussociais. Mas cabe aqui uma ressalva: existem grandes diferenças entre os humanos e os insetos, além da nossa posse singular da cultura, da linguagem e da alta inteligência. A mais fundamental dessas diferenças é o fato de que todos os membros normais das sociedades humanas são capazes de se reproduzir e a maioria compete entre si para tal. Além disso, os grupos humanos são formados de alianças altamente flexíveis, não apenas entre os membros da família, mas entre as famílias, sexos, classes e tribos. Esse vínculo se baseia na cooperação entre os indivíduos ou grupos que se conhecem mutuamente e são capazes de distribuir propriedade e status na esfera pessoal.

A necessidade de uma avaliação acurada por membros da aliança fez com que os ancestrais pré-humanos tivessem de alcançar a eussocialidade de forma radicalmente diferente da utilizada pelos insetos (movidos por instintos). O caminho para a eussocialidade foi marcado por uma disputa entre a seleção baseada no sucesso relativo dos indivíduos dentro dos grupos versus o sucesso relativo entre grupos. As estratégias desse jogo foram inscritas como um *mix* complexo e rigorosamente calibrado de altruísmo, cooperação, competição, domínio, reciprocidade, deserção e fraude.

Para jogar o jogo à maneira humana, as populações em evolução tiveram de adquirir um grau crescente de inteligência. Tiveram de sentir empatia pelos outros, avaliar as emoções, tanto de amigos como de inimigos, julgar as intenções de todos eles e planejar uma estratégia para as interações sociais. Consequentemente, o cérebro humano tornou-se ao mesmo tempo altamente inteligente e intensamente social. Teve de desenvolver cenários mentais de relacionamentos pessoais rapidamente, de curto e longo prazos. Suas lembranças tiveram de retroceder ao passado distante para evocar cenários antigos e avançar futuro adentro para imaginar as consequências de cada relacionamento. A amígdala e outros centros controladores das emoções do cérebro e do sistema nervoso autônomo governavam os planos de ação alternativos.

Assim nasceu a condição humana, egoísta em certos momentos, abnegada em outros, os dois impulsos muitas vezes em conflito. Como o *Homo sapiens* alcançou essa posição singular em sua jornada pelo grande labirinto da evolução? A resposta é que nosso destino foi predeterminado por duas propriedades biológicas de nossos ancestrais distantes: tamanho grande e mobilidade limitada.

Na remota era mesozoica, os primeiros mamíferos eram minúsculos comparados com os maiores dinossauros à sua volta. Mas eram então, e permanecem até hoje, enormes em comparação com os insetos e outros animais, na maioria invertebrados. Após o desaparecimento dos dinossauros, e quando a era dos répteis deu lugar à era dos mamíferos, estes proliferaram em milhares de espécies e preencheram uma grande variedade de nichos — de morcegos na busca aerotransportada por insetos voadores a gigantescas baleias que, percorrendo as águas azuis de polo a polo, se alimentam de plânctons. O menor morcego tem o tamanho de uma mamangava, e a baleia-azul, chegando a 24 metros de comprimento e pesando até 120 toneladas, é o maior animal de qualquer espécie em todos os tempos.

Durante a irradiação adaptativa das espécies mamíferas em terra firme, umas poucas passaram a exceder dez quilogramas de peso, incluindo o veado e outros animais comedores de plantas, além dos grandes felinos e outros carnívoros seus predadores. É provável que o número de espécies em um dado momento qualquer fosse entre 5 e 10 mil. Entre eles apareceram os primatas do Velho Mundo e, depois, no Eoceno Superior, cerca de 35 milhões de anos atrás, os primeiros Catarrhini, inclusive espécies que dariam origem aos atuais macacos, grandes macacos antropoides e seres humanos do Velho Mundo. Aproximadamente 30 milhões de anos atrás, os ancestrais dos macacos do Velho Mundo divergiram na evolução dos ancestrais dos macacos antropoides e dos seres humanos modernos. Algumas das espécies em proliferação deste último grupo se especializaram no consumo de plantas, outras em carne obtida pela caça ou pela saprofagia. Alguns se alimentam por uma mistura das duas. De um dos ramos da radiação dos mamíferos surgiu a linhagem pré-humana antiga.

Por mais razões do que apenas o tamanho, os pré-humanos foram um tipo radicalmente novo de candidatos à eussocialidade. Os insetos, desde sua origem na primeira vegetação terrestre, durante o Devoniano Inferior, 400 milhões de anos atrás até os dias atuais, estão encerrados numa armadura medieval de exoesqueleto quitinoso. Ao final de cada intervalo de crescimento, precisam criar uma armadura nova mais expansível e livrar-se da antiga acima dela. Enquanto os músculos dos mamíferos e outros vertebrados estão fora dos ossos, e agem sobre sua superfície externa, os músculos dos insetos estão encerrados em seu esqueleto quitinoso e precisam agir de dentro. Por esses motivos, os insetos não conseguem atingir o tamanho dos mamíferos. Os maiores insetos do mundo são os besouros-golias africanos, do tamanho de um punho humano, e os *wetas*, insetos semelhantes aos grilos, quase do mesmo tamanho, que, ao evoluir, assumiram na Nova Zelândia o papel ecológico dos camundongos, na ausência de espécies nativas nesse remoto arquipélago.

Acontece que, embora as espécies eussociais possam dominar o mundo dos insetos quanto ao número de indivíduos, as armas de que dispunham para sua conquista eram pequenos cérebros e puro instinto. Além disso, e fundamentalmente, eram pequenos demais para acender e controlar o fogo. Jamais, por mais que decorressem as eras, conseguiriam atingir a eussocialidade à maneira humana.

Avançando pela estrada tortuosa da eussocialidade, os insetos ainda assim tinham uma vantagem: dotados de asas, podiam percorrer distâncias maiores, e com muito mais agilidade, que os mamíferos. A diferença torna-se óbvia quando ajustada à escala. Um grupo de humanos que parte para fundar uma colônia nova consegue confortavelmente percorrer dez quilômetros num dia para emigrar de um local de acampamento para outro. Uma rainha de formiga-lava-pés recém-inseminada, para tomar um exemplo típico entre milhares de espécies de formigas, consegue voar mais ou menos a mesma distância em poucas horas para iniciar uma colônia nova. Ao aterrissar, ela se livra de suas asas, compostas de tecido morto (como os cabelos e unhas dos humanos). Depois cava um pequeno ninho no solo e, dentro dele, cria uma prole de operárias filhas a partir de reservas de gordura e músculo em seu próprio corpo. Um ser humano é cerca de duzentas vezes mais comprido do que uma rainha de lava-pés. Assim um voo de dez quilômetros de uma formiga equivale a uma caminhada de Boston a Washington, para um ser humano. Mesmo um voo de meio minuto de cem metros de uma formiga alada, do ninho onde nasceu para um local de nidificação próprio, equivale a meia maratona para um humano.

A magnitude do voo de um inseto resulta em uma dispersão bem maior de cada formiga rainha a cada geração, relativamente ao tamanho. O mesmo teria acontecido com as vespas, solitárias ancestrais das formigas, bem como com os protoblatídeos solitários, ancestrais dos cupins.

A diferença entre os ancestrais voadores das formigas, com cada progenitor da geração seguinte partindo por conta própria, e os lerdos ancestrais mamíferos dos humanos, forçados a permanecer perto uns dos outros, aparentemente tornaria menos provável a evolução da origem do comportamento social avançado em insetos. Mas ocorre o contrário. Num ambiente em constante mudança, a formiga voadora tem mais chances que o mamífero errante de encontrar espaço desocupado onde ela aterrissa. Além disso, o território de que precisa para sobreviver é bem menor que o de um mamífero, e é mais difícil de coincidir com territórios já ocupados por indivíduos da mesma espécie.

O inseto social potencial tem outra vantagem: a colonizadora fêmea não precisa de macho em sua viagem. Uma vez inseminada durante seu voo de acasalamento, ela transporta os espermatozoides recebidos numa pequena bolsa de armazenagem (a espermateca) dentro do abdômen. Ela pode liberar um espermatozoide de cada vez para fertilizar seus óvulos, criando centenas ou milhares de operárias por um período de anos. As formigas-cortadeiras detêm o recorde: uma rainha pode dar à luz 150 milhões de operárias filhas durante seu período de vida de cerca de doze anos. Entre 3 e 5 milhões dessas formigas servis estão vivas em qualquer dado momento — uma quantidade que se equipara à das populações humanas da Letônia e da Noruega.

Os mamíferos, especialmente os carnívoros, possuem territórios bem maiores para defender quando se fixam para construir um ninho. Sempre que se deslocam, tendem a encontrar rivais. As fêmeas não podem armazenar espermatozoides em seus corpos. Precisam encontrar um macho e acasalar para cada parto. Se as oportunidades e pressões do ambiente tornam proveitoso o agrupamento social, isso precisa ser feito com laços e alianças pessoais baseados na inteligência e na memória.

Sintetizando o que dissemos até aqui sobre os dois conquistadores sociais da Terra, a fisiologia e o ciclo de vida nos ancestrais dos insetos sociais e dos seres humanos diferiram fundamentalmente nos caminhos evolutivos seguidos para a formação de sociedades avançadas. A rainha inseto podia produzir uma prole robótica guiada pelo instinto. Os humanos tinham de contar com os vínculos e a cooperação entre os indivíduos. Os insetos puderam evoluir até a eussocialidade pela seleção individual na linhagem da rainha, geração a geração. Os pré-humanos evoluíram para a eussocialidade pela ação da seleção no nível da seleção individual e no nível do grupo.

3. A abordagem

Nenhum caminho evolutivo, de qualquer tipo, pode ser previsto, seja no início ou perto do fim de sua trajetória. A seleção natural pode trazer uma espécie à beira de uma grande mudança revolucionária para depois rejeitá-la. No entanto, algumas trajetórias da evolução podem ser julgadas como possíveis ou impossíveis, ao menos neste planeta. Os insetos podem evoluir até ficar quase microscópicos, mas nunca ficarão do tamanho dos elefantes. Os porcos poderiam se tornar aquáticos, mas seus descendentes jamais voarão.

A evolução possível de uma espécie pode ser visualizada como uma jornada por um labirinto. À medida que se aproxima um grande avanço, como a origem da eussocialidade, cada mudança genética, cada guinada no labirinto, ou bem torna a conquista desse nível menos provável (ou mesmo impossível), ou bem o mantém acessível à próxima guinada. Nos passos iniciais que mantêm outras opções vivas, há ainda um longo caminho a percorrer, e a suprema e distante conquista tem o mínimo de chances de se concretizar. Nos últimos passos, existe apenas uma pequena distância a percorrer, e a conquista se torna mais provável. O próprio

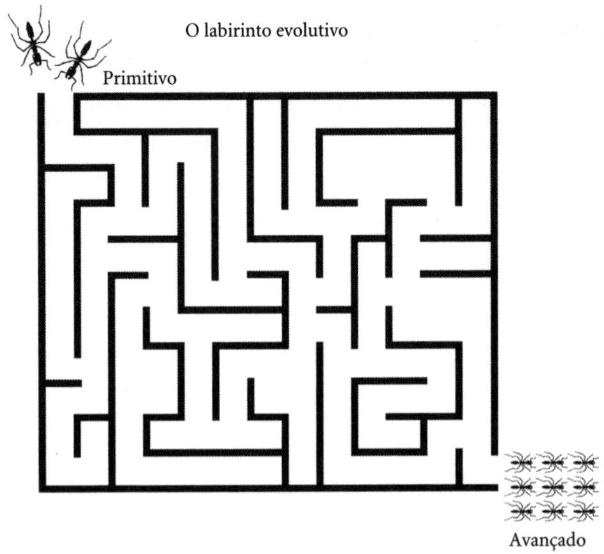

Figura 3-1. *A evolução de uma espécie pode ser visualizada como um labirinto apresentado pelo meio ambiente, com oportunidades repetidamente se fechando ou permanecendo abertas conforme o próprio labirinto evolui. No exemplo aqui mostrado, o caminho é de uma vida social primitiva para uma vida altamente social.*

labirinto está sujeito à evolução ao longo do caminho. Velhos corredores (nichos ecológicos) podem se fechar, enquanto novos podem se abrir. A estrutura do labirinto depende em parte de quem o está percorrendo, incluindo cada uma das espécies.

Em cada jogo do acaso evolutivo, disputado de uma geração para a seguinte, um grande número de indivíduos precisa viver e morrer. O número, porém, não é incontável. Uma estimativa aproximada pode ser feita, fornecendo ao menos um palpite plausível de ordem de grandeza. Para toda a história da evolução, dos nossos ancestrais mamíferos primitivos, de 100 milhões de anos atrás à linhagem única que abriu caminho para se tornar o primeiro *Homo sapiens*, o número total de indivíduos requeridos pode ter sido de 100 bilhões. Sem saber, todos eles viveram e morreram para nós.

Muitos dos protagonistas, entre as outras espécies em evolução, cada uma contendo em média alguns milhares de indivíduos reprodutores por geração, também com frequência declinaram e desapareceram. Se isso tivesse acontecido com qualquer um da longa linhagem de ancestrais levando ao *Homo sapiens*, a epopeia humana teria prontamente se encerrado. Os nossos ancestrais pré-humanos não foram escolhidos, nem foram notáveis. Apenas tiveram sorte.

Pesquisas recentes em diversas disciplinas da ciência estão se juntando para iluminar os passos evolutivos que levaram à condição humana, oferecendo ao menos uma solução parcial ao "problema da singularidade humana" que tanto tem intrigado a ciência e a filosofia. Visto ao longo do tempo, desde o início até a conquista da condição humana, cada passo pode ser interpretado como uma pré-adaptação. Daí não se conclui que a espécie que levou à nossa própria foi de alguma forma guiada até esse fim. Pelo contrário, cada passo foi uma adaptação em si mesma — a resposta da seleção natural às condições vigentes ao redor da espécie naquele lugar e época.

A primeira pré-adaptação foram os já mencionados tamanho grande e mobilidade relativa, que predeterminaram a trajetória da evolução dos mamíferos, diferentemente da dos insetos sociais. A segunda pré-adaptação na linha do tempo que levou ao ser humano foi a especialização dos primatas primitivos, 70 a 80 milhões de anos atrás, para viver nas árvores. O aspecto mais importante desenvolvido nessa mudança foram mãos e pés construídos para agarrar. Além disso, seu formato e seus músculos eram mais adequados para se lançarem de galho em galho, em vez de apenas agarrá-los para apoio. Sua eficiência aumentou com o aparecimento simultâneo de polegares opositores e de grandes dedos dos pés. Ela foi aumentada ainda mais pela modificação das pontas dos dedos das mãos e dos pés em unhas planas, em vez de garras afiadas curvadas para baixo do tipo que tem a maioria dos outros mamíferos arbóreos. Além disso, as palmas e as solas foram cobertas de sulcos cutâneos que ajudavam a agarrar objetos e supridas de receptores de pressão que aumentavam a sensação do tato. Assim equipado, o primata primitivo pôde usar a mão para colher e separar pedaços de frutas enquanto pinçava sementes. As bordas das unhas dos dedos podiam cortar e arranhar objetos agarrados pelas mãos. Um animal desses, locomovendo-se com as patas traseiras, era capaz de transportar comida por distâncias consideráveis. Não precisava usar as mandíbulas para esse propósito à maneira de um gato ou cão, nem regurgitar a comida para seus filhotes como uma ave para a sua ninhada.

Talvez como uma acomodação às relativas complexidade e flexibilidade de seus hábitos alimentares e à vegetação tridimensional e aberta de seu habitat, os primatas pré-humanos primitivos desenvolveram um cérebro maior. Pela mesma razão, passaram a depender mais da visão e menos do olfato do que a maioria dos outros mamíferos. Adquiriram grandes olhos com visão colorida, situados na frente da cabeça para dar uma visão binocular e uma sensação mais ampla de profundidade. Ao caminhar, o primata pré-humano não movia suas patas traseiras bem separadas em paralelo. Pelo contrário, ele alternava suas patas quase em uma única linha, um pé na frente do outro. Além disso, a prole era menos numerosa e requeria mais tempo para se desenvolver.

Quando uma linhagem dessas estranhas criaturas arbóreas evoluiu para viver no solo, como aconteceu na África, a pré-adaptação seguinte foi realizada — mais uma guinada favorável no labirinto evolutivo. O bipedalismo foi adotado, liberando as mãos para outros propósitos. As duas espécies vivas de chimpanzés, o chimpanzé comum e o bonobo, os parentes filogenéticos mais próximos do homem, também avançaram nessa direção e mais ou menos na mesma época. No solo, atualmente, com frequência

Figura 3-2. *Um chimpanzé caminha sobre as pernas pela savana de Fongoli, Senegal. (De Mary Roach, "Almost human",* National Geographic, *abr. 2008, p. 128. Fotografia de Frans Lanting. Frans Lanting / National Geographic Stock.)*

erguem os braços e correm ou caminham sobre as patas traseiras, conseguindo até produzir ferramentas primitivas.

Após sua divergência na evolução da linhagem dos chimpanzés, os pré-humanos, agora distinguíveis como um grupo de espécies chamado australopitecíneos, levaram a tendência da caminhada bípede mais longe. Seu corpo como um todo foi apropriadamente remodelado. As pernas se tornaram mais compridas e retas, e os pés foram alongados a fim de criar um movimento para trás e para a frente durante a locomoção. A pélvis foi transformada numa cavidade rasa para suportar as vísceras, que agora pressionavam na direção das pernas, em vez de serem lançadas, como nos macacos antropoides, sob o corpo horizontal.

A revolução bípede foi bem provavelmente responsável pelo sucesso geral dos pré-humanos australopitecíneos — ao menos conforme medido pela diversidade que atingiram na forma do

Figura 3-3. *Um chimpanzé senta-se sobre um cupinzeiro no habitat que deu origem aos pré-humanos. Aqui também usam ferramentas rudimentares. (De W. C. McGrew, "Savanna chimpanzees dig for food",* Proceedings of the National Academy of Sciences, U.S.A., *104 [49], pp. 19167-8, 2007. Fotografia de Paco Bertolani, Leverhulme Centre for Human Evolutionary Studies.)*

corpo, na musculatura da mandíbula e na dentição. Durante um período, em torno de 2 milhões de anos atrás, ao menos três espécies de australopitecíneos viveram no continente africano. Em suas proporções corporais, postura ereta, cabeça oscilante situada no alto e membros traseiros alongados sobre os quais podiam correr e saltar, teriam se parecido, a uma distância considerável, com os seres humanos modernos. É quase certo que viajavam em pequenos grupos, à maneira dos caçadores-coletores dos dias atuais. Seu cérebro não era maior que o de um chimpanzé, mas foi desse conjunto que as espécies ancestrais dos primeiros *Homo* viriam a emergir. Na evolução, os australopitecos descobriram que da diversidade advém a oportunidade.

Os australopitecos ancestrais e suas espécies descendentes formaram o gênero *Homo* e viveram em um ambiente propício à locomoção ereta. Eles nunca usaram a locomoção sobre os nós dos dedos praticada pelos chimpanzés e outros macacos antropoides modernos, com as mãos curvadas em punhos e empregadas como patas dianteiras. Caminhar com os braços oscilando ao lado à nova maneira do australopiteco lhes conferiu velocidade com um custo mínimo em energia, mesmo infligindo problemas nas costas e nos joelhos, além do risco maior imposto ao balançar a nova cabeça globular pesada sobre um pescoço vertical delicado.

Para primatas, cujos corpos haviam sido originalmente forjados para a vida nas árvores, os bípedes conseguiam correr rapidamente, mas não conseguiam igualar os quadrúpedes, que eram suas presas. Antílopes, zebras, avestruzes e outros animais conseguiam facilmente superá-los na corrida em distâncias curtas. Milhões de anos de perseguição por leões e outros corredores carnívoros haviam transformado as espécies que serviam de presas em campeãs dos cem metros rasos. Mas se os primeiros humanos não conseguiam correr mais rápido que tais campeões olímpicos, conseguiam ao menos vencê-los pelo cansaço em uma maratona. A certa altura, os humanos se tornaram corredores de longa distância. Precisavam apenas começar uma caçada e perseguir a presa quilômetro após quilômetro até que esta ficasse exausta e pudesse ser alcançada. O corpo pré-humano, lançando-se à frente da eminência do pé a cada passo e mantendo um ritmo regular, desenvolveu uma alta capacidade aeróbica. Com o tempo, o corpo também se livrou de todos os seus pelos, exceto na cabeça, no púbis e nas axilas, produtoras de feromônios. Foram acrescentadas glândulas sudoríparas por toda parte, permitindo um resfriamento mais rápido da superfície do corpo nu.

Em *Racing the Antelope* [Corrida de antílope], Bernd Heinrich, um eminente biólogo e corredor recordista de ultradistân-

Figura 3-4. Ardipithecus ramidus, *de fósseis encontrados na área do Médio Awash, na Etiópia. Com 4,4 milhões de anos, trata-se do mais antigo predecessor bípede conhecido dos seres humanos modernos. Caminhava sobre patas traseiras alongadas e conservava braços longos adequados a uma vida parcial em árvores. (De Jamie Shreeve, "The evolutionary road",* National Geographic, *jul. 2010, pp. 34-67. Pintura de Jon Foster. Jon Foster / National Geographic Stock.)*

cias, explorou o tema da maratona em detalhes. Ele cita Shawn Found, o campeão nacional americano de 2000 dos 25 quilômetros, para expressar a alegria primordial da corrida de persistência: "Quando você experimenta a corrida, você [...] revive a caçada. Correr envolve 48 quilômetros perseguindo uma presa que consegue vencê-lo numa corrida de curta distância e alcançá-la, e trazer a vida de volta à sua aldeia. É uma coisa bonita".

Nesse ínterim, os membros anteriores dos ancestrais pré-humanos foram redesenhados para maior flexibilidade na manipulação de objetos. O braço, especialmente o dos machos, tornou-se eficiente em lançar objetos, incluindo pedras e, mais tarde, também lanças, e assim, pela primeira vez, os pré-humanos conseguiram matar a longa distância. A vantagem conferida por essa capacidade nos conflitos com outros grupos menos equipados deve ter sido enorme.

Ao menos uma população dos chimpanzés comuns atuais desenvolveu a capacidade de lançar pedras. O comportamento parece ser uma inovação cultural, descoberto talvez por um único indivíduo. Mas é inconcebível que qualquer chimpanzé conseguisse alguma vez igualar um atleta humano moderno. Nenhum desses animais consegue lançar uma pedra a 145 quilômetros por hora ou uma lança por quase o comprimento de um campo de futebol. Tampouco um chimpanzé jovem, ainda que treinado, lança um objeto com a habilidade de uma criança humana. Os primeiros humanos tinham o equipamento inato — e provavelmente a tendência também — para usar projéteis para capturar presas e repelir inimigos. As vantagens adquiridas foram certamente decisivas. Pontas de lanças e de flechas estão entre os artefatos mais antigos encontrados nos sítios arqueológicos.

O ambiente onde a epopeia pré-humana se desenrolou foi ideal para a produção dos primeiros bípedes e seus descendentes maratonistas. No período de evolução crítica, a maior parte da

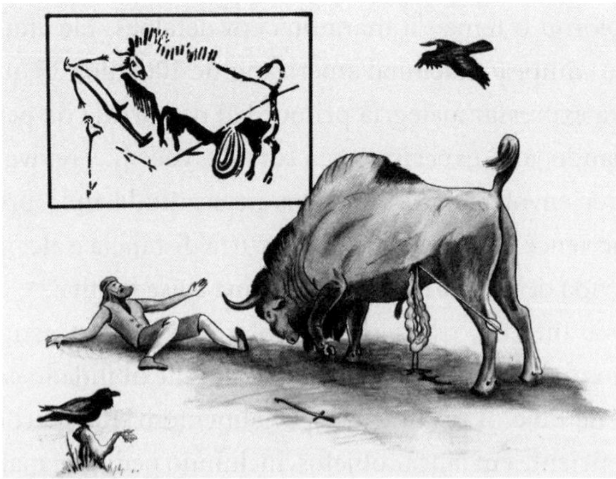

Figura 3-5. *A caçada foi uma prática altamente adaptativa — e perigosa — na pré-história humana. O detalhe, parte de uma pintura do Paleolítico da Caverna de Lascaux, retrata um bisão atingido por uma arma atacando um caçador caído. Um corvo (um saprófago comum que segue os caçadores) está perto. (A interpretação é de R. Dale Guthrie em* The Nature of Paleolithic Art. *Chicago: University of Chicago Press, 2005.)*

África subsaariana vivia um período de seca, durante o qual as florestas úmidas retrocederam rumo à cintura equatorial, encolhendo-se para redutos dispersos ao norte. Uma grande parte do continente estava coberta por savana, alternando com florestas secas e pradarias. Ao forragearem em áreas abertas, os pré-humanos e *Homo* podiam se erguer e espiar acima da vegetação baixa, atentos para as presas e os predadores pretendendo transformá-los em presas. Quando ameaçados, podiam buscar abrigo nas árvores próximas. Acácias e outras árvores dominantes eram relativamente baixas e suas copas consistiam em galhos que desciam até o chão, sendo fáceis de trepar — tudo isso favorecendo os bípedes. A estrutura do ambiente se assemelhava ao que ainda é preservado em Serengeti, Amboseli, Gorongosa e outros grandes parques do leste africano. Poetas e turistas adoram a sensação dessa paisagem, muito mais do que os outros habitats da África subsaariana. Eles são igualmente movidos, como explicarei adiante, por um instinto desenvolvido ao longo de milhões de anos por seus ancestrais exatamente nos mesmos lugares.

O berço da humanidade não foram as florestas úmidas profundas com suas copas elevadas e interiores escuros. Tampouco o foram os relativamente monótonos desertos e pradarias. Pelo contrário, a humanidade nasceu na floresta de savana, favorecida por seu mosaico complexo de diferentes habitats locais.

O passo seguinte no caminho para a eussocialidade foi o controle do fogo. Fogos de chão se espalhando a partir de quedas de raios são comuns nas pradarias e nas florestas africanas atuais. Quando suprimidos, como pelo solo úmido em trechos da floresta ao redor de cursos d'água e em terrenos baixos facilmente inundados, a vegetação rasteira engrossa até se tornar inflamável. Uma queda de raio ou a invasão de um fogo de chão pode então provocar um incêndio florestal, com as chamas varrendo a vegetação rasteira e subindo às copas da floresta de savana circundante. Uns poucos animais, especialmente os jovens, os doentes e os velhos, ficam presos e morrem. Os pré-humanos itinerantes devem ter descoberto a importância dos incêndios florestais como fonte de comida. Além disso, achavam alguns dos animais mortos já cozidos, com carne fácil de arrancar e comer.

Os aborígines australianos não apenas têm coletado essa comida abundante até hoje como também têm espalhado deliberadamente o fogo com tochas de galhos de árvores. Poderiam os pré-humanos ter feito o mesmo? Não há como saber como a prática ocorreu pela primeira vez, mas é certo que, nos primórdios da história do *Homo*, o controle do fogo se tornou um acontecimento fundamental na jornada tortuosa até a condição humana moderna.

O uso do fogo foi, no entanto, para sempre negado aos insetos e outros invertebrados terrestres. Eles eram fisicamente pe-

Figura 3-6. *Bosquímanos forrageando pelas pradarias do sul do Kalahari. A cena não deve diferir muito daquela comum na mesma área 60 mil anos atrás.* (*De Stephan C. Schuster et al., "Complete Khoisan and Bantu genomes from southern Africa",* Nature, *463, pp. 857, 943-7, 2010. Foto © Stephan C. Schuster.*)

quenos demais para acender fogo ou carregar um objeto ardente sem que se tornassem parte do combustível. É claro que esse uso também foi negado aos animais aquáticos de qualquer natureza, independentemente do tamanho ou do grau de inteligência prévio. Um nível de inteligência do *Homo sapiens* só pode surgir em terra firme, seja aqui na Terra ou em qualquer outro planeta concebível. Mesmo no mundo da fantasia, as sereias e o deus Netuno tiveram que evoluir em terra antes de adentrarem seu domínio aquático.

O passo seguinte, decisivo para a origem da eussocialidade, se aceitarmos os indícios de outros animais, foi a reunião de pequenos grupos em locais de acampamento. Os grupos se compunham de famílias estendidas e incluíam também, se nos orientarmos pelas sociedades de caçadores-coletores atuais, mulheres de fora obtidas por permuta para casamentos exogâmicos.

Com base em abundantes indícios arqueológicos, sabemos que os locais de acampamento foram usados pelos antigos *Homo sapiens* africanos e por sua espécie europeia irmã, *Homo neanderthalensis*, bem como por seu ancestral em comum, *Homo erectus*. Portanto, a prática retrocede ao menos 1 milhão de anos. Existe uma razão a priori para acreditarmos que os locais de acampamento tenham sido a adaptação crucial no caminho para a eussocialidade: eles são, em essência, ninhos feitos por seres humanos. Todas as espécies de animais que alcançaram a eussocialidade, sem exceção, de início construíram ninhos que defenderam dos inimigos. Elas, como faziam seus antecessores conhecidos, criavam os jovens no ninho, forrageavam longe dele em busca de comida, e traziam o butim de volta para dividir com os demais. Uma variação desse comportamento ocorre entre cupins primitivos, besouros-de-ambrosia, tripes e pulgões formadores de galhas, para os quais o alimento é o próprio ninho. Mas o sistema básico, obedecendo ao princípio biológico do primado do ninho na evolução eussocial, permanece o mesmo.

As espécies de aves nidícolas — aquelas que cuidam dos filhotes indefesos — possuem uma pré-adaptação similar. Em algumas poucas espécies, os adultos jovens permanecem com os pais por um tempo para ajudar a cuidar dos irmãos. Mas nenhuma espécie de ave prosseguiu até desenvolver sociedades eussociais completas. Dotadas apenas de bico e de garras, nunca foram equipadas para manusear ferramentas com qualquer grau de sofisticação, menos ainda para lidar com o fogo. Os lobos e os cães selvagens africanos caçam em bandos coordenados à maneira dos chimpanzés e dos bonobos, e os cães selvagens africanos também cavam tocas, onde uma ou duas fêmeas têm uma grande ninhada. Alguns membros do bando caçam e trazem uma parte do alimento para a cadela rainha e para os filhotes, enquanto outros permanecem em casa como guardas. Esses canídeos notáveis, embora

Figura 3-7. *Cães selvagens africanos.* (*De E. O. Wilson,* Sociobiology. *Cambridge, MA: Harvard University Press, 1975, pp. 510-1. Desenho de Sarah Landry.*)

tenham adotado a mais rara e difícil pré-adaptação, não alcançaram a eussocialidade plena, com uma casta de trabalhadores ou mesmo com uma inteligência no nível dos macacos antropoides. Eles não conseguem produzir ferramentas. Carecem de mãos tenazes e de dedos com pontas moles. Permanecem quadrúpedes, dependentes de seus dentes carniceiros e de suas garras rodeadas de pelos.

4. A chegada

Dois milhões de anos atrás, primatas hominídeos caminhavam, sobre patas traseiras alongadas, pelo solo africano. Se aplicarmos o critério da diversidade genética, medida pelas diferenças hereditárias em anatomia, eles foram um sucesso. Haviam alcançado uma radiação adaptativa, em que várias espécies coexistiam no tempo e se sobrepunham, ao menos parcialmente, em suas respectivas áreas geográficas. Dois ou três foram australopitecíneos, e ao menos três foram suficientemente diferentes no tamanho do cérebro e na dentição para serem situados pelos taxonomistas no recém-desenvolvido gênero *Homo*. Todos viviam num mundo complexo de savana, floresta de savana e mata de galeria entrelaçadas. Os australopitecos eram vegetarianos, subsistindo com uma dieta de folhas, frutas, tubérculos do subsolo e sementes. A espécie *Homo* também se reunia e consumia alimentos vegetais, mas, além disso, comia carne — provavelmente compartilhando carcaças de presas maiores abatidas por outros predadores, bem como capturando animais menores que podia manusear sozinha. Essa mudança, adentrando um ramo disponível no labirinto evolutivo, viria a fazer toda a diferença.

Aqueles primatas hominídeos de 2 milhões de anos atrás eram diversificados, porém não mais que os antílopes e os macacos cercopitecídeos que pululavam à sua volta. Eram ricos em potencial — como nossa própria presença atesta. Mesmo assim, de uma geração para a seguinte, sua existência contínua era precária. Suas populações eram pequenas em comparação às dos herbívoros grandes, e menos abundantes do que alguns dos carnívoros do tamanho dos humanos que os caçavam.

Durante os difíceis 10 milhões de anos do período Neogeno, estendendo-se antes e durante o surgimento dos primatas hominídeos, espécies novas de mamíferos tão grandes quanto os seres humanos evoluíram com mais frequência, mas sofreram extinção mais frequentemente também. Mamíferos menores conseguiam, em média, se proteger mais do que os grandes, incluindo os humanos, contra mudanças ambientais extremas. Seus métodos incluíam entocamento, hibernação e torpor prolongado, adaptações não disponíveis aos mamíferos grandes. Os paleontólogos descobriram que a rotatividade nas espécies é ainda maior nos mamíferos que formam grupos sociais. Eles observaram que os grupos sociais tendem a permanecer distantes entre si durante a procriação, criando assim populações menores, tornando-os sujeitos à divergência genética mais rápida e a maiores taxas de extinção.

Durante o período de 6 milhões de anos da divergência chimpanzé/pré-humano à origem do *Homo sapiens*, eventos acelerados ocorreram, culminando na saída desta espécie da África. Quando as geleiras continentais avançaram para o sul pela Eurásia, a África sofreu um período prolongado de seca e resfriamento. Grande parte do continente foi coberta por pradarias áridas e desertos. Nessas épocas de pressão, a morte de uns poucos milhares de indivíduos, possivelmente apenas algumas centenas, poderia ter rompido totalmente a linhagem do *Homo sapiens*. Contu-

Figura 4-1. *Uma reconstituição de um bando de* Australopithecus afarensis, *um predecessor e possível ancestral dos humanos que viveu na África de 5 a 3 milhões de anos atrás.* (*© John Sibbick. Em Chris Stringer e Peter Andrews,* The Complete World of Human Evolution. *Londres: Thames and Hudson, 2005, p. 119.*)

do, apesar da provação ambiental que os hominíneos foram forçados a suportar — ou talvez por causa dela —, o *Homo sapiens* emergiu, pronto para se propagar para fora da África.

O que impeliu os hominíneos para cérebros maiores, mais inteligência e, portanto, uma cultura baseada na linguagem? Claro que essa é a pergunta das perguntas. Os australopitecos haviam adquirido algumas das pré-adaptações essenciais. Desde então uma de suas espécies deu os passos adicionais que a levaram ao domínio do mundo e ao potencial de longevidade praticamente infinita.

Essa conquista, uma entre meia dúzia de grandes transições na história da vida, não se deu num salto simples. A evolução que a prenunciou havia começado bem antes. Entre 3 e 2 milhões de anos atrás, uma das espécies de australopitecos passou a consumir carne. Mais precisamente, tornou-se onívora ao acrescentar a carne a uma dieta de vegetais já existente. A mudança havia ocorrido na época do *Homo habilis*, uma espécie derivada do australopiteco conhecida com base em fósseis encontrados na Garganta de Olduvai, Tanzânia, e datados de 1,8-1,6 milhão de anos atrás. Embora não definitivamente identificado como o ancestral direto do *Homo sapiens*, o *Homo habilis* possuía características básicas que formam um elo entre os australopitecos primitivos e a espécie mais antiga conhecida, e um tanto mais avançada, que pode com relativa certeza ser identificada como um ancestral direto do *Homo sapiens*. Os *Homo habilis* tinham cérebros maiores que os australopitecíneos, 640 centímetros cúbicos de volume em oposição a entre 400 e 550 centímetros cúbicos, mas mesmo assim somente metade do volume do cérebro dos humanos modernos (*Homo sapiens*). Os dentes molares tinham tamanho reduzido, um acompanhamento evolutivo comum do consumo de carne. Os caninos eram aumentados, provavelmente também sintoma da mudança para a dieta carnívora. O crânio do *Homo habilis* tinha as arcadas supraorbitais menos salientes, e sua face se projetava à frente menos do que a dos australopitecíneos, mais semelhantes aos macacos antropoides. As dobras do lobo frontal do cérebro eram dispostas num padrão similar às dos humanos modernos. Outras tendências no cérebro rumo à modernidade humana eram saliências bem desenvolvidas na área de Broca e parte da área de Wernicke, um domínio dos centros neurais que organizam a linguagem nos humanos modernos.

A posição do *Homo habilis*, e de outras espécies hominíneas existentes na África entre 3 e 2 milhões de anos atrás, é portanto de importância crucial na análise da evolução humana. As mudanças no crânio do *habilis* podem ser interpretadas como o co-

Figura 4-2. *Um avanço crucial no labirinto evolutivo. O* Homo habilis, *mostrado aqui num local de abate imaginado, passou a depender mais da carne e do uso de ferramentas de pedra para retalhar as carcaças.* (© *John Sibbick. Em Chris Stringer e Peter Andrews,* The Complete World of Human Evolution. *Londres: Thames & Hudson, 2005, p. 133.*)

meço da corrida evolutiva até a condição humana moderna. Elas representam não apenas um avanço anatômico, mas uma mudança básica no modo de vida da população de *habilis*. Em termos mais simples, o *habilis* tornou-se mais inteligente que os outros hominíneos à sua volta.

Por que uma linhagem de australopitecos evoluiu nessa direção? Um ponto de vista comumente sustentado pelos paleontólogos sustenta que mudanças no clima e na vegetação da África favoreceram a evolução da adaptabilidade. Dados sobre o aumento e o declínio de determinadas espécies de animais indicam que o ambiente africano em geral, entre 1,5 e 2,5 milhões de anos atrás, ficou mais seco. Na maior parte do continente, florestas úmidas se tornaram florestas secas tropicais e florestas de savana transicionais, que depois se tornaram predominantemente pradarias contínuas e desertos invasores. Os ancestrais dos australopitecíneos podem ter se adaptado ao ambiente mais hostil aumentando a variedade de seus alimentos. Por exemplo, podem ter utilizado ferramentas para desencavar raízes e tubérculos como alimentos de apoio durante períodos de seca. Com certeza dispunham do equipamento cognitivo para fazê-lo. Prova disso é o fato de chimpanzés modernos na savana terem sido observados nessa prática, usando ossos de vaca e fragmentos de madeira e casca de árvore como ferramentas de cavar. Quando próximos da costa ou de vias navegáveis, os australopitecíneos podem também ter acrescentado mariscos à sua dieta.

Segundo o argumento tradicional, pode ser que os desafios dos novos ambientes tenham favorecido tipos genéticos capazes de descobrir e explorar recursos novos para evitar inimigos, bem como a capacidade de derrotar os concorrentes por comida e espaço. Tais tipos genéticos inovaram e aprenderam com seus concorrentes, foram os sobreviventes dos tempos hostis. As espécies flexíveis desenvolveram cérebros maiores.

Até que ponto essa hipótese familiar da relação entre inovação e adaptabilidade se sustenta em estudos de outras espécies animais? Uma análise de seiscentas espécies de aves, introduzidas por seres humanos em partes do mundo fora de seus domínios nativos e, portanto, em ambientes estranhos, parece apoiar a ideia. As espécies com cérebros maiores em relação ao tamanho do corpo foram, em média, mais capazes de se fixar nos ambientes novos. Além disso, existem sinais de que aquilo se deveu a maior inteligência e inventividade. Porém, a transferência de uma tendência documentada de aves não nativas para a história humana pode ser prematura. As espécies estudadas haviam sido subitamente lançadas em ambientes radicalmente diferentes. A seleção entre elas foi de qualidade bem diferente da pressão exercida pela seleção natural sobre nossos ancestrais entre os australopitecos pré-*habilis.* Ao contrário das aves deslocadas, os pré-*habilis* evoluíram gradualmente em milhares de anos, paralelamente a frequentes alterações ocorridas no ambiente à sua volta.

A mudança que afetou a evolução dos primeiros hominídeos foi mais provavelmente o aumento na quantidade total de pradarias e florestas de savana disponíveis para eles. Os hominídeos podem ser mais bem entendidos como especialistas naqueles habitats do que como espécies adaptadas às mudanças que ocorriam ao redor e dentro dos habitats. Todos os naturalistas que trabalharam em florestas de savana em particular conhecem a imensa variedade de sub-habitats que compõem esses ecossistemas. Áreas de floresta de densidade variável são rompidas por clareiras de pradaria aberta, cruzadas por matas ripárias e pontilhadas de bosques densos em baixadas sazonalmente alagadas. Ao longo dos séculos, cada um dos componentes muda, um dando lugar a outro, alternadamente, mas a frequência de cada um e os padrões caleidoscópicos que formam juntos se alteram bem mais lentamente, ao menos em relação às gerações de animais e ao tempo geológico. Como animais grandes, os hominídeos devem ter vivido em áreas com pelo menos dez quilômetros de diâmetro. Em meio à mistura de habitats presentes, podiam patrulhar a pradaria em busca de presas e alimentos vegetais e, ao aparecer um predador, fugir para algum bosque próximo para se esconder no alto de árvores. Podiam desenterrar tubérculos comestíveis em terrenos abertos e coletar frutas e plantas comestíveis de arbustos e árvores nas matas. Suspeito que tenham se adaptado não a um ou outro daqueles locais, ou mudado de um ecossistema para outro, mas à área maior e à constância relativa através do tempo evolutivo dos padrões caleidoscópicos que os locais formavam.

É provável que os primeiros hominídeos vivessem em grupos de até várias dúzias, como vivem nossos parentes vivos mais próximos, os chimpanzés comuns e os bonobos. Pode parecer evidente que, se o comportamento social complexo requer a evolução de um cérebro maior proporcional ao tamanho do corpo, inversamente um cérebro maior também sugira a presença de comportamento social. Se isso fosse verdade, um cérebro maior criado em resposta a um ambiente mutável seria um anunciador esperado do comportamento social. Mas quando a relação entre tamanho do cérebro e comportamento social foi testada numa grande amostra de carnívoros vivos e fósseis, inclusive gatos, cães, ursos, doninhas e seus parentes, nenhuma correlação foi encontrada. A associação não foi suficientemente geral ou forte para criar uma tendência detectável. John A. Finarelli e John J. Flynn, que realizaram a pesquisa, concluíram que "processos complexos moldaram a moderna distribuição da encefalização entre os carnívoros". Em outras palavras, diversas forças de seleção devem ser buscadas.

Se não foi a adaptação à mudança ambiental (e a questão está longe de ter sido decidida), o que desencadeou então o rápido crescimento evolutivo do cérebro dos hominídeos? Uma das causas prováveis, evidenciada pelas mudanças profundas na anatomia do crânio e da dentição, foi a mudança para uma maior dependência da carne como fonte principal de proteínas. Isso tampouco ocorreu subitamente. Antes da mudança, os pré-*habilis* provavelmente se alimentavam de partes de carcaças de animais grandes. As ferramentas de pedra mais antigas de que temos notícia, grosseiramente cortadas para servir a mais de uma função, datam de 6-2 milhões de anos atrás. Da forma oblonga e dos gumes afiados, e das marcas de corte encontradas num fóssil de osso de antílope, pode-se razoavelmente concluir que as ferramentas eram usadas para extrair carne e tutano de animais grandes, talvez depois de expulsar outros saprófagos para assumir o controle. Os hominídeos nesse nível da evolução eram evidentemente australopitecos.

Cerca de 1,95 milhão de anos atrás, durante a época do *Homo habilis* e antes do aparecimento do *Homo erectus* de aspecto mais moderno, seus descendentes, os hominíneos ancestrais, também capturavam presas aquáticas, incluindo tartarugas, crocodilos e peixes. Estes últimos eram mais provavelmente lampreias, que até hoje se concentram em charcos durante as secas e podem ser facilmente capturadas à mão. Em minhas próprias pesquisas de campo zoológicas, deparei com lagoas reduzidas pela seca onde peixes e cobras-d'água podem ser pescados às dezenas com um esforço mínimo. (Foi tão fácil que posso me imaginar caçando para jantar com um grupo de *habilis*, uma vez que tenham se acostumado com meu tamanho grande e com a estranha forma da minha cabeça.)

Contudo, o hábito de caçar para obter proteínas animais úteis ao desenvolvimento do cérebro em animais individuais não explica por si só por que o cérebro dos hominíneos cresceu tanto. A causa real parece ser *como* as presas são caçadas. Os chimpanzés modernos caçam principalmente macacos, obtendo assim cerca de 3% de suas calorias totais. Os seres humanos modernos, podendo escolher, obtêm dez vezes mais. No entanto, mesmo com seu estímulo escasso, os chimpanzés formam grupos organizados e estratégias complexas para caçar. Seu comportamento é quase único entre os primatas. Os únicos outros primatas não humanos que sabidamente cooperam durante as caçadas são os caiararas e macacos-prego das Américas Central e do Sul.

Os grupos de chimpanzés caçadores se constituem apenas de machos. Eles foram observados capturando macacos em equipes coordenadas. Um macaco que possa ser separado de seu próprio grupo primeiro é encurralado em uma árvore relativamente isolada. Um ou dois chimpanzés trepam na árvore para obrigar a presa a descer, enquanto outros se espalham pelas bases das árvores adjacentes para impedir que o macaco salte para a copa de outra árvore e depois desça por seu tronco para a liberdade. A presa, quando agarrada, é espancada e mordida até a morte. Os caçadores então a dilaceram e dividem a carne. Pequenas porções são também entregues, com relutância, a outros membros do bando. O mesmo comportamento foi observado entre os bonobos, os parentes vivos mais próximos dos chimpanzés, mas com ambos os sexos participando. A emoção da caçada persiste entre os bonobos, mesmo quando dominada por fêmeas.

A caçada em grupos é rara entre os mamíferos como um todo. Além dos primatas, ela é praticada pelas leoas (o macho único ou os dois machos de cada grupo compartilham o prêmio, mas raramente caçam eles próprios). Também ocorre entre os lobos e os cães selvagens africanos.

Os chimpanzés e os bonobos possuem uma história evolutiva que retrocede a 6 milhões de anos atrás, época em que se estima que sua linhagem tenha se separado do clado humano. Se compartilhamos ancestrais antes da divisão, por que eles não alcançaram também o nível humano? A resposta pode ser o investimento menor dos ancestrais dos chimpanzés e dos bonobos na captura e no consumo de animais vivos. As populações que evoluíram para *Homo* especializaram-se no forte consumo de proteína animal. Seu sucesso dependia de um alto nível de trabalho de equipe, e o esforço valeu a pena: a carne é, grama a grama, energeticamente mais eficiente do que o alimento vegetal. A tendência alcançou um extremo nas populações de *Homo neanderthalensis*, a espécie irmã do *Homo sapiens* na era do gelo, que no inverno dependia da caça de animais, inclusive de grande porte.

Resta um detalhe no cenário mínimo para o surgimento de cérebros grandes e do comportamento social complexo entre os antigos hominídeos. Todas as espécies de animais conhecidas que desenvolveram a eussocialidade, como enfatizei, começaram com um ninho protegido, de onde podiam partir em incursões para coletar comida. Outra espécie de animais relativamente grandes que avançaram quase tanto quanto as formigas na eussocialidade é a dos ratos-toupeiras-pelados (*Heterocephalus glaber*), do leste da África. Eles também obedecem ao princípio do ninho protegi-

Figura 4-3. *O* Homo erectus, *que as pesquisas sugerem ser um ancestral imediato do* Homo sapiens, *deu os dois grandes passos seguintes para o comportamento social humano moderno: a criação de locais de acampamento e o controle do fogo.* (© *John Sibbick. Em Chris Stringer e Peter Andrews,* The Complete World of Human Evolution. *Londres: Thames & Hudson, 2005, p. 137.*)

do. Composto de uma família estendida, cada grupo ocupa e defende um sistema de tocas subterrâneas. A família é composta de uma "rainha", que é a mãe, e de "operários", que poderiam se reproduzir, mas não o fazem enquanto a rainha permanece ativa. Há até mesmo "soldados", mais ativos na defesa do ninho contra cobras e outros inimigos. Uma segunda espécie, também eussocial mas diferente nos detalhes, é a do rato-toupeira-de-damaraland (*Fukomys damarensis*), da Namíbia. Os insetos que mais se assemelham aos ratos-toupeiras-pelados são os tripes e os pulgões eussociais, que estimulam o crescimento de galhas nas plantas. Essas intumescências ocas são ao mesmo tempo os ninhos dos insetos e sua fonte de alimento.

Por que um ninho protegido é tão importante? Porque os membros do grupo são forçados a se reunir ali. Tendo que explorar e forragear longe do ninho, eles precisam também retornar. Os chimpanzés e os bonobos ocupam e defendem territórios, mas perambulam por eles enquanto procuram alimento. É pro-

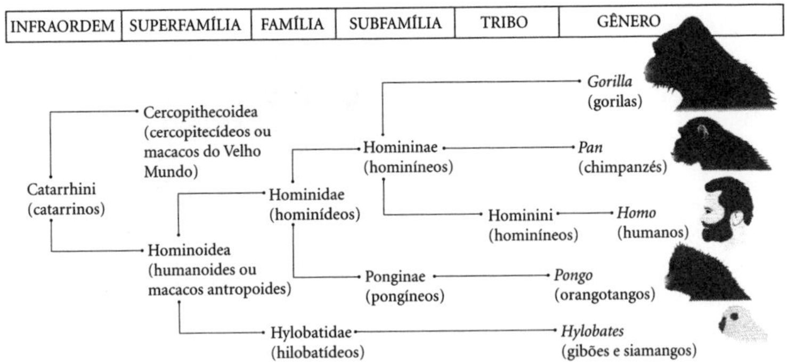

Figura 4-4. *A terminologia e os conceitos necessários para entender a evolução humana. Está representada aqui a árvore evolutiva ramificada dos macacos e macacos antropoides do Velho Mundo, com os nomes científicos e comuns dos macacos antropoides e humanos, junto com (à esquerda) os nomes dados a cada grupo formado por um grande ramo. (Modificado de Terry Harrison, "Apes among the tangled branches of human origins",* Science, *327, pp. 532-5, 2010. Reproduzido com permissão de Harrison, 2010. ©* Science.)

vável que o mesmo acontecesse com os ancestrais australopitecos e *habilis* do homem. Os chimpanzés e os bonobos por vezes se dividem em subgrupos e depois se reagregam. Anunciam a descoberta de árvores carregadas de frutas aos companheiros, mas não compartilham as frutas colhidas. Ocasionalmente caçam em pequenos bandos. Os membros bem-sucedidos do bando compartilham a carne entre seus colegas caçadores, mas a caridade costuma terminar por aí. Os macacos antropoides — é importante citar — não dispõem de uma fogueira de acampamento ao redor da qual possam se reunir.

Os carnívoros nos locais de acampamento são forçados a se comportar de maneiras não necessárias aos que perambulam pelo campo. Precisam dividir o trabalho: alguns forrageiam e caçam, outros guardam o local de acampamento e os filhotes. Precisam compartilhar alimentos, tanto vegetais quanto animais, de forma que sejam aceitáveis a todos. Caso contrário, os vínculos que os unem enfraquecerão. Além disso, os membros do grupo

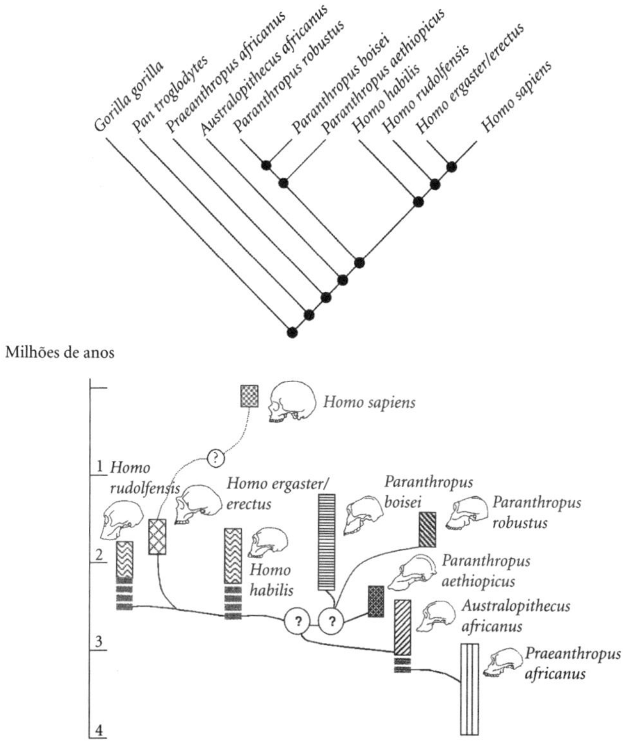

Figura 4-5. *A árvore genealógica e a linha do tempo dos australopitecos e* Homo *primitivos levando à espécie humana moderna. (De Winfried Henke, "Human biological evolution", em Franz M. Wuketits e Francisco J. Ayala (Orgs.),* Handbook of Evolution, *v. 2,* The Evolution of Living Systems (Including Hominids). *Nova York: Wiley-VCH, 2005, p. 167. Baseado em D. S. Strait, F. E. Grine e M. A. Moniz, em Journal of Human Evolutio, n. 32, pp. 17-82, 1997.)*

inevitavelmente competem entre si por status ou por um quinhão maior de comida, pelo acesso a um parceiro disponível e por um local confortável para dormir. Todas essas pressões conferem uma vantagem àqueles capazes de interpretar a intenção dos outros, aumentar a capacidade de conquistar confiança, fazer alianças e lidar com rivais. A inteligência social portanto sempre foi bem preciosa. Uma sensação de empatia aguçada pode fazer uma diferença enor-

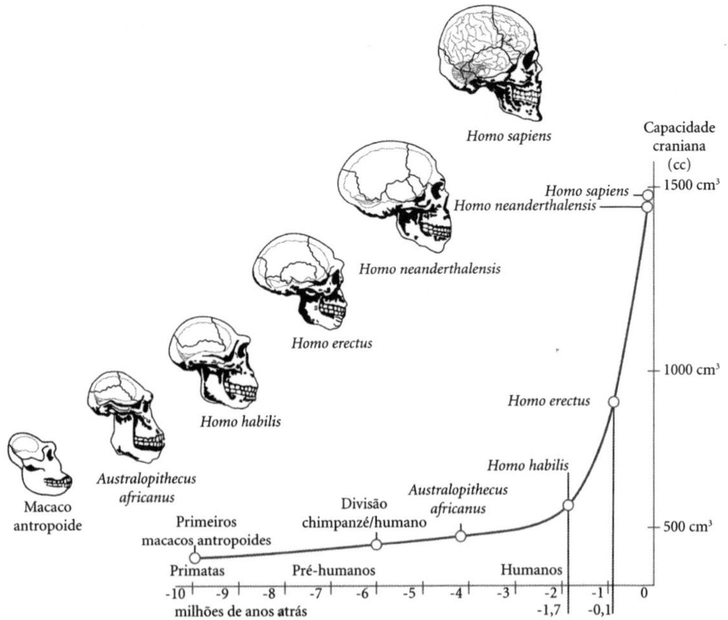

Figura 4-6. *O rápido crescimento do cérebro até chegar ao tamanho que tem na humanidade moderna é mostrado aqui. (Modificado de um quadro da Exposição Cerveau, Museu de História Natural de Marselha, França, 22 de setembro a 12 de dezembro de 2004. © Patrice Prodhomme, Museu de História Natural de Aix-en--Provence, França.)*

me, aumentando a capacidade de manipular, obter cooperação e enganar. Nos termos mais simples possíveis, vale a pena ser socialmente inteligente. Sem dúvida, um grupo de pré-humanos inteligentes conseguia derrotar e desalojar um grupo de pré-humanos burros e ignorantes, como acontece hoje com exércitos, empresas e times de futebol.

A coesão forçada pela concentração de grupos em locais protegidos foi mais que um mero passo pelo labirinto evolutivo. Foi, como detalharei mais adiante, o evento que deu o impulso definitivo ao moderno *Homo sapiens*.

5. Abrindo caminho pelo labirinto evolutivo

Como todos os grandes problemas em ciência, a origem evolutiva da humanidade apresentou-se de início como um emaranhado de entidades e processos em parte visíveis, em parte imaginados. Alguns desses elementos ocorreram em uma era remota do tempo geológico, e talvez nunca sejam entendidos com certeza. Mesmo assim reuni as partes da epopeia com as quais acredito que os pesquisadores concordem e preenchi o restante com opiniões fundamentadas. A sequência, dada em amplas pinceladas, representa o consenso que creio ser correto ou, ao menos, mais compatível com os indícios existentes.

Parece agora possível obter uma explicação razoável no todo de por que a condição humana é uma singularidade, por que um tal acontecimento se deu apenas uma vez e levou tanto tempo para surgir. A razão é simplesmente a extrema improbabilidade das pré-adaptações necessárias à viabilização desse fenômeno. Cada uma dessas etapas evolutivas foi uma adaptação completa em si mesma. Cada uma requereu uma sequência específica de uma ou mais pré-adaptações que ocorreram anteriormente. O

Homo sapiens é a única espécie de mamífero grande — portanto grande o suficiente para desenvolver um cérebro do tamanho humano — que deu todas as guinadas necessárias no labirinto evolutivo.

A primeira pré-adaptação foi a vida em terra. O progresso em tecnologia, além das pedras lascadas e flechas de madeira, requer o fogo. Nenhum boto ou polvo, por mais brilhante que seja, conseguirá inventar uma forja e um fole. Nenhum deles jamais conseguirá desenvolver uma cultura que constrói um microscópio, deduz a química oxidativa da fotossíntese ou fotografa as luas de Saturno.

A segunda pré-adaptação foi um corpo de tamanho grande, de uma magnitude alcançada na história da Terra apenas por uma porcentagem minúscula de espécies de animais terrestres. Se um animal na maturidade pesa menos de um quilograma, o tamanho de seu cérebro será limitado demais para o raciocínio e para a cultura avançada. Mesmo em terra, seu corpo será incapaz de produzir e controlar o fogo. Essa é uma razão por que as formigas-cortadeiras, embora a mais complexa dentre as espécies além dos humanos, e mesmo praticando a agricultura em cidades com ar-condicionado concebidas por seus próprios instintos, não fizeram nenhum outro avanço significativo durante os 20 milhões de anos de sua existência.

Em seguida na sucessão de pré-adaptações vieram as mãos tenazes com dedos espatulados macios que se desenvolveram para segurar e manipular objetos separados. Este é o traço que distingue os primatas de todos os demais mamíferos habitantes da terra firme. Garras e dentes caninos, o armamento comum das espécies, são inadequados para o desenvolvimento de tecnologia. (Autores de ficção científica sobre invasores da Terra, não se esqueçam de prover seus alienígenas de mãos ou tentáculos moles capazes de segurar ou alguns outros apêndices gordos e carnudos.)

Para usar mãos e dedos com eficácia, as espécies candidatas à eussocialidade tiveram de liberá-los da locomoção a fim de manipular objetos com facilidade e habilidade. Isso foi conseguido cedo pelos primeiros pré-hominídeos que, numa época tão remota como a de nosso suposto ancestral antigo, *Ardipithecus*, saltaram das árvores, levantaram-se e passaram a caminhar totalmente sobre as patas traseiras. Os seres humanos modernos são geniais na manipulação de coisas com as mãos e com os dedos. Somos conduzidos por um desenvolvimento extremo da sensação cinestésica investida nessa habilidade. Os poderes integradores do cérebro para as sensações advindas da manipulação de objetos transbordam para todos os demais domínios da inteligência.

O passo subsequente — a próxima guinada acertada no labirinto evolutivo — foi uma mudança na dieta para incluir uma quantidade substancial de carne, seja de carcaças encontradas, de animais vivos (caçados e mortos) ou de ambos. A carne fornece mais energia por grama consumido do que os vegetais. Uma vez que o carnivorismo tenha sido evolutivamente moldado em um nicho, menos energia é necessária para ocupá-lo.

As vantagens da cooperação na busca de carne levaram à formação de grupos altamente organizados. As primeiras sociedades consistiam em famílias estendidas, mas também em adotados e aliados. Expandiram-se até uma população que pudesse ser sustentada pelo ambiente local. Uma população expandida constituiu uma vantagem nos conflitos que inevitavelmente surgiam entre diferentes grupos. Essa etapa e as vantagens resultantes dela são vistas não apenas nos humanos atuais — tanto os caçadores-coletores como os habitantes urbanos — mas também, em um grau limitado, nos chimpanzés.

Cerca de 1 milhão de anos atrás, sucedeu-se o uso controlado do fogo, uma vitória singular dos hominídeos. Tochas com fogo de raios carregadas para outros locais concederam enormes vantagens em todos os aspectos da vida de nossos ancestrais. Tal controle aumentou o rendimento nas caçadas, permitindo que mais animais fossem localizados e capturados. Um fogo de chão se espalhando era o equivalente a uma matilha atual de cães de caça. Os animais mortos no incêndio geralmente eram cozidos por ele. E, mesmo nos primórdios do *Homo* carnívoro, a maior facilidade em obter e consumir carne, tendões e ossos teve consequências significativas. Na evolução posterior, a mastigação e a fisiologia da digestão avançaram até a especialização em carne e vegetais cozidos. Cozinhar tornou-se um traço humano universal. Com a partilha de refeições cozidas, adveio uma forma universal de conexão social.

O fogo carregado de um lugar ao outro era um recurso, como a carne, as frutas e as armas. Galhos de árvores e feixes de ramos podem arder por horas. Junto com a carne, o fogo e o ato de cozinhar, os locais de acampamento durando mais que uns poucos dias e, portanto, persistentes o suficiente para serem defendidos como um refúgio, marcaram o seguinte e vital passo evolutivo. Um ninho desses, como também podem ser chamados os acampamentos, foi o precursor do alcance da eussocialidade por todos os outros animais conhecidos. Existem indícios fósseis de acampamentos e de seus equipamentos remontando ao *Homo erectus*, a espécie ancestral intermediária no tamanho do cérebro entre o *Homo habilis* e o *Homo sapiens* moderno.

Junto com os locais de acampamento ao pé do fogo veio a divisão de trabalho. Ela surgiu automaticamente: já existia uma predisposição dentro dos grupos à auto-organização por hierarquias dominantes. Existiam também diferenças anteriores entre machos e fêmeas e entre jovens e velhos. Além disso, dentro de cada subgrupo existiam variações na capacidade de liderança, bem como na propensão em permanecer no local de acampamento. O resultado inevitável rapidamente surgido de todas essas pré-adaptações foi uma divisão de trabalho complexa.

Na época do *Homo erectus*, todos os passos que levaram essa espécie à eussocialidade, exceto o uso controlado do fogo, também haviam sido seguidos pelos chimpanzés e pelos bonobos modernos. Graças às nossas pré-adaptações únicas, estávamos prontos para deixar esses primos distantes bem para trás. O palco estava agora armado para que os primatas africanos com os cérebros maiores dessem o salto realmente definidor rumo ao seu potencial.

6. As forças criativas

Se cientistas extraterrestres tivessem descido à Terra 3 milhões de anos atrás, teriam se surpreendido com abelhas, cupins de montículo e formigas-cortadeiras, cujas colônias eram na época os supremos superorganismos do mundo dos insetos e, de longe, os sistemas sociais mais complexos e ecologicamente bem-sucedidos do planeta.

Os visitantes também teriam estudado os australopitecos africanos, espécie de primatas bípedes raros com cérebros do tamanho daqueles dos macacos antropoides. Eles não veriam grande potencial ali ou entre os demais animais vertebrados. Afinal, criaturas daquele tamanho haviam percorrido a Terra por mais de 300 milhões de anos no passado sem que grande coisa tivesse ocorrido. Os insetos eussociais pareciam o melhor de que o planeta Terra era capaz.

Imagine ainda que, com sua missão cumprida, os extraterrestres fossem embora. A biosfera da Terra se estabilizara, ao que podiam ver, e seu diário de bordo registraria: "Nada novo de particular importância deverá ocorrer nos próximos mega-anos (milhares de milênios). Os insetos eussociais têm sido o ápice da evolução social por mais de cem mega-anos e dominam o mundo invertebrado terrestre, situação que deve continuar por mais cem mega-anos".

Entretanto, na ausência deles, algo realmente extraordinário aconteceu. O cérebro de um dos australopitecos começou a crescer rapidamente. Na época da visita dos extraterrestres, media 500-700 centímetros cúbicos. Cerca de 2 milhões de anos depois, havia crescido para 1500-1700 centímetros cúbicos, o dobro do cérebro dos australopitecíneos ancestrais. O *Homo sapiens* chegara, e sua conquista social da Terra era iminente.

Se os descendentes dos extraterrestres fizessem uma nova visita à Terra agora, depois de 3 milhões de anos consumidos por sistemas estelares mais interessantes, com certeza se espantariam com a situação da Terra. O quase impossível havia ocorrido. Uma das espécies de primatas bípedes encontrada anteriormente não apenas sobrevivera, mas desenvolvera uma civilização primitiva baseada na linguagem. Igualmente surpreendente, e bem preocupante: a espécie primata vinha destruindo sua própria biosfera.

Embora minúscula em biomassa — todos os seus mais de 7 bilhões de membros poderiam ser comprimidos num cubo com dois quilômetros em cada aresta —, a nova espécie se tornara uma força geofísica. Ela havia dominado as energias do Sol e dos combustíveis fósseis, desviado uma grande parte da água doce para seu próprio consumo, acidificado o oceano e mudado a atmosfera para um estado potencialmente letal. "Foi um serviço de engenharia muito malfeito", os visitantes poderiam dizer. "Deveríamos ter chegado antes e impedido que essa tragédia acontecesse."

A origem da humanidade moderna foi um golpe de sorte — bom para nossa espécie por algum tempo, ruim para grande parte dos demais seres vivos para sempre. Todas as pré-adaptações que citei como passos evolutivos rumo à condição humana, se na sequência correta, tinham o potencial de trazer uma espécie de grandes animais à beira da eussocialidade. Cada uma das pré-adaptações foi citada por um ou outro autor científico como um evento-chave que catapultou os primeiros hominídeos para a atual condição humana. Quase todas as conjecturas são parcialmente corretas. Porém nenhuma faz sentido, exceto como parte de uma sequência, uma dentre muitas sequências que eram possíveis.

Por qual *força* da dinâmica evolutiva, então, a nossa linhagem abriu caminho pelo labirinto evolutivo? O que no meio ambiente e na condição ancestral conduziu a espécie exatamente pela sequência certa de mudanças genéticas?

As pessoas muito religiosas, claro, responderão que foi a mão de Deus. Essa teria sido uma realização altamente improvável mesmo para um poder sobrenatural. Para trazer a condição humana à existência, um Criador divino teria de espalhar um número astronômico de mutações genéticas dentro do genoma, enquanto engendrava os ambientes físicos e vivos durante milhões de anos para manter os pré-humanos arcaicos no caminho. Ele poderia igualmente ter feito o mesmo serviço com uma sequência de geradores de números aleatórios. A seleção natural, e não um projeto divino, foi a força que abriu esse caminho.

Há quase meio século, tem sido popular entre os cientistas sérios em busca de uma explicação naturalista para a origem da humanidade, entre os quais me incluo, invocar a seleção de parentesco como uma força dinâmica fundamental da evolução humana. Superficialmente ao menos, a seleção de parentesco — concebida como base de uma propriedade no nível do grupo denominada aptidão inclusiva — tem sido um conceito atraente, e até mesmo sedutor. Ela sustenta que os pais, a prole, seus primos e outros parentes colaterais são unidos pela coordenação e pela unidade de propósito possibilitadas por atos desinteressados mútuos. O altruísmo na verdade beneficia cada membro do grupo em média, porque cada altruísta compartilha genes, pela descendência em comum, com a maioria dos outros membros de seu grupo. Devido ao compartilhamento com parentes, seu sacrifício aumenta a abundância relativa desses genes na geração seguinte. Se o aumento for maior que o número médio perdido pela redução do número de genes transmitidos por meio da descendência pessoal, o altruísmo é favorecido e a sociedade consegue evoluir. Os indivíduos se dividem em castas reprodutivas e não reprodutivas, em parte como uma manifestação de sacrifício pessoal a favor dos parentes.

Infelizmente para essa percepção, os fundamentos da teoria geral da aptidão inclusiva baseada nos pressupostos da seleção de parentesco desmoronaram, enquanto os indícios a seu favor se tornaram no mínimo questionáveis. A bela teoria nunca funcionou perfeitamente, e agora ruiu.

Uma nova teoria da evolução eussocial, baseada em parte em minha colaboração com os biólogos teóricos Martin Nowak e Corina Tarnita, e em parte no trabalho de outros pesquisadores, fornece explicações separadas para a origem dos insetos eussociais, por um lado, e para a origem das sociedades humanas, por outro. No caso das formigas e de outros invertebrados eussociais, o processo não é percebido como seleção de parentesco ou seleção de grupo, mas como seleção em nível individual, de rainha (no caso das formigas e de outros insetos himenópteros) para rainha, com a casta das operárias sendo uma extensão do fenótipo da rainha. A evolução pode proceder dessa maneira porque nos estágios iniciais da evolução colonial a rainha viaja para bem longe de sua colônia natal e cria os membros da colônia sozinha. A criação de novos grupos pelos humanos, na época atual e retrocedendo até a pré-história, tem sido fundamentalmente diferente — ao menos segundo minha interpretação pessoal, e a de alguns outros cientistas, quando baseada na biologia comparativa. Sua dinâmica evolutiva é induzida tanto pela seleção individual quanto pela de grupo. O processo em muitos níveis foi primeiramente antevisto por Darwin em *A descendência do homem*:

> Ora, se algum dos homens da tribo, mais sagaz do que os outros, inventasse uma nova armadilha ou arma, ou outro meio de ataque ou defesa, o mais simples autointeresse, sem o auxílio de muito poder de raciocínio, faria com que os demais membros o imitassem; e todos assim se beneficiariam. A prática habitual de cada nova arte deve igualmente, em algum grau ligeiro, fortalecer o intelecto. Se a invenção nova fosse importante, a tribo aumentaria de número, iria se propagar e suplantaria outras tribos. Numa tribo assim tornada mais numerosa, sempre haveria uma chance um tanto melhor de nascimento de outros membros superiores e inventivos. Se tais homens deixassem filhos para herdarem sua superioridade mental, as chances do nascimento de membros ainda mais engenhosos seriam um tanto maiores, e numa tribo bem pequena, decididamente maiores. Ainda que não deixasse filhos, a tribo continuaria incluindo seus parentes consanguíneos; e tem sido assegurado por agricultores que, ao preservar e procriar a família de um animal que, quando abatido, se revelou valioso, a característica desejada foi obtida.

A seleção em muitos níveis consiste na interação entre forças de seleção que visam a traços de membros individuais e outras forças de seleção que visam a traços do grupo como um todo. A nova teoria pretende substituir a teoria tradicional baseada em genealogia ou em outro indicador semelhante de parentesco genético. Foi também fornecida por Martin Nowak como uma alternativa à seleção em muitos níveis no caso dos insetos sociais. Nessa abordagem, é possível reduzir a totalidade do processo seletivo ao seu efeito sobre o genoma de cada membro da colônia e de seus descendentes diretos. O resultado é obtido sem referência ao grau de parentesco de cada colônia, de um membro a outros, exceto entre pai ou mãe e prole.

Os precursores do *Homo sapiens*, se aceitarmos como guias os indícios arqueológicos e o comportamento dos atuais caçadores-coletores, formavam grupos organizados que competiam entre si por território e outros recursos escassos. Em geral, é de esperar que a competição entre grupos afete a aptidão genética de cada membro (ou seja, a proporção de prole com que cada um contribui para o futuro do grupo), aumentando-o ou reduzindo-o. Uma pessoa pode morrer ou ficar inválida, e perder sua aptidão genética individual como resultado do aumento da aptidão do grupo durante, por exemplo, uma guerra ou sob o domínio de uma ditadura violenta. Se pressupomos que os grupos sejam mais ou menos iguais em armamentos e outras tecnologias — o que ocorreu quase sempre entre as sociedades primitivas por centenas de milhares de anos —, podemos esperar que o resultado da competição entre os grupos seja determinado em grande parte pelos detalhes do comportamento social dentro de cada grupo. Esses traços são o tamanho e a solidez do grupo, bem como a qualidade da comunicação e da divisão de trabalho entre seus membros. Tais traços são herdáveis até certo ponto. Em outras palavras, sua variação deve-se em parte a diferenças em genes entre os membros do grupo, portanto também entre os próprios grupos. A aptidão genética de cada membro, o número de descendentes reprodutivos que deixa, é determinada pelo custo exigido e pelo benefício obtido pela sua participação no grupo. Estes incluem o favorecimento ou o desfavorecimento por parte de outros membros do grupo com base no seu comportamento. A moeda do favorecimento é paga pela reciprocidade direta e indireta, esta última na forma de reputação e confiança. O desempenho do grupo depende de como seus membros funcionam juntos, independentemente do grau em que cada membro é favorecido ou desfavorecido no grupo.

A aptidão genética de um ser humano deve, portanto, ser uma consequência tanto da seleção individual quanto da seleção de grupo. Mas isso só é válido em relação aos alvos da seleção. Se os alvos são traços do indivíduo agindo em seu próprio interesse, ou aspectos interativos entre membros em benefício do grupo, a derradeira unidade afetada é o código genético inteiro do indivíduo. Se o benefício da participação no grupo for menor que o da vida solitária, a evolução favorecerá a partida do indivíduo ou a trapaça. Se chegar a determinado ponto, a sociedade se dissolverá. Se o benefício pessoal por participar no grupo subir bastante ou, alternativamente, se líderes egoístas conseguirem dominar a colônia para servir aos seus interesses pessoais, os membros estarão propensos ao altruísmo e à submissão. Como todos os membros normais possuem ao menos a capacidade de se reproduzir, existe um conflito intrínseco e irremediável nas sociedades humanas entre a seleção natural no nível individual e a seleção natural no nível do grupo.

Os alelos (as diferentes formas de cada gene) que favorecem a sobrevivência e a reprodução de cada membro do grupo à custa dos outros estão sempre em conflito com os alelos do mesmo ou de outros genes favorecendo o altruísmo e a coesão na determinação da sobrevivência e da reprodução dos indivíduos. Egoísmo, covardia e competição antiética atendem ao interesse de alelos individualmente selecionados, enquanto diminuem a proporção de alelos altruístas selecionados pelo grupo. Essas propensões destrutivas são confrontadas por alelos predispondo os indivíduos a comportamentos heroicos e altruístas a favor dos membros do mesmo grupo. Os traços selecionados pelo grupo costumam atingir sua determinação máxima durante conflitos entre grupos rivais.

Foi portanto inevitável que o código genético prescrevendo o comportamento social dos seres humanos modernos fosse uma quimera. Uma parte prescreve traços que favorecem o sucesso dos indivíduos dentro do grupo. A outra parte prescreve os traços que favorecem o sucesso do grupo na competição com outros grupos.

A seleção natural no nível individual, com a evolução de estratégias que contribuem para a máxima quantidade de prole madura, tem prevalecido ao longo da história da vida. Ela costuma moldar a fisiologia e o comportamento dos organismos para que se adaptem a uma vida solitária ou, no máximo, à participação em grupos frouxamente organizados. A origem da eussocialidade, em que os organismos se comportam de forma oposta, tem sido rara na história da vida, porque a seleção de grupo precisa de uma força extraordinária para contrabalançar o domínio da seleção individual. Apenas assim ela consegue modificar o efeito conservador da seleção individual e introduzir comportamentos altamente cooperativos na fisiologia e no comportamento dos membros do grupo.

Os ancestrais das formigas e de outros insetos himenópteros eussociais (formigas, abelhas, vespas) enfrentaram o mesmo problema dos seres humanos. Conseguiram contorná-lo desenvolvendo uma plasticidade extrema em certos genes, programados para que as operárias altruístas tenham os mesmos genes da rainha-mãe para fisiologia e comportamento, embora difiram drasticamente da rainha e entre si nesses aspectos. A seleção permaneceu no nível individual: de rainha para rainha. Mas a seleção nas sociedades de insetos continua no nível do grupo, com as colônias rivalizando entre si. Esse aparente paradoxo é facilmente resolvido. No que tange à seleção natural na maioria das formas de comportamento social, a colônia se limita operacionalmente à rainha e à sua extensão fenotípica na forma de auxiliares semelhantes a robôs. Ao mesmo tempo, a seleção de grupo promove a diversidade genética entre as operárias em outras partes do genoma para ajudar a proteger a colônia de doenças. Essa diversidade é proporcionada pelo macho com que cada rainha acasala. Nesse sentido, o genótipo de um indivíduo é uma quimera genética. Contém genes que não variam entre os membros da colônia, com castas sendo formas plásticas criadas a partir dos mesmos genes, e genes que variam entre os membros da colônia como um escudo contra doenças.

Nos mamíferos tal artifício não foi possível porque seu ciclo de vida é fundamentalmente diferente do ciclo dos insetos. No passo reprodutivo básico do ciclo de vida dos mamíferos, a fêmea está enraizada no seu território de origem. Ela não consegue se separar do grupo no qual nasceu, a menos que passe diretamente para um grupo vizinho — um acontecimento comum, mas rigidamente controlado, entre os animais e seres humanos. Em contraste, a fêmea do inseto pode acasalar e depois carregar os espermatozoides, qual macho portátil, em sua espermateca por longas distâncias. Ela é capaz de iniciar colônias novas sozinha, longe do ninho onde nasceu.

O domínio da seleção individual pela seleção de grupo, além de raro entre os mamíferos e outros vertebrados, nunca foi e jamais será completo. Os fundamentos do ciclo de vida e da estrutura populacional dos mamíferos o impede. Nenhum sistema social como o dos insetos pode ser criado no teatro da evolução social dos mamíferos.

As consequências esperadas desse processo evolutivo sobre os seres humanos são:

- Uma competição intensa ocorre entre grupos, em muitas circunstâncias incluindo a agressão territorial.
- A composição do grupo é instável, devido aos benefícios de aumentar o tamanho do grupo por meio de imigração, prose-

litismo ideológico e conquista, contrapostos às oportunidades de obter benefícios pela usurpação dentro do grupo e de fissão para criar grupos novos.

- Uma guerra inevitável e perpétua existe entre honra, virtude e dever; de um lado, os produtos da seleção de grupo, e, de outro, egoísmo, covardia e hipocrisia, os produtos da seleção individual.
- O aperfeiçoamento da interpretação rápida e hábil da intenção dos outros tem predominado na evolução do comportamento social humano.
- Grande parte da cultura, incluindo especialmente o conteúdo das artes criativas, tem emergido do choque inevitável entre a seleção individual e a seleção de grupo.

Em suma, a condição humana é uma confusão endêmica radicada nos processos evolutivos que nos criaram. O pior na nossa natureza coexiste com o melhor, e assim sempre será. Acabar com isso, se fosse possível, nos tornaria menos humanos.

7. O tribalismo é um traço humano fundamental

Formar grupos, extraindo conforto visceral e orgulho da associação familiar, e defender o grupo com entusiasmo contra grupos rivais — esses comportamentos estão entre os universais absolutos da natureza humana e, portanto, da cultura. Uma vez criado um grupo com um propósito definido, porém, suas fronteiras são maleáveis. Famílias costumam ser incluídas como subgrupos, embora se dividam com frequência pela fidelidade a outros grupos. O mesmo ocorre com aliados, recrutados, convertidos, membros honorários e traidores de grupos rivais que mudaram de lado. Uma identidade e certo grau de poder são concedidos a cada membro do grupo. Em retorno, qualquer prestígio e riqueza que este possa adquirir concedem identidade e poder aos seus colegas.

Os grupos modernos são psicologicamente equivalentes às tribos da história antiga e da pré-história. Como tais, esses grupos descendem diretamente dos bandos de pré-humanos primitivos. O instinto que os mantém coesos é o produto biológico da seleção de grupo.

As pessoas precisam de uma tribo. Ela proporciona um nome, além de um sentido próprio e social em um mundo caótico. Torna o ambiente menos desorientador e perigoso. O mundo social de cada ser humano moderno não é uma tribo única, e sim um sistema de tribos entrelaçadas, em meio às quais costuma ser difícil encontrar uma só bússola. As pessoas saboreiam a convivência com amigos afins e anseiam por estar com as melhores companhias: um regimento de fuzileiros navais, talvez, uma faculdade de elite, um comitê executivo de uma empresa, uma seita religiosa, uma república estudantil, um clube campestre, em suma, qualquer coletividade que possa levar a melhor na comparação com grupos concorrentes da mesma categoria.

Atualmente as pessoas ao redor do mundo, cautelosas em relação às guerras e temendo suas consequências, têm se voltado cada vez mais para seu equivalente moral nos times esportivos. Sua ânsia pela participação num grupo e pela superioridade deste pode ser satisfeita com a vitória de seus guerreiros nos embates em campos de batalha ritualizados. Como os cidadãos animados e bem vestidos de Washington, que vieram testemunhar a Primeira Batalha de Bull Run durante a Guerra Civil, eles anteveem a experiência com prazer. Os torcedores ficam empolgados vendo os uniformes, símbolos e apetrechos de batalha do seu time, as taças de campeonatos e bandeiras, as garotas de torcida dançando em trajes sumários. Alguns dos torcedores trajam fantasias estranhas e pintam o rosto em homenagem ao seu time, participam de comemorações após as vitórias. Muitos, especialmente os mais jovens, libertam-se de qualquer censura para aderir ao espírito de batalha e ao alegre caos que se segue a ela. Quando os Boston Celtics derrotaram os Los Angeles Lakers no campeonato da Associação Nacional de Basquete dos Estados Unidos, numa noite de junho de 1984, o time estava em êxtase, e o seu grito de guerra foi "Celts Supremos!". O psicólogo social Roger Brown, que testemunhou as comemorações posteriores, comentou:

Não foram apenas os jogadores que se sentiram supremos, mas todos os seus torcedores. O North End ficou empolgado. Os torcedores irromperam do Madison Square Garden e dos bares próximos, dançando o *break* no ar, charutos acesos, braços elevados, vozes gritando. A capota de um carro foi abaixada, umas trinta pessoas alegremente se empilharam a bordo, e o motorista — um torcedor — sorriu feliz. Uma carreata circulou buzinando pelos arredores. Não me pareceu que aqueles torcedores estivessem apenas expressando simpatia ou empatia por seu time. Pessoalmente estavam nas nuvens. Naquela noite a autoestima de cada torcedor foi suprema. Uma identidade social fez um grande bem a várias identidades pessoais.

Brown então acrescentou um detalhe importante:

A identificação com um time esportivo tem em si algo da arbitrariedade dos grupos mínimos. Para ser um torcedor dos Celtics você não precisa ter nascido em Boston, nem mesmo morar lá, e o mesmo acontece com os membros do time. Como indivíduos, ou diante de membros de outros grupos, tanto os torcedores como os jogadores poderiam ser bem hostis. Mas como participantes dos Celtics, todos comemoraram juntos.

Experimentos conduzidos durante vários anos por psicólogos sociais revelaram a rapidez e a decisão com que as pessoas se dividem em grupos e depois discriminam a favor do grupo ao qual pertencem. Mesmo quando os pesquisadores criaram os grupos arbitrariamente e depois os rotularam para que os membros pudessem se identificar, e mesmo quando as interações prescritas foram triviais, o preconceito logo dominou. Quer os grupos jogassem por alguns trocados ou se identificassem de forma grupal como preferindo certo pintor abstrato em relação a outro, os participantes sempre classificavam os de fora do grupo como inferiores aos membros do grupo. Julgavam seus "oponentes" menos agradáveis, menos justos, menos confiáveis, menos competentes. Os preconceitos se manifestavam mesmo quando as cobaias eram informadas de que os membros do grupo e os forasteiros tinham sido escolhidos arbitrariamente. Numa dessas séries de testes, pediu-se que as cobaias dividissem pilhas de fichas de jogo entre membros anônimos dos dois grupos, e a mesma reação aconteceu. Um forte favoritismo se manifestou sistematicamente em relação àqueles rotulados simplesmente como membros do grupo, mesmo sem nenhum outro incentivo e nenhum contato anterior.

Em seu poder e universalidade, a tendência a formar grupos e depois favorecer seus membros tem a marca do instinto. Seria possível alegar que o viés a favor do grupo é condicionado pelo aprendizado prematuro de se associar aos membros da família e pelo incentivo a brincar com as crianças da vizinhança. Mas mesmo que tal experiência desempenhe um papel, seria um exemplo do que os psicólogos denominam aprendizado preparado, a propensão inata a aprender algo de forma rápida e decisiva. Se a propensão ao viés a favor do grupo satisfaz todos esses critérios, é provável que seja herdada e, nesse caso, é de supor que tenha surgido por meio da evolução por seleção natural. Outros exemplos convincentes de aprendizado preparado no repertório humano incluem linguagem, a rejeição ao incesto e a aquisição de fobias.

Se o comportamento pró-grupo for de fato um instinto expresso pelo aprendizado preparado e herdado, deveríamos encontrar seus sinais mesmo em crianças muito novas. E exatamente esse fenômeno foi descoberto por psicólogos cognitivos. Bebês recém-nascidos são mais sensíveis aos primeiros sons que ouvem, ao rosto da mãe e aos sons de sua língua nativa. Mais tarde dão preferência às pessoas que ouviram antes falar sua língua nativa.

As crianças em idade pré-escolar tendem a selecionar como amigos falantes de sua língua nativa. As preferências começam antes que compreendam o significado da fala e se manifestam mesmo quando diferentes sotaques são plenamente entendidos.

O impulso elementar de participar com profundo prazer de grupos se traduz facilmente, num nível mais alto, em tribalismo. As pessoas tendem ao etnocentrismo. Constitui um fato incômodo que, mesmo quando podem escolher sem culpa, os indivíduos preferem a companhia de outros da mesma raça, nação, clã e religião. Confiam mais neles, relaxam mais com eles nos negócios e eventos sociais, e é comum que os prefiram como parceiros de casamento. Ficam com raiva mais rapidamente quando descobrem que alguém de fora do grupo está se comportando injustamente ou recebendo recompensas indevidas. E mostram-se hostis com qualquer forasteiro que invada o território ou recursos do seu grupo. A literatura e a história estão repletas de relatos do que acontece nos casos extremos, como na seguinte passagem de Juízes 12:5-6 do Antigo Testamento:

> E tomaram os gileaditas aos efraimitas os vaus do Jordão. E quando algum dos fugitivos de Efraim dizia: "Deixai-me passar", então os homens de Gileade lhe perguntavam: "És tu efraimita?". E dizendo ele: "Não", então lhe diziam: "Dize, pois, Chibolete". Porém ele dizia: "Sibolete", porque não o podia pronunciar bem. Então o agarravam e degolavam nos vaus do Jordão. Caíram de Efraim naquele tempo 42 mil.

Quando, em experimentos, americanos negros e brancos viram de relance fotos da outra raça, suas amígdalas, o centro cerebral do medo e da raiva, foram ativadas de forma tão rápida e sutil que os centros conscientes do cérebro não perceberam a reação. A cobaia, na verdade, não conseguiu se controlar. Quando, por outro lado, contextos apropriados foram acrescentados — digamos, o negro que se aproximava era um médico e o branco, seu paciente —, dois outros locais do cérebro integrados com os centros de aprendizado superior, o córtex cingulado e o córtex preferencial dorsolateral, entraram em ação, silenciando os estímulos por meio da amígdala.

Desse modo, diferentes partes do cérebro evoluíram por seleção de grupo e criaram o sentimento de grupo. Elas mediam a propensão estrutural inata a subestimar membros de outros grupos ou se opunham a ela para dominar seus efeitos autônomos imediatos. Existe pouca ou nenhuma culpa no prazer quando se assiste a eventos esportivos violentos ou filmes de guerra, desde que a amígdala governe a ação e a história se desenrole até a destruição satisfatória do inimigo.

8. A guerra como a maldição hereditária da humanidade

"A história é um banho de sangue", escreveu William James, cujo ensaio antiguerra de 1906 é possivelmente o melhor já escrito sobre o tema. "A guerra moderna é tão dispendiosa", ele continuou, "que achamos o comércio um caminho melhor para lucrar; mas o homem moderno herda toda a beligerância e todo o amor à glória de seus ancestrais. De nada adianta lhe mostrar a irracionalidade e o horror da guerra. Os horrores causam o fascínio. A guerra é a vida *forte*; é a vida *in extremis*; os impostos para a guerra são os únicos que o homem nunca hesita em pagar, como mostram os orçamentos de todas as nações."

A nossa natureza sangrenta, pode-se agora argumentar no contexto da biologia moderna, é arraigada porque o conflito intergrupos foi uma força propulsora importante que nos tornou o que somos. Na pré-história, a seleção de grupo elevou os hominídeos que se tornaram carnívoros territoriais a uma grande solidariedade, à genialidade e à iniciativa. E também ao *medo*. Cada tribo sabia, com razão, que, se não estivesse armada e preparada, sua própria existência corria perigo. Ao longo da história, a escalada de grande parte da tecnologia teve o combate como seu objetivo central. Atualmente, os calendários das nações estão repletos de feriados para celebrar vitórias bélicas e para homenagear a memória dos que tombaram nas guerras. A melhor forma de obter apoio público é apelar às emoções do combate mortal, área em que a amígdala é mestre. Encontramo-nos na *batalha* para deter um vazamento de petróleo, na *luta* para domar a inflação, na *guerra* contra o câncer. Onde quer que haja um inimigo, animado ou inanimado, deve haver uma vitória. Você precisa vencer no front, por maior que seja o custo em casa.

Qualquer justificativa para uma guerra real servirá, desde que seja vista como necessária para proteger a tribo. A lembrança dos horrores do passado não tem efeito algum. De abril a junho de 1994, assassinos da maioria hutu em Ruanda puseram-se a exterminar a minoria tútsi, que naquela época governava o país. Em cem dias de carnificina irrestrita com facas e armas de fogo, 800 mil pessoas morreram, na maioria tútsis. A população ruandesa total se reduziu em 10%. Quando uma trégua enfim foi obtida, 2 milhões de hutus fugiram do país, temendo vingança. As causas imediatas do banho de sangue foram insatisfações políticas e sociais, mas todas resultaram de uma causa básica: Ruanda era o país mais superpovoado da África. Para uma população que não parava de crescer, a terra arável per capita estava encolhendo até o limite. A discussão mortal foi sobre qual tribo deteria e controlaria toda aquela terra.

Os tútsis haviam dominado antes do genocídio. Os colonizadores belgas os consideravam a melhor das duas tribos e por isso os protegiam. Os tútsis, é claro, compartilhavam essa crença e, embora as tribos falassem a mesma língua, tratavam os hutus como inferiores. Por sua vez, os hutus viam os tútsis como invasores vindos da Etiópia gerações antes. A muitos daqueles que atacaram seus vizinhos foram prometidas as terras dos tútsis que matassem. Ao atirarem os corpos dos tútsis no rio, brincavam que estavam devolvendo suas vítimas à Etiópia.

Uma vez que um grupo tenha sido desmembrado e suficientemente desumanizado, qualquer brutalidade se justifica, em qualquer nível, e isso vale para grupos vitimizados de qualquer tamanho, chegando a raças e nações. O Grande Terror na Rússia sob o comando de Stálin resultou na morte deliberada por inanição de mais de 3 milhões de ucranianos soviéticos durante o inverno de 1932-3. Em 1937 e 1938, 681 692 pessoas foram executadas por supostos "crimes políticos", das quais mais de 90% eram camponeses considerados resistentes à coletivização. A URSS como um todo logo viria a sofrer da mesma maneira com a brutal invasão nazista, cujo propósito explícito foi subjugar os eslavos inferiores e abrir espaço para a expansão dos povos arianos racialmente "puros".

Se nenhuma outra razão foi conveniente para travar uma guerra de expansão territorial, sempre existiu Deus. Foi a vontade de Deus que trouxe os Cruzados ao Levante. Eles foram pagos antecipadamente com indulgências papais. Marcharam sob o signo da cruz e exigiram que a suposta verdadeira Cruz fosse devolvida às mãos cristãs. Durante o cerco de Acre, em 1191, Ricardo I trouxe 2700 prisioneiros de guerra muçulmanos para bem perto da linha de batalha de modo que Saladino os visse, depois assassinou o grupo a fio de espada. Dizem que sua motivação foi impressionar o líder muçulmano com a vontade férrea do monarca inglês, mas Ricardo também pode ter querido evitar que os prisioneiros voltassem a empunhar armas. Não importa: a motivação derradeira de todos os horrores foi arrebatar terras e recursos dos muçulmanos e entregá-los aos reinos da cristandade.

Depois chegou a vez do islã. Também a serviço de Deus, realizou-se o cerco de Constantinopla pelos turcos otomanos sob o sultão Mehmed II em 1453. Foi à Santíssima Trindade e a todos os santos que os cristãos oraram ao se amontoarem na grande igreja de Hagia Sofia, enquanto as forças otomanas convergiam sobre o Augusteum. As súplicas desesperadas não foram ouvidas. Os muçulmanos foram favorecidos por Deus naquele dia, de modo que os cristãos foram assassinados ou vendidos como escravos.

Ninguém expressou a ligação profunda nas religiões abraâmicas entre a violência humana e a divina mais vivamente que Martinho Lutero em seu ensaio de 1526, intitulado *Se os soldados também podem ser salvos.*

> Mas o que ireis fazer com o fato de que as pessoas não manterão a paz, mas roubarão, furtarão, matarão, violarão mulheres e crianças, e se apoderarão de propriedades e honra? A pequena falta de paz chamada guerra ou espada deve fixar um limite a essa falta de paz universal, mundial que destruiria a todos. Por isso Deus honra tanto a espada a ponto de dizer que ele próprio a instituiu (Rom., 13:1) e não quer que os homens digam ou pensem que eles a inventaram ou instituíram. Pois a mão que brande essa espada e mata com ela não é a mão do homem, mas a mão de Deus. E não é o homem, mas Deus, quem enforca, tortura, decapita, mata e luta. Tudo isso são obras e julgamentos de Deus.

E sempre foi assim. De acordo com Tucídides, os atenienses pediram ao povo independente de Melos que deixasse de apoiar Esparta na Guerra do Peloponeso e se submetesse ao domínio ateniense. Emissários dos dois Estados se encontraram para discutir a questão. Os atenienses explicaram o destino que os deuses proporcionaram aos homens: "Os poderosos extorquem o que podem, e os fracos concedem o que devem". Os habitantes de Melos responderam que jamais se deixariam escravizar e que apelariam aos deuses por justiça divina. Os atenienses responderam: "Nos deuses acreditamos, e dos homens sabemos, por uma lei de sua natureza, que, sempre que puderem, dominarão. Essa lei não foi criada por nós, e não somos os primeiros a agir segundo ela. Nós apenas a herdamos, e sabemos que vocês e toda a humanidade, se fossem tão fortes quanto nós, agiriam como nós. E isso é tudo que temos a falar sobre os deuses. Nós lhes contamos por que esperamos contar com a simpatia divina tanto quanto vocês". Os habitantes de Melos continuaram se recusando, e uma força ateniense logo chegou para conquistar a ilha. No tom calmo da tragédia grega clássica, Tucídides informou: "Os atenienses então mataram todos em idade militar e escravizaram as mulheres e as crianças. Depois colonizaram a ilha, enviando para lá quinhentos colonos próprios".

Uma fábula familiar simboliza esse anjo das trevas impiedoso da natureza humana. Um escorpião pede a uma rã que o transporte através de um rio. A rã de início se recusa, dizendo que teme ser picada pelo escorpião. Este assegura à rã que não fará tal coisa. "Afinal", ele diz, "se eu a espetar, ambos pereceremos." A rã consente, e no meio da travessia o escorpião ferroa a rã. "Por que você fez isso?", pergunta a rã enquanto ambos afundam sob a superfície. "É da minha natureza", o escorpião explica.

Não se deve pensar que a guerra, muitas vezes acompanhada de genocídio, seja um artefato cultural de umas poucas sociedades. Tampouco, ela tem sido uma aberração da história, um resultado das dores crescentes da maturação de nossa espécie. As guerras e os genocídios têm sido universais e eternos, não respeitando nenhuma época ou cultura específica. Desde o fim da Segunda Guerra Mundial, os conflitos violentos entre Estados declinaram drasticamente, graças em parte ao impasse nuclear entre as grandes potências (dois escorpiões numa garrafa, em escala maior). Mas as guerras civis, as insurreições e o terrorismo patrocinado pelo Estado continuam com força total. Em geral, as grandes guerras foram substituídas, ao redor do mundo, por guerras menores, de espécie e magnitude mais típicas das sociedades caçadoras-coletoras e primitivamente agrícolas. As sociedades civilizadas têm tentado eliminar a tortura, as execuções e o assassinato de civis, mas os combatentes das pequenas guerras ignoram essas regras.

Os sítios arqueológicos estão repletos de sinais de conflitos em massa. Uma grande parte das mais impressionantes construções da história tiveram propósitos defensivos, inclusive a Grande Muralha da China, a Muralha de Adriano através da Inglaterra, os magníficos castelos e fortalezas da Europa e do Japão, as moradas de penhasco dos nativos americanos, as muralhas das cidades de Jerusalém e Constantinopla. Até a Acrópole foi originalmente uma cidade-fortaleza murada.

Os arqueólogos descobriram que enterros de povos massacrados eram comuns. Entre as ferramentas do período Neolítico mais antigo estão instrumentos claramente concebidos para lutas. O Homem de Gelo, um corpo congelado descoberto nos Alpes em 1991 e que se descobriu ter mais de 5 mil anos, morreu de uma ponta de flecha encontrada enterrada no seu peito. Carregava um arco, uma aljava de flechas e um punhal ou faca de cobre possivelmente para caçar e trinchar os animais abatidos. E possuía também uma machadinha com lâmina de cobre sem nenhum sinal de que um morador da selva precisando cortar madeira e ossos a tenha utilizado. Tratava-se provavelmente de um machado de batalha.

Costuma-se dizer que algumas poucas sociedades caçadoras-coletoras sobreviventes — mais particularmente os bosquímanos da África do Sul e os aborígines australianos, que se aproximam na organização social de nossos ancestrais caçadores-coletores — não travavam guerras, e portanto comprovam o surgimento tardio na história dos conflitos violentos em massa. Mas sua vida foi marginalizada e reduzida pelos colonizadores europeus e, no caso

Figura 8-1. *Para os maias, a guerra era um meio de vida regular, como mostram os murais em Bonampak, México, mais ou menos do ano 800.* (*De Thomas Hayden, "The roots of war",* U.S. News & World Report, *26 abr. 2004, pp. 44-50. Fotografia de Enrico Ferorelli, reconstituição computadorizada de Doug Stern. National Geographic Stock.*)

dos bosquímanos, também pelos invasores zulus e hererós. Outrora os bosquímanos viviam em populações maiores em habitats bem mais amplos e produtivos do que as capoeiras e os desertos que ocupam hoje. Também se envolviam em guerras tribais. Desenhos em rochas e relatos dos primeiros exploradores e colonizadores europeus descrevem batalhas campais entre grupos armados. Quando os hererós começaram a invadir o território dos bosquímanos no século XIX, foram de início expulsos por bandos de guerreiros bosquímanos.

Pode-se pensar que a influência das religiões orientais pacíficas, em especial o budismo, exerceu uma oposição sistemática à

Figura 8-2. *Os ianomâmis são uma das últimas tribos primitivas da América do Sul, com uma população de 10 mil habitantes, dividida entre 200-250 aldeias encarniçadamente independentes. Ataques a aldeias vizinhas são corriqueiros. Aqui, guerreiros se alinham ao amanhecer antes de partirem para um ataque, rostos e corpos decorados com carvão triturado.* (*Fornecido com licença de reprodução por Napoleon A. Chagnon.*)

violência. Esse não é o caso. Sempre que o budismo dominou e se tornou a ideologia oficial, seja o budismo Theravada no sudeste asiático ou o budismo tântrico no leste asiático e no Tibete, a guerra foi tolerada e até imposta como parte da política de Estado baseada na fé. A lógica é simples, e se manifesta também no cristianismo: paz, não violência e amor fraterno são valores básicos, mas uma ameaça à lei e à civilização budistas é um mal que precisa ser derrotado. De fato, "mate-os todos, e Buda receberá os seus".

No século VI, rebeldes chineses, sob o título budista de "Grande Veículo" (*Mahāyāna*), puseram-se a eliminar todos os "demônios" do mundo — começando pelo clero budista. No Japão, o budismo foi adaptado como um instrumento das lutas feudais, criando o híbrido "monge guerreiro". Somente no final do século XVI os mosteiros poderosos foram dominados pelo governo militar central. O budismo foi então modificado como um instrumento de lutas feudais. Após a Restauração Meiji em 1818, o budismo japonês tornou-se parte da "mobilização espiritual" da nação.

E quanto à distante pré-história? Poderia a guerra ter, de alguma forma, resultado da disseminação da agricultura e das aldeias, bem como do aumento da densidade populacional? Evidentemente não foi esse o caso. Os locais de sepultamento de povos forrageadores do Paleolítico Superior e Mesolítico do Vale do Nilo e Baviera incluem enterros em massa do que parecem ser clãs inteiros. Muitos haviam morrido violentamente por clava, lança ou flecha. Do Paleolítico Superior, entre 40 mil e 12 mil anos atrás, vestígios espalhados muitas vezes mostram sinais de morte por golpes na cabeça e marcas de cortes nos ossos. Aquele foi o período das famosas pinturas nas cavernas de Lascaux e outras, algumas das quais incluem desenhos de pessoas transpassadas por lanças ou jazendo já mortas ou agonizantes.

Existe outra maneira de testar a prevalência de conflitos de grupo violentos nos primórdios da história humana. Os arqueólogos descobriram que, depois que populações de *Homo sapiens* começaram a se espalhar para fora da África, há 60 mil anos, a primeira onda chegou até a Nova Guiné e Austrália. Os descendentes dos pioneiros permaneceram nesses locais remotos como caçadores-coletores ou, no máximo, como agricultores primitivos até a chegada dos europeus. Outras populações vivas de mesma procedência remota e culturas arcaicas são os aborígines da Ilha Pequena Andaman, na costa leste da Índia, os pigmeus Mbuti, da África central, e os bosquímanos !Kung, do sul da África. Todos atualmente, ou ao menos na memória histórica, têm exibido comportamento territorial agressivo.

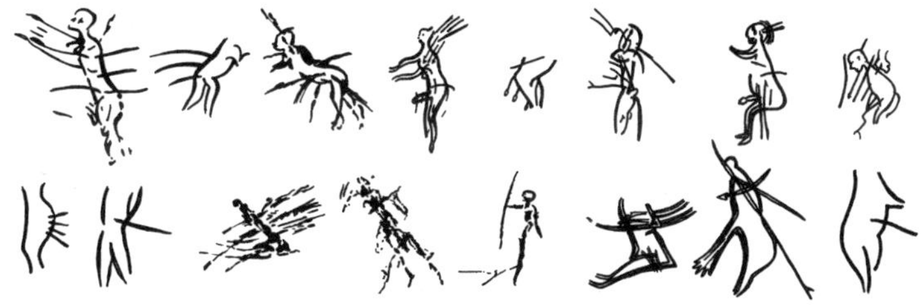

Figura 8-3. *Mortes de humanos por golpes de lanças, geralmente de diferentes tipos, são encontradas na arte paleolítica de várias cavernas europeias. As feridas mortais podiam ser o resultado de assassinato ou execuções, mas mais provavelmente (na opinião deste autor) representam inimigos abatidos por bandos de guerreiros que atacavam indivíduos. (De R. Dale Guthrie,* The Nature of Paleolithic Art. *Chicago: University of Chicago Press, 2005.)*

Entre a porcentagem minúscula das milhares de culturas mundiais estudadas por antropólogos e consideradas "pacíficas" estão os esquimós Copper e Ingalik, os Gebusi da planície de Nova Guiné, os Semang da Malásia peninsular, os Sirionó amazônicos, os Yahgan da Terra do Fogo, os Warrau do leste da Venezuela e os aborígines da costa oeste da Tasmânia. Ao menos algumas delas possuíam altas taxas de homicídios. Entre os Gebusi de Nova Guiné e os esquimós Copper, um terço de todas as mortes de adultos foram homicídios. "Isso se poderia explicar", escreveram os antropólogos Steven A. LeBlanc e Katherine E. Register, "pelo fato de que, nas sociedades pequenas, quase todos são parentes, ainda que de graus distantes. Naturalmente isso suscita algumas perguntas intrigantes: Quem é membro do grupo e quem é forasteiro? Quais mortes são consideradas homicídios e quais são atos de guerra? Tais perguntas e suas respostas às vezes se tornam confusas. Assim, parte desse pacifismo depende mais da definição de homicídio e de guerra do que da realidade. Na verdade, algumas dessas sociedades travavam guerras, mas que costumavam ser consideradas pequenas e insignificantes."

Tabela 8-1. Indícios arqueológicos e etnográficos sobre a fração da mortalidade adulta atribuível à guerra. "Anos atrás", no cabeçalho central, indica anos antes de 2008. [De Samuel Bowles, "Did warfare among ancestral hunter-gatherers affect the evolution of human social behaviors?", *Science,* 324, p. 1295, 2009. As referências primárias não foram incluídas na tabela aqui reproduzida.]

Local	*Data aproximada dos indícios arqueológicos (anos atrás)*	*Fração da mortalidade adulta atribuível à guerra*
Colúmbia Britânica (30 locais)	5500-334	0,23
Núbia (local 117)	14-12 000	0,46
Núbia (perto do local 117)	14-12 000	0,03
Vasiliv'ka III, Ucrânia	11 000	0,21
Volos'ke, Ucrânia	"Epipaleolítico"	0,22
Sul da Califórnia (28 locais)	5500-628	0,06
Califórnia Central	3500-500	0,05
Suécia (Skateholm 1)	6100	0,07
Califórnia Central	2415-1773	0,08
Sarai Nahar Rai, Norte da Índia	3140-2854	0,30
Califórnia Central (2 locais)	2240-238	0,04
Gobero, Níger	16 000-8200	0,00
Calumnata, Argélia	8300-7300	0,04
Ile Teviec, França	6600	0,12
Bogebakken, Dinamarca	6300-5800	0,12

População, região	*Indícios etnográficos (datas)*	*Fração de morte de adultos em função de guerras*
Ache, Leste do Paraguai*	Pré-contacto (1970)	0,30
Hiwi, Venezuela-Colômbia*	Pré-contacto (1960)	0,17
Murngin, NE da Austrália*†	1910-30	0,21
Ayoreo, Bolívia-Paraguai‡	1920-79	0,15
Tiwi, Norte da Austrália§	1893-1903	0,10
Modoc, Norte da Califórnia§	"Tempo dos aborígines"	0,13
Casiguran Agta, Filipinas*	1936-50	0,05
Anbara, Norte da Austrália*†‖	1950-60	0,04

* Forrageadores. †Marítimos. ‡ Forrageadores-horticultores sazonais.
§ Caçadores-coletores sedentários. ‖Recentemente assentados.

A questão-chave que permanece na dinâmica da evolução genética humana é se a seleção natural no nível do grupo foi forte o suficiente para derrotar a força poderosa da seleção natural no nível do indivíduo. Em outros termos, as forças favoráveis ao comportamento altruísta instintivo para com os outros membros do grupo foram suficientemente fortes para suplantar o comportamento egoísta individual? Os modelos matemáticos construídos na década de 1970 mostraram que a seleção de grupo pode prevalecer se a taxa relativa de extinção ou diminuição em grupos sem genes altruístas for muito elevada. Como indica uma classe desses modelos, quando a taxa de aumento da multiplicação do grupo com membros altruístas excede a taxa de aumento dos indivíduos egoístas dentro dos grupos, o altruísmo baseado nos genes pode se espalhar pela população de grupos. Mais recentemente, em 2009, o biólogo teórico Samuel Bowles produziu um modelo mais realista que se ajusta bem aos dados empíricos. Sua abordagem responde à seguinte pergunta: se grupos cooperativos tivessem mais chances de prevalecer em conflitos com outros grupos, o nível de violência intergrupos seria suficiente para influenciar a evolução do comportamento social humano? As estimativas de mortalidade de adultos nos grupos caçadores-coletores do início da época neolítica até os dias de hoje, mostradas na tabela anterior, respaldam essa proposta.

A agressividade tribal, portanto, é bem anterior à época neolítica, mas ninguém sabe dizer quando começou. Pode ter sido no tempo do *Homo habilis*, quando a população dependia fortemente da saprofagia ou da caça para obter carne. E são altas as chances de ser uma herança bem mais antiga, datando além da divisão, 6 milhões de anos atrás, entre as linhagens que levaram aos chimpanzés e aos seres humanos modernos, respectivamente. Uma série de pesquisadores, começando por Jane Goodall, documentaram os assassinatos dentro dos grupos de chimpanzés e os ataques letais realizados entre os grupos. Ao que se revela, os índices de mortes devido a ataques violentos dentro dos grupos e entre os grupos são mais ou menos iguais entre os chimpanzés e os seres humanos caçadores-coletores e agricultores primitivos. Mas a violência não letal é bem maior entre os chimpanzés que entre os seres humanos — cerca de cem a mil vezes mais frequente.

Os chimpanzés vivem em grupos, chamados pelos primatólogos de "comunidades", de até 150 indivíduos, que defendem territórios de até 38 quilômetros quadrados, e com densidades populacionais baixas, cerca de cinco indivíduos por quilômetro quadrado. Dentro de cada um desses agrupamentos formam-se pequenos subgrupos. Os membros de cada subgrupo, em média entre cinco e dez indivíduos, viajam, se alimentam e dormem juntos. Os machos passam a vida inteira dentro da mesma comunidade, enquanto a maioria das fêmeas emigra quando jovem para ingressar em comunidades vizinhas. Os machos são mais gregários que as fêmeas. Além disso, têm forte consciência do status, se envolvendo com frequência em exibições que acabam em lutas. Eles formam coalizões com outros e usam uma grande variedade de manobras e embustes para explorar, ou evitar totalmente, a ordem de dominância. Os padrões de violência coletiva em que os chimpanzés jovens se envolvem são bem similares aos dos machos humanos jovens. Além da luta constante por status, tanto para si como para seus bandos, eles tendem a evitar confrontos em massa abertos com tropas rivais, preferindo os ataques de surpresa.

O objetivo dos ataques dos bandos de machos às comunidades vizinhas é evidentemente matar ou expulsar seus membros e adquirir territórios novos. Uma dessas conquistas completas sob condições totalmente naturais foi testemunhada por John Mitani e seus colaboradores no Parque Nacional Kibale, na Uganda. A guerra, travada por dez anos, foi sinistramente semelhante às guerras humanas. A cada intervalo de dez a catorze dias, patrulhas de até vinte machos penetravam em território inimigo, avançando silenciosamente em fila indiana, sondando o terreno do chão às copas das árvores, e parando cautelosamente a cada ruído. Caso deparassem com uma força maior, os invasores desfaziam a fila e debandavam de volta ao próprio território. Quando encontrava um macho sozinho, porém, o bando saltava sobre ele, esmurrando-o e mordendo-o até a morte. Quando encontravam uma fêmea, geralmente a deixavam ir. Essa tolerância não era uma exibição de cavalheirismo. Se carregasse um bebê, o arrebatavam, matavam e comiam. Finalmente, com essa pressão constante por tanto tempo, os bandos invasores simplesmente anexaram o território inimigo, acrescentando 22% à terra controlada por sua própria comunidade.

Não há como decidir, com base nos conhecimentos existentes, se os chimpanzés e os humanos herdaram seu padrão de agressão territorial de um ancestral comum ou se desenvolveram esse padrão de forma independente em reação a pressões paralelas da seleção natural e a oportunidades encontradas na terra natal africana. Mas, com base na notável semelhança dos detalhes comportamentais entre as duas espécies, e se usarmos o mínimo de hipóteses para explicá-la, uma ancestralidade em comum parece a opção mais provável.

Os princípios da ecologia da população permitem explorar mais profundamente as raízes da origem do instinto tribal da humanidade. O crescimento populacional é exponencial. Quando cada indivíduo em uma população é substituído na geração subsequente por mais de um — ainda que por uma fração ínfima, digamos, 1,01 —, a população cresce de modo cada vez mais rápido, à maneira de uma caderneta de poupança ou dívida. Uma população de chimpanzés ou humanos tende sempre a crescer exponencialmente quando os recursos são abundantes, mas, após algumas gerações, mesmo nos períodos mais favoráveis, é forçada a reduzir o crescimento. Algo começa a intervir, e no devido tempo a população atinge o pico, depois permanece estável, ou oscila para cima e para baixo. Ocasionalmente ela desaba, e a espécie se extingue localmente.

O que é esse "algo"? Pode ser qualquer coisa na natureza cuja eficácia aumenta ou diminui com o tamanho da população. Os lobos, por exemplo, são o fator limitante para a população de alces que matam e comem. À medida que os lobos se multiplicam, a população de alces deixa de crescer e diminui. Paralelamente, a quantidade de alces é o fator limitante para os lobos: quando a população de predadores dispõe de pouca comida, neste caso os alces, sua população cai. Em outros casos, a mesma relação se verifica entre organismos causadores de doenças e os hospedeiros que eles infectam. À medida que a população de hospedeiros aumenta, ficando cada vez maior e mais densa, a população de parasitas também aumenta. Na história, as doenças têm muitas vezes grassado por uma região, no que chamamos de epidemia, entre os humanos, e de epizootia entre os animais, até que as populações de hospedeiros declinam suficientemente ou uma porcentagem suficiente de seus membros adquire imunidade. Os organismos das doenças podem ser definidos como predadores que comem sua presa em unidades inferiores a um.

Existe outro princípio em ação: os fatores limitantes atuam em hierarquias. Suponhamos que o fator limitante principal para os alces seja removido por humanos matando os lobos. Como resultado, os alces ficam mais numerosos — até que o fator seguinte entre em ação, podendo este ser o pastoreio excessivo dos herbívoros em sua área até a comida ficar escassa. Outro fator limitador é a emigração, situação em que os indivíduos têm mais chance de sobrevivência se partirem para outro lugar. A emigração devida à pressão populacional é um instinto altamente desenvolvido entre lemingues, pragas de gafanhotos, borboletas monarcas e lobos. Se as populações são impedidas de emigrar, seu tamanho pode voltar a aumentar, mas nesse caso algum outro fator limitante se manifesta. Para muitos tipos de animais, o fator é a defesa do território, protegendo o suprimento de comida para o dono do território. Os leões rugem, os lobos uivam e os pássaros cantam para anunciar que estão em seus territórios e desejam que os membros concorrentes da mesma espécie guardem distância. Os seres humanos e chimpanzés são intensamente territoriais. Esse é o controle da população aparente embutido em seus sistemas sociais. Quais foram os acontecimentos que ocorreram na origem das linhagens do chimpanzé e do ser humano — antes da divisão chimpanzé-ser humano de 6 milhões de anos atrás — só pode ser objeto de especulação. Acredito, porém, que os indícios se ajustam mais adequadamente à seguinte sequência. O fator limitante original, que se intensificou com o advento da caça em grupo em busca de proteína animal, era a comida. O comportamento territorial evoluiu como um dispositivo para sequestrar o suprimento de comida. As guerras de expansão e anexações resultaram em territórios maiores e favoreceram os genes que prescrevem coesão do grupo, interligação e formação de alianças.

Ao longo de centenas de milênios, o imperativo territorial deu estabilidade às comunidades pequenas e dispersas de *Homo sapiens*, como acontece até hoje nas populações pequenas e dispersas de caçadores-coletores sobreviventes. Durante esse longo período, extremos em intervalos aleatórios no meio ambiente aumentaram e diminuíram alternadamente o tamanho da população que podia ser contido nos territórios. Esses "choques demográficos" levaram à emigração forçada, à expansão agressiva do tamanho do território pela conquista ou a ambas as coisas. Também aumentaram o valor da formação de alianças fora das redes baseadas no parentesco de modo a subjugar grupos vizinhos.

Dez mil anos atrás, a revolução neolítica começou a render quantidades bem maiores de alimentos da agricultura e do gado, permitindo o rápido crescimento das populações humanas. Mas esse avanço não mudou a natureza humana. A quantidade de pessoas simplesmente aumentou com a rapidez permitida pelos novos e abundantes recursos. Quando a comida voltou a se tornar inevitavelmente o fator limitante, essas pessoas obedeceram ao imperativo territorial. Seus descendentes nunca mudaram. Na época atual, continuamos fundamentalmente iguais aos nossos ancestrais caçadores-coletores, mas com mais comida e com territórios maiores. Região por região, estudos recentes mostram que as populações se aproximaram de um limite fixado pelo suprimento de comida e água. Sempre foi assim com todas as tribos, exceto nos breves períodos depois que terras novas foram descobertas e seus habitantes indígenas, desalojados ou mortos.

A luta para controlar os recursos vitais continua globalmente, e está se agravando. O problema surgiu porque a humanidade não aproveitou a grande oportunidade concedida na aurora da era neolítica. Poderia então ter detido o crescimento da população abaixo do limite mínimo. Mas, como uma espécie, fizemos o inverso. Não havia como prevermos as consequências de nosso sucesso inicial. Simplesmente aproveitamos o que nos foi oferecido e continuamos nos multiplicando e consumindo em obediência cega aos instintos herdados de nossos ancestrais paleolíticos mais humildes e brutalmente coagidos.

9. A saída

Dois milhões de anos atrás, os australopitecíneos da África, com seus genes se espalhando entre várias espécies, ainda perambulavam pelas florestas de savana e pradarias da África. Caminhavam sobre as patas traseiras, distinguindo-se assim de todos os outros primatas que já haviam existido. A cabeça deles se assemelhava à de um macaco antropoide na forma e na dentição. O cérebro não era maior do que o dos grandes macacos antropoides que viviam à sua volta. Suas populações eram dispersas e pequenas, e a qualquer momento todos poderiam mergulhar na extinção. Em mais meio milhão de anos, todos realmente haviam desaparecido.

Todos, exceto um. A radiação do australopitecíneo havia gerado um único sobrevivente, cujos descendentes estavam destinados não apenas a persistir, mas a dominar o mundo. De início, o futuro desses ancestrais da humanidade moderna não estava mais assegurado do que o de seus parentes próximos. Cerca de 2 milhões de anos atrás, a linhagem privilegiada dos australopitecíneos começara a transição para o *Homo erectus*, de cérebro ainda maior. Essa espécie tinha um cérebro menor que o do *Homo sapiens* atual, mas era capaz de talhar ferramentas de pedra grosseiras e usar fogueiras controladas em acampamentos. Suas populações se espalharam para fora da África, cobrindo o nordeste da Ásia adentro e abrindo caminho ao sul até a Indonésia. O *Homo erectus* era adaptável em um grau sem precedentes para um primata. Algumas de suas populações sobreviviam nos invernos frios do atual norte da China, e outras no clima tropical estorricante de Java. Por seu grande domínio, os paleontólogos escavaram fragmentos de todas as partes do esqueleto do *erectus* e repetidamente os juntaram. E, em duas camadas sedimentares, perto do norte do lago Turkana, no Quênia, descobriram algo tão notável quanto crânios e fêmures: pegadas fossilizadas. As marcas atuais mudaram pouco desde que um *Homo erectus* passeando com lama entre os dedos dos pés as produziu 1,5 milhão de anos atrás.

O *Homo erectus*, com uma cultura que avançou bem além daquela de seus ancestrais simiescos, e mais adaptável a ambientes novos e difíceis, expandiu seu domínio para se tornar o primeiro primata cosmopolita. Só não conseguiu atingir os continentes isolados da Austrália e do Novo Mundo, nem os arquipélagos remotos do oceano Pacífico. Seu grande domínio protegeu a espécie da extinção prematura. Uma de suas linhagens genéticas adquiriu imortalidade potencial ao evoluir para o *Homo sapiens*. O *Homo erectus* ancestral ainda vive. Somos nós.

Numa área distante de seu domínio, o *Homo erectus* produziu uma ramificação menos afortunada, o *Homo floresiensis*, um hominíneo minúsculo, de cérebro pequeno, que vivia em Flores, uma ilha de tamanho médio na cadeia de Sunda Menor, a leste de Java. Seus vestígios fósseis e suas ferramentas de pedra datam de 94 mil a apenas 13 mil anos atrás. Com um metro de altura e possuindo um cérebro não maior que o dos australopitecíneos africanos, o homem de Flores, também popularmente conhecido como o Hobbit, permanece um enigma. Mas é provável que tenha se originado como uma variante extrema do *Homo erectus*, divergindo durante seu isolamento das populações principais de *erectus* indonésios. Seu tamanho pequeno se enquadra numa regra vaga da biogeografia das ilhas: as espécies animais isoladas em ilhas e pesando menos de vinte quilos tendem a originar gigantes relativos (um exemplo são as tartarugas enormes de Galápagos), ao passo que aquelas com mais de vinte quilos tendem a evoluir para nanicos (como o veado anão de Florida Keys). Se sua posição atualmente reconhecida como um hominíneo distinto estiver correta, o *Homo floresiensis* tem muito a nos contar sobre os caprichos do labirinto evolutivo percorrido pelo *Homo erectus* para chegar à nossa própria espécie. Sua extinção relativamente recente, após uma longa vida, abre a possibilidade de que tenha sido exterminado, como nossa outra espécie irmã, os neandertais, durante a disseminação do *Homo sapiens* conquistador ao redor do mundo.

O *Homo sapiens*, o descendente bem-sucedido do *Homo erectus*, quando visto imparcialmente, é ainda mais estranho que o pigmeu de Flores. Além da testa protuberante, cérebro superdimensionado e dedos longos e afilados, nossa espécie possui outros aspectos biológicos impressionantes do tipo que os taxonomistas denominam "diagnóstico". Isso significa que, combinados, alguns de nossos traços são únicos dentre todos os animais:

- Uma linguagem produtiva baseada em permutações infinitas de palavras e símbolos arbitrariamente inventados.
- A música, compreendendo uma grande variedade de sons, também em permutações infinitas e interpretada em padrões criadores de sensações individualmente escolhidos; mas, mais definitivamente, com um ritmo.
- Infância prolongada permitindo longos períodos de aprendizado sob a orientação de adultos.

- Ocultamento anatômico da genitália feminina e abandono do anúncio da ovulação, ambos combinados com atividade sexual contínua. Esta última promove a intimidade fêmea-macho, ambos cuidando dos filhos, o que é necessário durante o longo período de dependência no início da infância.
- Crescimento singularmente rápido e substancial do tamanho do cérebro durante o desenvolvimento inicial, aumentando 3,3 vezes do nascimento à maturidade.
- Forma do corpo relativamente esguia, dentes pequenos e músculos mandibulares enfraquecidos, indicadores de uma dieta onívora.
- Um sistema digestivo especializado em comer alimentos que foram amaciados pelo cozimento.

Aproximadamente 700 mil anos atrás, as populações de *Homo erectus* vinham desenvolvendo cérebros maiores. Por inferência, haviam adquirido ao menos os rudimentos de alguns dos traços de diagnóstico recém-citados do *Homo sapiens*. Porém, nesse período remoto, os crânios ainda estavam longe do moderno. O *Homo erectus* arcaico possuía arcadas supraorbitais protuberantes, faces mais salientes e menos expansão lateral do crânio do que o verificado no moderno *Homo sapiens*. Duzentos mil anos atrás, os ancestrais africanos anatomicamente haviam se aproximado mais dos seres humanos atuais. As populações também usavam ferramentas de pedra mais avançadas e podem ter se engajado em alguma forma de prática de sepultamento. Mas seus crânios ainda eram relativamente pesados na estrutura. Somente cerca de 60 mil anos atrás, quando o *Homo sapiens* escapuliu da África e começou a se espalhar ao redor do mundo, as pessoas adquiriram as dimensões esqueletais completas da humanidade contemporânea.

Os ancestrais que conseguiram escapar da África e conquistaram a Terra foram extraídos de um *mix* genético diversificado. Ao longo de seu passado evolutivo, durante centenas de milhares de anos, haviam sido caçadores-coletores. Viviam em pequenos bandos, semelhantes aos bandos sobreviventes atuais, compostos de pelo menos trinta, e não mais que cem, indivíduos. Esses grupos estavam esparsamente distribuídos. Aqueles mais próximos entre si permutavam uma pequena fração de indivíduos a cada geração, mais provavelmente fêmeas. Divergiam geneticamente o suficiente para que o conjunto inteiro de bandos (a metapopulação, como os biólogos denominam tal coletividade) fosse bem mais variável do que os humanos nativos destinados a escaparem.

Essa diferença persiste. Há muito se sabe que os africanos ao sul do Saara são geneticamente bem mais diversificados do que os povos nativos de outras partes do mundo. A magnitude dessa disparidade tornou-se especialmente clara quando, em 2010, foram publicadas todas as sequências codificadoras de proteínas do genoma de quatro caçadores-coletores bosquímanos (também conhecidos como os San ou Khoisan) de diferentes partes do Kalahari, além de um banto de uma tribo agrícola vizinha, ao sul da África. É incrível pensar que, apesar da semelhança física externa entre eles, os quatro San diferiam mais entre si do que um europeu comum difere de um asiático comum.

Não escapou à atenção dos biólogos especializados em humanos e pesquisadores médicos o fato de os genes dos africanos atuais serem um tesouro para toda a humanidade. Eles possuem o maior reservatório de diversidade genética de nossa espécie, permitindo que estudos adicionais venham lançar uma luz nova sobre a hereditariedade do corpo e da mente humana. Talvez tenha chegado o momento, tendo em vista esse e outros avanços na genética humana, de adotarmos uma ética nova de variação racial e hereditária, que valorize a diversidade completa, e não as diferenças que compõem a diversidade. Assim obteríamos um indicador apropriado da variação genética de nossa espécie como uma vantagem, apreciada pela adaptabilidade que fornece a todos nós durante um futuro cada vez mais incerto. A humanidade é fortalecida por um amplo portfólio de genes capazes de gerar talentos novos, resistência adicional às doenças e talvez até novos meios de ver a realidade. Por razões científicas tanto quanto morais, deveríamos aprender a promover a diversidade biológica por suas vantagens intrínsecas, em vez de usá-la para justificar o preconceito e o conflito.

As populações de *Homo sapiens* que se espalharam da África para o Oriente Médio e além empreenderam longas viagens do tipo que é rotina para os viajantes modernos. Geração após geração, os bandos avançaram cautelosamente a pé por terras estranhas que se estendiam à sua frente. O padrão que pareceram seguir foi se aventurar algumas dezenas de quilômetros, fixar-se, aumentar de número e depois dividir-se em dois ou mais bandos, capazes de avançar para territórios novos. Aparentemente os invasores iniciais abriram caminho ao norte dessa maneira ao longo do Vale do Nilo até o Levante, depois se espalharam para o norte e para o leste. Possivelmente os pioneiros nesse corredor constituíam apenas um ou pouquíssimos bandos. Em poucos milhares de anos seus descendentes se tornaram uma rede de tribos frouxamente conectadas espalhadas por quase todo o continente eurasiano.

Esse cenário de avanço inicial, lento e com poucos indivíduos, seguido pelo crescimento da população local, é respaldado por duas linhas de indícios reunidas por grupos independentes de pesquisadores durante os últimos dez anos. A primeira é a grande diversidade genética dos atuais africanos do sul, sugerindo que apenas uma pequena parte da população africana total participou da saída. A segunda são análises e modelos matemáticos da quantidade de diferenças genéticas entre as populações humanas vivas, sugerindo que os pioneiros criaram um "efeito fundador seriado" em que uns poucos indivíduos ao se mudarem de uma população estabelecida mais antiga, depois, por sua vez, serviram de origem para a próxima emigração além. Por fim, surgiram várias dessas pontas de lança radiando em muitas direções, e a população humana se amalgamou.

Os cientistas reuniram dados da geologia, da genética e da paleontologia para visualizar mais precisamente como o padrão de saída da África começou. Entre 135 mil e 90 mil anos atrás, um período de aridez, bem mais extremo que qualquer outro experimentado em dezenas de milênios anteriormente, dominou a África tropical. O resultado foi o recuo forçado da humanidade primitiva para um domínio bem menor e sua queda para um nível populacional perigosamente baixo. As mortes por inanição e conflitos tribais, que se tornariam rotineiras nos tempos históricos posteriores, devem ter sido comuns na pré-história. O tamanho da população total de *Homo sapiens* no continente africano caiu para a casa dos milhares e, por um longo período, a futura espécie conquistadora correu o risco de extinção completa.

Finalmente, a grande seca amainou e, de 90 mil a 70 mil anos atrás, as florestas tropicais e as savanas lentamente se expandiram de volta aos seus domínios anteriores. As populações humanas cresceram e se espalharam com elas. Ao mesmo tempo, outras partes do continente se tornaram mais áridas, bem como o Oriente Médio. Com níveis intermediários de chuvas prevalecendo na maior parte da África, uma janela de oportunidade especialmente favorável se abriu à expansão demográfica de populações pioneiras totalmente para fora do continente. Em particular, o intervalo foi suficientemente longo para manter um corredor de terreno habitável contínuo — Nilo acima até o Sinai e além —, secionando ao meio a terra árida e permitindo uma passagem de seres humanos colonizadores para o norte. Uma segunda rota possível foi para o leste, através do estreito de Bab al-Mandeb até o sul da península Arábica.

Em seguida, ocorreu a penetração do *Homo sapiens* na Europa, há no máximo 42 mil anos. Seres humanos anatomicamente modernos se espalharam pelo rio Danúbio acima, adentrando as terras centrais de sua espécie humana irmã, os neandertais (*Homo neanderthalensis*). Estas últimas populações haviam evoluído em épocas bem anteriores a partir de uma linhagem humana arcaica. Embora geneticamente próximas do *Homo sapiens*, constituíam uma espécie biológica distinta, que apenas raramente cruzou com o *sapiens*. Talvez porque os neandertais dependessem mais da caça de grande porte, estavam mal equipados para competir com guerreiros habilidosos que subsistiam não só de animais grandes, mas também de uma variedade mais ampla de outros animais e produtos vegetais. Trinta mil anos atrás, o *Homo sapiens* os havia substituído por completo. O *Homo sapiens* também substituiu outra espécie parente dos neandertais, os recentemente descobertos denisovanos do sul da Sibéria, conhecidos com base em vestígios na Caverna Denisova, nos montes Altai.

O restante das rotas seguidas pelas populações humanas crescentes, conforme se pode deduzir melhor a partir dos indícios fósseis e genéticos, estenderam-se Ásia adentro e ao longo da costa do oceano Índico em torno de 60 mil anos atrás. Os colonizadores entraram no subcontinente indiano e depois na península Malaia, ao mesmo tempo que conseguiram atravessar os estreitos até as Ilhas Andaman, onde populações aborígines antigas ainda existem. Eles aparentemente não conseguiram alcançar as Ilhas Nicobar, próximas dali — onde a composição genética dos habitantes atuais sugere uma origem asiática mais recente, 15 mil anos atrás. Os primeiros vestígios humanos encontrados até hoje na Indonésia, da Caverna Niah do Bornéu, têm 45 mil anos. Os vestígios mais velhos da Austrália, desenterrados no lago Mungo, datam de 46 mil anos atrás. A Nova Guiné foi provavelmente colonizada um pouco antes. Grandes mudanças na fauna da Austrália, provavelmente devido à predação e à queima de vegetação baixa para coagir os animais de caça, dão sinais de que a data da incursão australiana foi ao menos 50 mil anos atrás. A população nativa da Nova Guiné e da Austrália é portanto verdadeiramente aborígine — descendente direta dos primeiros humanos modernos a chegarem à mesma terra que ocupam hoje.

A questão de exatamente quando o anatomicamente moderno *Homo sapiens* chegou ao Novo Mundo, com seu impacto catastrófico sobre a fauna e a flora virgens, tem prendido a atenção dos antropólogos há vários anos. Como uma imagem fotográfica num líquido revelador muito lento, o retrato parece enfim ganhar foco. Com base em estudos genéticos e arqueológicos na Sibéria e nas Américas, parece agora que uma única população siberiana alcançou a ponte terrestre de Bering, há não mais que 30 mil anos, possivelmente ainda mais recentemente que isso, há cerca de 22 mil anos. Nesse período, os lençóis de gelo continentais haviam atraído água suficiente dos oceanos para expor a ponte terrestre de Bering, ao mesmo tempo que bloqueavam a entrada ao atual Alasca. Há cerca de 16 500 anos, o recuo dos lençóis de gelo abriu o caminho para o sul, dando início a uma invasão em plena escala pelo Alasca. Quinze mil anos atrás, conforme revelado pelas descobertas arqueológicas na América do Norte e do Sul, a colonização das Américas estava em andamento. Parece provável que as primeiras populações tenham se dispersado ao longo da recentemente desglaciada costa do Pacífico, ao longo de terras ainda expostas pela retirada incompleta dos lençóis de gelo, agora já quase todas submersas.

Há aproximadamente 3 mil anos, os ancestrais dos povos polinésios começaram a colonizar os arquipélagos do Pacífico.

Figura 9-1. *Os primeiros colonizadores de um novo continente. Cedo na história da humanidade moderna* (Homo sapiens), *tribos começaram cerimônias de sepultamento, que antecederam ou acompanharam as crenças religiosas primitivas. Essa reconstituição retrata um enterro por aborígines australianos remotos em Mungo, sudeste da Austrália, há pelo menos 40 mil anos. Pó de ocre vermelho está sendo despejado no cadáver.* (© *John Sibbick. Em Chris Stringer e Peter Andrews,* The Complete World of Human Evolution. *Londres: Thames & Hudson, 2005, p. 171.*)

Começando por Tonga e avançando gradualmente para leste, com grandes canoas projetadas para longas viagens, alcançaram em 1200 os extremos da Polinésia, um triângulo formado por Havaí, Ilha da Páscoa e Nova Zelândia. Com essa realização dos viajantes polinésios, a conquista humana da Terra estava completa.

10. A explosão criativa

Dotadas de cérebro crescido e capazes da conquista global, as populações de *Homo sapiens* haviam escapado do continente africano e se espalhado, geração após geração, em uma onda implacável, por todo o Velho Mundo. Quase imperceptivelmente de início, mas acelerando o ritmo aqui e ali, criaram formas de cultura cada vez mais complexas. Depois, subitamente pelos padrões geológicos, veio o maior de todos os avanços. Em diversos locais da alvorada neolítica, os caçadores-coletores inventaram a agricultura e formaram aldeias, acompanhadas de estruturas tribais e, finalmente, Estados e impérios. A evolução cultural durante esse período foi (tomando de empréstimo um termo da química) autocatalítica: cada avanço tornava novos avanços mais prováveis. Nos séculos iniciais da história registrada, as inovações vinham se espalhando rapidamente pelos continentes, tanto no Velho como no Novo Mundo. Mas foi no interior do supercontinente eurasiano que o processo atingiu o clímax que iria mudar o mundo.

Três hipóteses têm sido oferecidas pelos antropólogos para explicar a explosão criativa da cultura. A primeira é que uma grande mutação genética transformadora apareceu na população africana de *Homo sapiens* mais ou menos na época da saída para a Eurásia. Esse ponto de vista é reforçado pela existência de nossa espécie irmã *Homo neanderthalensis* por 100 mil anos na Europa e no Levante, até seu desaparecimento apenas trinta milênios atrás, sem nenhum grande avanço na tecnologia de pedra primitiva. Os neandertais não conceberam artes visuais nem ornamentação pessoal. Estranhamente, durante essa história estática, possuíam um cérebro maior que o do *sapiens*, e tiveram o desafio de um vasto ambiente em constante mudança. A julgar por sua anatomia e DNA, provavelmente sabiam falar e, nesse caso, deviam ter linguagens complexas. Cuidavam de seus feridos, independentemente da idade, o que devia ser necessário à sobrevivência do clã, já que praticamente todo adulto sofria fraturas nos ossos por dependerem da caça de animais de grande porte. Todavia, por milhares de gerações, pouca coisa aconteceu na cultura neandertal. Contudo, algo de suma importância ocorreu com o *sapiens* oriundo da África.

Parece improvável, porém, que uma única mutação revolucionária fosse responsável por isso. Uma visão mais realista é que a explosão criativa não foi um acontecimento genético único, mas a culminação de um processo gradual que começou em uma forma arcaica do *Homo sapiens* numa época tão remota como 160 mil anos atrás. Esse ponto de vista tem sido respaldado por descobertas recentes do uso de pigmento naquela época, bem como de ornamentos pessoais e desenhos abstratos raspados em ossos e feitos com ocre, com datas entre 100 e 70 mil anos atrás.

A terceira hipótese proposta por antropólogos é que a inovação cultural e sua adoção surgiram e desapareceram com as graves mudanças ocorridas no clima durante o mesmo período e que tiveram efeitos terríveis sobre o tamanho e o crescimento da população humana. Algumas das inovações desapareceram para serem reinventadas mais tarde, enquanto outras tiveram sucesso e perduraram até o período da saída. Essa visão é respaldada pelos mais antigos registros arqueológicos, sugerindo que os artefatos africanos, incluindo contas de conchas, ferramentas de ossos, gravuras abstratas e a forma aperfeiçoada das pontas dos projéteis de pedra, foram seguidos por seu aparente desaparecimento generalizado durante uma longa e intensa deterioração climática entre 70 e 60 mil anos atrás. A essa descontinuidade seguiu-se, por sua vez, o seu reaparecimento, há cerca de 60 mil anos, mais ou menos na época da saída. Acredita-se que, durante o período de deterioração climática, as populações declinaram e se dispersaram, abalando as redes sociais e causando a perda de algumas práticas culturais. Quando o clima melhorou e as populações cresceram e voltaram a se expandir, as inovações foram reinventadas, e outras foram acrescentadas a tempo de serem levadas fora da África durante a colonização global. Como na cultura moderna (embora por motivos diferentes), as inovações surgiam e desapareciam, com algumas se consolidando e espalhando.

Na verdade, as três hipóteses não são mutuamente exclusivas. Elas podem ser reunidas num só cenário. A evolução genética estava certamente ocorrendo durante todo o intervalo de tempo da saída até a disseminação da população pelo Velho Mundo. De acordo com um estudo, o índice de origem de novas mutações genéticas foi relativamente baixo e constante até uns 50 mil anos atrás, subindo posteriormente para um pico cerca de 10 mil anos atrás, no início da revolução neolítica. Durante o mesmo período, o crescimento da população humana também se acelerou. Como resultado, mais mutações genéticas ocorreram e, além disso, devido ao mero aumento do número de pessoas, mais inovações culturais foram obtidas.

Quando geneticistas compararam os genomas (códigos genéticos inteiros) de chimpanzés e seres humanos modernos como um parâmetro, deduziram que cerca de 10% das trocas de aminoácidos, desde que as duas espécies divergiram de uma estirpe em comum 6 milhões de anos atrás, foram adaptativas — em outras palavras, foram orientadas pela seleção natural que favoreceu sua sobrevivência através das gerações. Uma variedade de outros estudos confirmou que, durante a saída e a disseminação, a evolução estava realmente ocorrendo. No todo, o tamanho do corpo diminuiu um pouco, enquanto o tamanho do cérebro e os dentes se tornaram proporcionalmente menores. Outros traços evoluíram nas populações distantes da Europa e da Ásia, e depois nas Américas. Tal padrão é inteiramente esperado. Variações abundantes entre e dentro de populações em que a seleção natural podia agir se tornaram disponíveis. Diferenças também surgiram da amostragem aleatória durante avanços das populações, causando "deriva genética" independente de adaptação. (Para visualizar a deriva genética, um produto do acaso, imagine que você lança uma moeda: se der cara, acrescenta mais uma, se der coroa, joga fora a moeda. Em essência esse processo determina o destino de um gene com mutação, a menos que seja favorável ou desfavorável para os organismos que o possuem.) A causa mais provável dessa deriva genética foi o efeito fundador, devido a diferenças aleatórias entre bandos pertencentes à mesma comunidade durante a disseminação das populações. Quando um primeiro grupo partia em uma direção durante sua emigração e um segundo grupo permanecia ou viajava em outra direção, cada grupo levava seu próprio conjunto de genes coletivo diferente, já que cada um era apenas uma fração do todo existente na população-mãe. Como resultado, a cor da pele, a altura, as porcentagens de tipos sanguíneos e outros traços hereditários não vitais mudavam um pouco em uma ou outra direção por distâncias ainda que de apenas algumas centenas de quilômetros.

As mutações são mudanças aleatórias no DNA. Podem ocorrer por uma simples alteração em uma só letra (ou seja, em um par de bases, AT para GC, ou o inverso), pela multiplicação de uma letra existente (por exemplo, AT para ATATAT) ou pela mudança de letras para locais novos no mesmo cromossomo ou num cromossomo diferente. Cada gene consiste tipicamente em milhares dessas letras. Eles também são altamente variáveis nesse número. Por exemplo, 23 genes por milhão de pares de bases existem no cromossomo humano 19, mas apenas cinco genes por milhão de pares de bases existem no cromossomo 13.

Quando o surto de novas mutações inevitavelmente ocorreu após a saída da África devido ao grande aumento geral do tamanho da população, os seres humanos passaram por duas fases de evolução. No primeiro período, todas as mutações estavam em níveis bem baixos, já que, sob todas as condições, costumam surgir em taxas inferiores a uma em 10 mil indivíduos e tão baixas quanto uma em bilhões. Enquanto ainda em tais níveis "mutacionais" mínimos, a maioria das mudanças desaparece, quer porque reduzem a aptidão dos indivíduos que as possuem, por simples acaso (deriva genética) ou por alguma combinação desses dois. Se, porém, o novo gene mutante alcança a frequência de 30%, provavelmente aumentará ainda mais. Mais à frente, durante a segunda fase da evolução, a forma mutante do gene (alelo mutante) poderá substituir por completo a forma concorrente mais antiga do mesmo gene (alelo mais antigo). Outra possibilidade é que a combinação dos dois alelos na mesma pessoa (que é então chamada de um heterozigoto para aquele gene) se saia melhor do que qualquer um dos alelos em dose dupla (homozigotos). Nesse caso, a frequência do mutante alcançará o equilíbrio com o gene antigo abaixo da fixação completa de qualquer um dos dois. Um exemplo clássico é o da anemia falciforme, cujo gene ocorre nas áreas de malária, da África à Índia. Dois genes de célula falciforme resultam em anemia grave, com alto risco de morte. Dois genes normais deixam você em alto risco de contrair malária. Um gene de célula falciforme e um gene normal juntos (a condição heterozigota) protegem você das duas coisas. O resultado é uma alta frequência de ambos os genes nas áreas maláricas, mantidos mais ou menos em equilíbrio pela pressão de seleção da malária.

Desde sua separação da linhagem dos chimpanzés, a linhagem humana tem seguido um padrão aparentemente coerente com o dos animais em geral. A existência desse padrão, se provada, é importantíssima para a compreensão de como a condição humana foi alcançada. O padrão é que os genes codificantes, que controlam mudanças na estrutura das enzimas e outras proteínas, dominam a expressão de traços em tecidos específicos, como aqueles que afetam a reação imunológica, a sensação do olfato e a produção de espermatozoides. Já os genes não codificantes, que regulam os processos de desenvolvimento hereditários determinados por genes codificadores, são mais ativos no desenvolvimento e na atividade do sistema nervoso. Embora as análises em que essa distinção se baseia sejam preliminares, considera-se provável que mudanças não codificantes tenham sido de fundamental importância na evolução da cognição, ou seja, das mudanças que nos tornaram humanos.

Quais traços da cognição de fato evoluíram por meio de mutações e seleção natural, tanto codificante quanto não codificante? Provavelmente todos. Estudos de gêmeos — em que a diferença entre gêmeos idênticos (que são geneticamente idênticos, devido à sua origem em um só óvulo fertilizado) é comparada à diferença entre gêmeos fraternos (nascidos de óvulos fertilizados em separado, portanto geneticamente tão diferentes como irmãos nascidos em diferentes épocas) — sugerem que traços de personalidade como introversão-extroversão, timidez e excitabilidade estão sujeitos a fortes influências genéticas. O grau de variação devido a diferenças em genes numa dada população geralmente fica entre um quarto e três quartos.

Ao menos de igual importância na origem evolutiva do comportamento social avançado dos seres humanos, ou de qualquer outro tipo de organismo, é a influência genética sobre a variação das redes sociais. Seria de esperar certo grau de controle genético, de acordo com a "primeira lei" de Turkheimer da genética comportamental: todos os traços variam até certo ponto entre as pessoas devido a diferenças nos genes. (As duas outras "leis" são: "O efeito de ser criado na mesma família é menor que o efeito dos genes" e "Uma parte substancial da variação nos traços comportamentais humanos complexos não se explica pelos efeitos dos genes nas famílias".) As interações, em particular, possuem tantas fontes no comportamento individual, cada uma passível de mostrar variação genética, que seria uma grande surpresa se descobríssemos que suas combinações não resultam em variação alguma nas redes sociais. Na verdade, as redes pessoais são altamente variáveis em tamanho e força, e a hereditariedade desempenha um papel. Um estudo recente descobriu que a variação no número de pessoas com que alguém tem contato ou vínculos sociais, bem como a variação na transitividade — as chances de que dois contatos quaisquer de uma pessoa estejam ligados aos contatos um do outro —, devem-se uns 50% à hereditariedade. No entanto, o número de outros membros do grupo que os indivíduos veem como amigos não é influenciado pela genética, ao menos não dentro dos limites estatísticos comuns dos indicadores tomados.

Levando-se em conta os indícios genéticos e arqueológicos disponíveis até agora, que estão crescendo rapidamente, acredito que a trajetória de longo prazo, levando à saída da África e depois dela, pode ser delineada de modo genérico como apresentarei a seguir. Nessa tentativa, acho bom primeiro mencionar uma analogia da biogeografia e da ecologia. As inovações culturais podem ser comparadas a espécies de organismos que se acumulam durante o crescimento dos números de espécies que colonizam um ecossistema, como uma lagoa, um bosque ou uma ilhota recém-formada. Existe uma rotatividade nos traços culturais em um bando de humanos, assim como existe em espécies que colonizam um ecossistema. Algumas inovações culturais persistiram nos bandos africanos após sua disseminação. Outras, como mostram os indícios arqueológicos de ornamentos corporais e pontas de projéteis, entraram em extinção, geralmente para serem reintroduzidas mais tarde, seja por invenção ou pelo contato com outros bandos. De início, os bandos humanos no continente africano eram pequenos e isolados. Seus números e tamanho médio cresciam e diminuíam em face das mudanças no clima e da disponibilidade de terreno habitável. À medida que o ambiente se tornou mais favorável antes e durante a saída da África, os números de bandos e suas populações aumentaram. Como resultado, o ritmo de aquisição de inovações também aumentou.

Durante esse período crítico da pré-história humana, entre 60 mil e 50 mil anos atrás, o crescimento das culturas tornou-se autocatalítico. De início, como sugeri, o crescimento foi lento; depois, cada vez mais veloz, à maneira da autocatálise química e biológica. A razão é que a adoção de qualquer uma das inovações possibilitava a adoção de certas outras que, se fossem úteis, tinham mais chances de se disseminar. Bandos e comunidades de bandos com melhores combinações de inovações culturais tornaram-se mais produtivos e mais bem equipados para a competição e para a guerra. Seus rivais os copiavam ou então eram desalojados, tendo seus territórios tomados. Desse modo, a seleção de grupo impeliu a evolução da cultura.

Numa época bem remota, do período Paleolítico Superior até o Mesolítico, a evolução cultural da humanidade avançou lentamente. No início do Neolítico, 10 mil anos atrás, com a invenção da agricultura, das aldeias e dos excedentes alimentares, a evolução cultural deu uma forte acelerada. Então, graças à expansão do comércio e à força das armas, as inovações culturais não apenas aumentaram mais rapidamente, mas também se espalharam com mais velocidade. Havia ainda uma rotatividade nas inovações, mas agora, graças à massa de pessoas e às tribos que as faziam, algumas foram suficientemente originais e poderosas para serem esmagadoras em seu impacto. Esses avanços revolucionários na escrita, na navegação astronômica e nas armas foram de início raros, imperfeitos e frágeis. Alguns desapareceram, para reaparecerem depois. Como faíscas de uma fogueira, cada um teve uma chance de cativar, entrar em combustão e se espalhar.

Os arqueólogos descreveram alguns dos conceitos mentais-chave que assim se consolidaram e disseminaram entre 10 mil e 7 mil anos atrás.

- O domínio da pedra foi completado, a confecção de ferramentas indo bem além da simples quebra de rochas disponíveis usada no Mesolítico para um procedimento bem mais sofisticado. Machados e enxós inventados no Neolítico eram feitos por uma série de passos. Primeiro, cada lâmina era lascada na forma certa a partir de um bloco de rocha de granulação fina. Depois, era moldada mais finamente, sendo removidas lascas cada vez menores. Por fim, pontos irregulares na superfície eram retirados por um trabalho preciso de cinzelamento ou esmerilhação. O produto final era uma lâmina com superfície regular, gume afiado, e aplainada ou arredondada na forma necessária.
- Os ferramenteiros neolíticos inventaram o conceito de estruturas ocas, com uma superfície externa e outra interna. Com

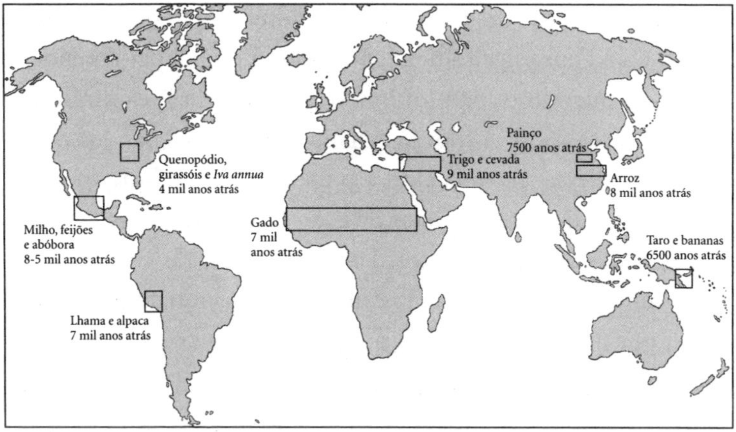

Figura 10-1. *Os centros das oito origens independentes conhecidas da agricultura, incluindo a criação de animais, e as datas aproximadas em que ocorreram.* (*Em Steven Mithen, "Did farming arise from a misapplication of social intelligence?".* Philosophical Transactions of the Royal Society, *B 362, pp. 705-18, 2007.*)

isso conceberam recipientes com formas úteis feitos de madeira, couro, pedra ou argila.

- Os ferramenteiros também descobriram como reverter os passos de sua antiga manufatura, começando por objetos pequenos e juntando-os em objetos maiores. Assim, a tecelagem foi inventada, e moradias cada vez mais elaboradas e espaçosas foram erguidas.
- Uma mudança fundamental — importante não apenas para a humanidade, mas também para os demais seres vivos — foi a nova concepção de meio ambiente formada nas mentes de fazendeiros e aldeões nascentes. Os habitats naturais deixaram de ser locais selvagens nos quais se podia caçar e coletar comida e também deixaram de ser ocasionalmente queimados com fogos do chão. Em vez disso, os habitats se tornaram terras a serem roçadas para a agricultura. Esse conceito particular (de que a área natural é algo a ser reposto) tem sido uma fixação mental da maioria da população mundial até hoje.

As origens da agricultura remontam ao período de saída da África ou à época ligeiramente posterior a ela, há pelo menos 45 mil anos, quando o fogo foi usado para impelir e capturar animais de caça. Naquela época, ao menos alguns dos bandos de humanos devem ter reconhecido, à semelhança dos aborígines australianos atuais, que aos fogos de chão se sucedem, nas savanas e nas florestas secas, aumentos das quantidades de vegetação comestível fresca. Os tubérculos subterrâneos nutritivos também ficam por um tempo mais fáceis de encontrar e desenterrar. Como revelaram estudos detalhados recentes de culturas mexicanas nativas, o passo seguinte foi possibilitado pela criação de povoações humanas de longo prazo. Os habitantes do México e de outras partes da Mesoamérica passaram a cultivar árvores produtivas e outras plantas, como agave, opúncia, cabaceiras, e a árvore leguminosa *Leucaena*, simplesmente permitindo que crescessem, não dando espaço a outras plantas ao redor de suas moradas. (É interessante notar que algumas espécies de formigas fazem o mesmo.) O passo seguinte foi igualmente feliz. Algumas das primeiras espécies de jardim fortuitamente cruzaram com outra espécie semelhante, ou multiplicaram seu número de cromossomos, ou fizeram ambas as alterações juntas, produzindo novas linhagens ainda mais valiosas como alimento. Quando apareceram e foram provadas pelos segadores, foram preferidas em relação a outras. Assim começou a domesticação das árvores por seleção artificial, e a prática do melhoramento vegetal. Mais ou menos na mesma época, ou mesmo antes, a domesticação foi praticada com animais capturados na selva e convertidos em mascotes ou gado. De 9 mil a 4 mil anos atrás, a tendência foi aprofundada de modo a incluir muitas novas linhagens de plantas e animais e ao menos oito grandes centros no Velho e no Novo Mundo. A agricultura foi assim lançada como a principal ocupação humana.

Os últimos dez milênios foram um período de mudança extraordinária para o *Homo sapiens* e para o resto da biosfera. A evolução cultural continua se acelerando, o que suscita uma pergunta fundamental: também estamos evoluindo geneticamente? Pesquisas médicas, além de uma análise cada vez mais profunda dos 3 bilhões de letras de nucleotídeos do genoma humano, revelaram que a evolução ainda ocorre nas populações humanas. Devido à ênfase da genética humana na medicina, a grande maioria dos genes identificados até o momento como sujeitos à seleção natural são aqueles que dão resistência contra doenças. A lista de mutações que apareceram e se espalharam nos últimos milênios está crescendo: CGPD, CD406 e o gene da célula falciforme, cada uma fornecendo algum grau de proteção contra a malária; CCR5 contra a varíola; AGT e CY3PA contra a hipertensão; e ADH contra parasitas sensíveis a aldeídos. Existem também mutações genéticas de origem recente que afetam traços fisiológicos, incluindo o caso clássico do gene da tolerância de adultos à lactose que permite o consumo de leite e laticínios. Os tibetanos dos planaltos, vivendo com baixos níveis de oxigênio, adquiriram a EPAS1, que determina a produção maior de hemoglobina, a chave do desempenho em altas altitudes. De tudo que sabemos de seus processos fundamentais, a evolução na espécie humana nos últimos tempos tem sido, e continuará sendo, inevitável.

Os geneticistas humanos concordam que a maioria das variantes geográficas em anatomia e fisiologia, suficientemente restritas a uma área geográfica para serem popularmente classificadas como raciais, não se devem à seleção natural localizada, mas à emigração de diferentes tipos genéticos e flutuações aleatórias nas frequências locais dos genes levando à deriva genética. As exceções incluem a cor da pele, cuja variação geográfica é atribuída à proteção contra a radiação ultravioleta na luz solar, que aumenta na direção do equador. Incluem também os rostos incomumente largos dos esquimós da Groenlândia e do povo Buriat da Sibéria, um aspecto que minimiza a área de superfície como uma proteção contra o frio extremo.

Mudanças na frequência dos genes devido à evolução no nível de um gene ou de um pequeno conjunto de genes, ligados ou não no mesmo cromossomo, que os biólogos chamam de microevolução, devem continuar como um processo natural no futuro indefinido. Para o futuro imediato, porém, a emigração e os casamentos interétnicos assumiram o controle como as forças dominantes da microevolução, ao homogeneizarem a distribuição global dos genes. O impacto sobre a humanidade como um todo, mesmo enquanto ainda estamos neste estágio inicial presente, é um aumento sem precedente na variação genética dentro das populações locais ao redor do mundo. Tal aumento é acompanhado por uma redução nas diferenças *entre* populações. Teoricamente, se o fluxo prosseguir pelo tempo suficiente, a população de Estocolmo poderá se tornar geneticamente idêntica à de Chicago ou à de Lagos. No todo, mais tipos de genótipos estão sendo produzidos por toda parte. Essa mudança, singular na história evolutiva humana, oferece uma perspectiva de um aumento enorme em diferentes tipos de pessoas no mundo inteiro, e com isso novas espécies de beleza física e de genialidade artística e intelectual.

A homogeneização geográfica do *Homo sapiens* parece irreversível, mas com o tempo será sobrepujada por ainda outra força, supostamente final, da evolução: a seleção volitiva. A engenharia genética por substituição de genes em embriões logo será uma realidade no nível experimental e, portanto, será usada para combater doenças hereditárias. Com o tempo, vai se tornar um procedimento terapêutico rotineiro na prática médica. Logo depois, dependendo do resultado de um nível totalmente novo de debate moral que será com certeza intenso, a remodelação genética de crianças normais no estágio de embrião poderá (ou não) se tornar um ramo importante da indústria biomédica. Espero, e tendo a acreditar por razões morais, que essa forma de manipulação eugênica nunca será permitida, para que a humanidade possa no mínimo evitar os efeitos socialmente corrosivos do nepotismo e dos privilégios a que está fadada a servir.

Além disso, sou inclinado a desprezar a crença geral de que a inteligência robótica irá, num futuro próximo, superar e potencialmente substituir a inteligência humana. Isso decerto ocorrerá nas categorias da pura memória, da computação e da síntese de informações. Com o tempo, se escreverão algoritmos que simulam reações emocionais e processos de tomada de decisões semelhantes aos humanos. Contudo, mesmo em seu nível mais extremo e eficaz, essas criações continuarão sendo robôs. Se algo pode ser inferido do quadro da condição humana reunido pela ciência, é que como resultado da pré-história nossa espécie é extremamente idiossincrática na emoção e no pensamento. Nossa passagem particular pelo labirinto evolutivo carimbou nosso DNA em cada passo importante ao longo do caminho. A humanidade é de fato única, talvez mais do que chegamos a sonhar. Mas, apesar de nossa singularidade neste planeta nesta época, somos psiquicamente apenas uma dentre um grande número de espécies de classe imprecisamente humanoide ou superior que poderiam ter ocorrido ou que, caso venhamos a ser extintos, poderão ainda ocorrer nos bilhões de anos que restam à biosfera.

Os cientistas apenas começaram a sondar os caminhos neurais e a regulação endócrina do subconsciente que impõem uma influência decisiva sobre o sentimento, o pensamento e a escolha. Além disso, a mente consiste não apenas nesse mundo interior, mas também em sensações e mensagens que fluem para dentro e para fora dele, de todas as outras partes do corpo. Avançar do robô ao ser humano seria uma tarefa de imensa dificuldade tecnológica. Mas por que deveríamos querer tentar? Mesmo depois que excederem de longe nossas capacidades mentais externas, nossas máquinas não disporão de nada que se assemelhe a mentes humanas. De qualquer modo, não precisamos de tais robôs, e não sentiremos falta deles. A mente humana biológica é *nosso* domínio. Com todas as suas idiossincrasias, irracionalidade e produções arriscadas, e com todos os seus conflitos e ineficiências, a mente biológica é a essência e o próprio sentido da condição humana.

11. O salto para a civilização

Os antropólogos reconhecem três níveis de complexidade entre as sociedades humanas. No nível mais simples, bandos de caçadores-coletores e pequenas aldeias agrícolas são, em geral, igualitários. A posição de liderança é concedida aos indivíduos com base em inteligência e bravura e, através de seu envelhecimento e morte, é transmitida para outros, sejam parentes próximos ou não. Decisões importantes nas sociedades igualitárias são tomadas durante festas comunitárias, festivais e celebrações religiosas. Essa é a prática de uns poucos grupos caçadores-coletores sobreviventes, dispersos por áreas remotas, sobretudo na América do Sul, na África e na Austrália, cuja organização se aproxima mais daquelas predominantes por milhares de anos antes da era neolítica.

As sociedades de chefatura (*chiefdoms*), o nível seguinte nessa escala de complexidade, são governadas por um grupo de elite cujos integrantes, diante de debilidade ou morte, são substituídos por membros de sua família ou ao menos pelos de posição hereditária equivalente. Essa foi a forma dominante de sociedades ao redor do mundo no início da história registrada. Os chefes tribais ou "grandes homens" governam por prestígio, munificência, apoio dos membros da elite abaixo deles — e vingança contra aqueles que se lhe opõem. Vivem do excedente acumulado pela tribo, empregando-o para aumentar o controle sobre o grupo, regulamentar o comércio e travar guerra contra os vizinhos. Os chefes tribais exercem autoridade apenas sobre as pessoas imediatamente à sua volta ou sobre aldeias próximas, com quem interagem na medida do necessário diariamente. Na prática isso significa vassalos que podem ser alcançados em meio dia a pé. O domínio é portanto no máximo de quarenta a cinquenta quilômetros. Interessa aos chefes tribais microgerir os negócios de seu domínio, delegando o mínimo de autoridade possível para reduzir as chances de insurreição ou divisão. Entre as táticas comuns estão a supressão de subordinados e o fomento do medo das tribos rivais.

Os Estados, o último passo na evolução cultural das sociedades, possuem uma autoridade centralizada. Os governantes exercem sua autoridade dentro e em torno da capital, mas também sobre aldeias, províncias e outros domínios subordinados além do alcance de um dia de caminhada, portanto além da comunicação imediata com os governantes. O domínio é extenso demais, e a ordem social e o sistema de comunicações que mantêm sua coesão são complexos demais para uma só pessoa monitorar e controlar. O poder local é portanto delegado a vice-reis, príncipes, governadores e outros governantes semelhantes a chefes tribais de segundo escalão. O Estado também é burocrático. A responsabilidade é dividida entre especialistas, incluindo soldados, construtores, funcionários públicos e sacerdotes. Com população e riqueza suficientes, os serviços públicos de arte, ciências e educação podem ser acrescentados — primeiro em benefício da elite e depois descendo ao público em geral. Os chefes de Estado sentam em um trono, real ou virtual. Aliam-se aos altos sacerdotes e revestem sua autoridade com rituais de lealdade aos deuses.

A ascensão para a civilização, do bando e da aldeia igualitários à sociedade de chefatura e depois ao Estado, ocorreu através da evolução cultural, não de mudanças nos genes. É uma mudança automática, desenrolando-se de maneira semelhante, mas bem maior, à que impele grupos de insetos de agregados para famílias, depois para colônias eussociais com suas castas e divisão de trabalho.

A teoria predominante entre os antropólogos é que, sempre que podem conseguir mais territórios por agressão ou tecnologia, as tribos agem assim e, portanto, adquirem mais recursos. Podem então continuar se expandindo, caso sejam capazes, para enfim florescerem em impérios ou se dividirem em novos Estados concorrentes. O aumento do tamanho e do alcance traz consigo mais complexidade. Como ocorre com a complexidade de qualquer sistema físico ou biológico, a sociedade, para alcançar estabilidade e sobreviver, sem desmoronar rapidamente, precisa acrescentar controle hierárquico. Uma hierarquia no nível do Estado é um sistema composto de subsistemas interagentes, com estrutura hierárquica, descendo em sequência até que o nível de subsistema mais baixo seja alcançado, nesse caso o cidadão individual do Estado. Um sistema real é "decomponível" em subsistemas (como as companhias de infantaria e os governos municipais) que interagem entre si. Os indivíduos de um sistema não precisam interagir com indivíduos de outros subsistemas no mesmo nível. Um sistema que seja assim altamente decomponível tende a funcionar melhor que um que não o seja. "Em teoria", o teórico matemático Herbert A. Simon afirmou em seu artigo pioneiro sobre o tema, "podíamos esperar que os sistemas complexos fossem hierarquias em um mundo onde a complexidade precisou evoluir a partir da simplicidade. Em sua dinâmica, as hierarquias têm uma propriedade, a quase decomponibilidade, que simplifica muito seu comportamento. A quase decomponibilidade também simplifica a descrição de um sistema complexo e facilita a compreensão de como as informações necessárias ao desenvolvimento ou à reprodução de um sistema podem ser armazenadas num limite razoável."

Traduzido para a evolução cultural das sociedades mais simples para os Estados, o princípio de Simon sugere que as hierarquias funcionam melhor do que agrupamentos desorganizados e que são mais fáceis de entender e controlar por seus governantes. Em outros termos, não espere sucesso ao ver trabalhadores de uma linha de montagem votarem em conferências executivas ou praças planejarem campanhas militares.

Por que a evolução das sociedades humanas para a civilização é considerada cultural e não genética? Existem várias linhas de indícios que respaldam essa conclusão. Um indício importante é que crianças de sociedades caçadoras-coletoras criadas por famílias adotivas em sociedades tecnologicamente avançadas amadurecem como membros capazes destas últimas — embora as linhagens ancestrais da criança estivessem afastadas das linhagens de seus pais adotivos durante até 45 mil anos —, a exemplo das crianças aborígines australianas criadas por famílias brancas. Essa extensão de tempo foi suficiente para produzir diferenças genéticas entre as populações humanas por combinações de seleção natural e deriva genética. Mas os traços conhecidos que foram geneticamente modificados consistem, como já vimos, basicamente na resistência às doenças e na adaptação a climas e fontes de alimentos locais. Não se descobriu nenhuma diferença genética estatística entre populações inteiras que afete a amígdala e outros centros de circuitos controladores de reações emocionais. Tampouco se conhece qualquer mudança genética que determine diferenças médias entre populações no processamento cognitivo profundo da linguagem e no raciocínio matemático — embora tal mudança ainda possa ser detectada.

Os estereótipos pelos quais os habitantes das diferentes nações, cidades e aldeias costumam ser caracterizados poderiam também ter alguma base hereditária. Entretanto, indícios sugerem que as diferenças possuem uma origem histórica e cultural, em vez de genética. Desse modo, qualquer variação hereditária entre culturas porventura existente é abafada quando posta numa escala de tempo evolutiva. Os italianos podem ser mais volúveis em média, os ingleses mais reservados, os japoneses mais polidos, e assim por diante, mas a média entre populações de tais traços de personalidade é amplamente sobrepujada pela variação desses traços dentro de cada população. Ao que se revela, a variação é bem semelhante de uma população para outra. Essa foi a observação do psicólogo americano Richard W. Robins ao residir numa aldeia remota de Burkina Faso, no oeste africano.

> Enquanto estive lá, impressionou-me o grau em que todos pareciam tão diferentes, mas ao mesmo tempo tão familiares. Apesar das diferenças dramáticas nos costumes e nas práticas culturais, o povo burquinense parecia se apaixonar, odiar seus vizinhos e cuidar dos seus filhos praticamente da mesma maneira, e por muitas das mesmas razões, que os povos em outras partes do mundo. Na verdade, existe um núcleo na mentalidade humana e no comportamento social que é comum às nações, às culturas e aos grupos étnicos. Mesmo países tão profundamente diferentes como Burkina Faso e Estados Unidos não diferem substancialmente nas tendências de personalidade médias de seus povos. [...]
>
> Contra esse pano de fundo dos universais humanos, fica bem claro que a variedade individual existe. Alguns burquinenses (ou americanos) são tímidos e outros sociáveis, alguns são amigáveis e outros antipáticos, e alguns procuram alcançar um status elevado em sua comunidade, enquanto outros carecem desse impulso.

Da enorme variedade de traços de personalidade pesquisados pelos psicólogos, a maioria pode ser dividida em cinco grandes domínios: extroversão versus introversão, antagonismo versus afabilidade, consciência, neuroticismo e abertura à experiência. Dentro das populações, cada um desses domínios contém uma substancial herdabilidade, geralmente entre um terço e dois terços. Isso significa que, da variação total de escores em cada domínio, a fração devida a diferenças em genes entre indivíduos fica entre um terço e dois terços. Portanto, da herança sozinha esperaríamos encontrar uma variação substancial numa população como a da aldeia de Burkina Faso. Acrescida às diferenças nas experiências entre uma pessoa e outra, especialmente durante os períodos formativos da infância, deveríamos encontrar uma variação ainda maior, mas mais ou menos sistemática, de uma aldeia para outra, e de um país para outro.

Tal variação substancial existe universalmente, e é a mesma de uma população para outra, ou diferente? A variação se revela sistematicamente grande e universalmente do mesmo grau entre as populações. Esse foi o resultado de um estudo extraordinário conduzido por uma equipe de 87 pesquisadores e publicado em 2005. O grau de variação nos escores de personalidade foi semelhante em todas as 49 culturas avaliadas. As tendências centrais dos cinco domínios de personalidade diferiram apenas ligeiramente de uma para outra, de forma incompatível com os estereótipos predominantes cultivados por aqueles de fora das culturas.

Um motivo para duvidarmos da existência de diferenças genéticas em grande escala é a origem quase simultânea das civilizações baseadas no Estado nos seis locais mais bem analisados ao redor do mundo, comparada com o alcance geológico relativamente enorme das mudanças evolutivas na anatomia humana. Cada uma surgiu relativamente pouco depois da domesticação das culturas agrícolas e do gado, embora em outras partes do mundo essas inovações não tivessem ainda gerado sociedades no nível do Estado. No Egito, o mais antigo Estado primário (ou seja, o mais antigo dentre aqueles que se desenvolveram independentemente), surgiu em Hierakonpolis, entre o Alto Egito e a Baixa Núbia, em 3400-3200 a.C. No Vale do Indo do Paquistão e no noroeste da Índia, povoações Harappan maduras haviam evoluído em um Estado em 2900 a.C. Na China, o primeiro Estado primário parece ter surgido em Erlitou, começando em 1800-1500 a.C. Finalmente, a primeira origem documentada de um Estado primário no Novo Mundo é a do Vale de Oaxaca no México, entre 100 a.C. e 200. A costa norte árida do Peru foi o local do Estado Moche, de evolução independente, que começou durante 200-400.

Tabela 11-1. A origem do Estado de evolução independente mais antigo conhecido no Novo Mundo, com base em indícios arqueológicos do Vale de Oaxaca, no México. [Modificado de Charles S. Spencer, "Territorial expansion and primary state formation", *Proceedings of the National Academy of Sciences, U.S.A.*, 107 (16), pp. 7119-26, 2010.]

	Níveis na hierarquia da povoação	*Palácio*	*Templo com vários aposentos*	*Conquistas de longa distância*	*Integração do vale*
200					
	4	Sim	Sim	Sim	Sim
100 a.C.					
	4	Sim	Sim	Sim	Não
300 a.C.					
	3	Não	Não	Não	Não
500 a.C.					
	3	Não	Não	Não	Não
700 a.C.					

É altamente improvável que os estados primários tenham emergido ao redor do mundo como resultado da evolução genética convergente. É quase certo que apareceram de forma autônoma como elaborações de predisposições genéticas já existentes compartilhadas por populações humanas pela ancestralidade em comum e remontando ao período de saída da África, cerca de 60 mil anos atrás. Sua explicação é respaldada pelo surgimento relativamente rápido de um Estado primário na ilha havaiana de Maui.

Colonizadores pré-históricos aparentemente alcançaram essa ilha em torno de 1400 com conhecimentos agrícolas. Em 1600, a população se expandira significativamente, templos foram erigidos e um único governante assumiu o controle de duas aldeias antes independentes. O ritmo da mudança foi mais rápido do que no Vale de Oaxaca, onde decorreram 1300 anos da primeira aldeia conhecida à construção do primeiro templo do Estado.

Na época da saída da África, as populações africanas faziam inscrições em ovos de avestruz usados como recipientes. Mesmo mais cedo (100 mil a 70 mil anos atrás), vinham usando pedaços de ocre vermelho, contas de conchas perfuradas e ferramentas avançadas. Esses artefatos, dos quais os mais antigos datam de metade da origem do próprio *Homo sapiens* anatomicamente moderno, são tão sofisticados quanto alguns daqueles produzidos por caçadores-coletores modernos.

Os rudimentos da civilização também chegaram logo após o despontar da agricultura, ou até antes. Em Göbekli Tepe, um local isolado na Turquia à beira do rio Eufrates, arqueólogos escavaram um templo no alto de um morro com aproximadamente 11 mil anos. Existem pilares e lajes de pedra, muitas das quais gravadas com imagens de animais familiares — na maioria crocodilos, javalis, leões e abutres, e um escorpião. Existem outras criaturas desconhecidas, mas de aspecto feroz, cujo semblante pode ter sido inspirado por pesadelos ou delírios induzidos por drogas. Alguns pesquisadores em Göbekli Tepe concluíram que, como não foram encontrados vestígios de aldeias próximas, os monumentos são obra de caçadores-coletores nômades que se reuniam ali ocasionalmente para cerimônias religiosas. Outros, porém, acreditam que tais aldeias, grandes o suficiente para terem abrigado muitos operários, acabarão sendo encontradas.

Existe uma regra que se aplica tanto à arqueologia quanto à paleontologia: *por mais antigo que seja um fóssil ou indício de uma atividade humana, existem sempre, em algum lugar, à espera de serem descobertos, indícios de algo ao menos um pouquinho mais velho.* O princípio foi bem confirmado no caso da capacidade de escrever. A escrita mais antiga conhecida é a da cultura mesopotâmica da Suméria e a da cultura egípcia antiga, datando de 6400 anos atrás, portanto mais de metade do tempo até o início da era neolítica. Em seguida vem a primeira escrita conhecida da cultura do Vale do Indo no atual Paquistão (4500 anos atrás), da dinastia Shang da China (3500-3200 anos atrás) e dos olmecas da Mesoamérica (2900 anos atrás). Todas essas escritas antigas, porém, apresentam um mistério intimidante. Raramente fica claro até que ponto os diferentes símbolos e pictogramas cuneiformes representam abstrações, em vez de entidades reais; tampouco se sabe se denotam sílabas e sons da língua ou, alternativamente, conceitos designados por palavras desconhecidas usadas numa fala agora desaparecida. Nenhum especialista duvida, porém, de que, uma vez aperfeiçoados, os registros escritos que criaram deram uma enorme vantagem aos seus criadores.

Se a transição das sociedades de chefatura para os Estados foi automática e cultural, como explicar as disparidades nas sociedades atuais? As diferenças são enormes. Se classificarmos os países por suas rendas per capita, os 10% superiores são em média trinta vezes mais ricos do que os 10% inferiores, enquanto a riqueza dos mais ricos é cem vezes maior do que a dos mais pobres. As consequências dessa variação na qualidade de vida são estarrecedoras. Nos países mais pobres mais de 1 bilhão de pessoas, cerca de 15% da população mundial, vivem no que as Nações Unidas classificam como pobreza absoluta. Carecem de moradia adequada, saneamento, água limpa, assistência médica, educação e segurança alimentar. Os habitantes das nações mais ricas, algumas próximas das mais pobres, desfrutam todos esses benefícios e mais viagens aéreas e férias. De acordo com Jared

Diamond, em sua célebre obra de 1997, *Armas, germes e aço*, e fundamentado em análises dos economistas suecos Douglas A. Hibbs Jr., Ola Olsson e outros, uma resposta persuasiva pode ser encontrada na geografia. Pouco antes das origens da agricultura, por volta de 10 mil anos atrás, uma combinação de condições deu aos povos do supercontinente eurasiano uma enorme oportunidade de promover a revolução cultural que logo seria vivenciada. O grande tamanho do continente, sua vasta extensão de leste a oeste e o acréscimo das terras biologicamente ricas do perímetro mediterrâneo resultaram num legado de mais espécies de plantas e animais adequados à domesticação do que existia em ilhas e outros continentes. O conhecimento das culturas agrícolas e de animais de fazenda e a tecnologia para obter e armazenar excedentes foram mais rapidamente disseminados de uma aldeia para outra, e depois pelos territórios em expansão dos primeiros Estados. O tamanho e a fecundidade desse interior eurasiano, e não o surgimento de um genoma humano endêmico a qualquer lugar específico, levaram à revolução neolítica.

III. COMO OS INSETOS SOCIAIS CONQUISTARAM O MUNDO INVERTEBRADO

12. A invenção da eussocialidade

A chave para as origens da condição humana não será encontrada exclusivamente em nossa espécie, porque a história não começou nem terminou com a humanidade. A chave será encontrada na evolução da vida social dos animais como um todo. Quando você examina o panorama completo do comportamento social no reino animal, e não apenas a parte representada pelos seres humanos, um padrão nítido se destaca. Raramente considerado pelos biólogos evolutivos no passado, compreende dois fenômenos ligados por causa e efeito. O primeiro fenômeno é que os animais do ambiente terrestre são dominados por espécies com sistemas sociais mais complexos. O segundo fenômeno é que essas espécies apareceram apenas raramente na evolução. Eles surgiram por meio de muitos passos preliminares por milhões de anos de evolução. A humanidade é uma dessas espécies animais.

Os sistemas mais complexos são aqueles dotados de eussocialidade — literalmente, "condição social verdadeira". Os membros de um grupo animal eussocial, como uma colônia de formigas, pertencem a várias gerações. Dividem o trabalho no que ao menos externamente parece ser um modo altruísta. Alguns assumem atividades que reduzem a duração de suas vidas ou o número de sua prole pessoal, ou ambos. Seu sacrifício permite que outros, que desempenham papéis reprodutivos, vivam mais tempo e produzam proporcionalmente mais prole.

Os sacrifícios dentro das sociedades avançadas vão bem além daqueles entre pais e sua prole. Eles se estendem aos parentes colaterais, incluindo irmãos, sobrinhos e primos com vários graus de parentesco. Às vezes são concedidos a indivíduos sem ligação genética.

Uma colônia eussocial possui claras vantagens em relação aos indivíduos solitários competindo pelo mesmo nicho. Alguns dos membros da colônia podem ir em busca de alimento, enquanto outros protegem o ninho de inimigos. Um concorrente solitário pertencente a outra espécie pode caçar comida ou defender seu ninho, mas não fazer as duas coisas ao mesmo tempo. A colônia pode enviar vários forrageadores e ficar em casa ao mesmo tempo, formando uma rede de vigilância dentro e em torno do ninho. Um membro da colônia, ao encontrar alimento, pode informar aos outros, que então convergem ao local como uma rede que se fecha. Quando reunidos, os colegas de ninho são capazes de combater como um grupo contra rivais e inimigos. Podem transportar grandes quantidades de comida mais rapidamente ao ninho antes da chegada de concorrentes. Com vários indivíduos servindo como operários, podem rapidamente aumentar o ninho, melhorar a eficiência de sua estrutura arquitetônica e defender mais facilmente suas entradas. O ninho pode ser climatizado até certo ponto. Os ninhos dos cupins de montículo da África e das formigas-cortadeiras das Américas representam o que há de mais sofisticado: eles são projetados para ser climatizados, refrescando e circulando o ar sem nenhuma ação adicional por parte dos habitantes.

Grandes colônias de algumas espécies podem também aplicar formações como as militares e ataques em massa para vencer presas invulneráveis aos indivíduos solitários. As formigas-legionárias da África estão entre as mais avançadas nessa adaptação. Elas marcham em colunas de milhões, consumindo a maioria dos animais pequenos que encontram pelo caminho. As hordas dessas e de outras espécies de formigas-legionárias são também singulares entre os insetos na capacidade de derrotar e consumir grandes colônias de cupins, vespas e outros tipos de formigas.

As 20 mil espécies conhecidas de insetos eussociais, a maioria formigas, abelhas, vespas e cupins, representam apenas 2% de aproximadamente 1 milhão de espécies conhecidas de insetos. Mas essa pequena minoria de espécies domina o restante dos insetos em número, peso e impacto sobre o meio ambiente. Os insetos eussociais estão para o vasto mundo dos animais invertebrados como os seres humanos estão para o não tão vasto universo dos animais vertebrados. Em meio a criaturas maiores que microrganismos e nematódeos, os insetos eussociais são os seres pequeninos que dirigem o mundo terrestre.

As formigas-tecelãs estão entre os insetos mais abundantes nas copas das florestas tropicais, da África à Ásia e à Austrália. Elas formam correntes de seus próprios corpos para agrupar folhas e galhos a fim de criar as paredes dos abrigos. Outras tecem seda extraída das fiandeiras de suas larvas para manter firmes as paredes. Feito isso, elas cobrem os abrigos, do tamanho de uma bola de futebol, com superfícies de seda. Ocupando centenas desses pavilhões aéreos, uma única colônia de formigas-tecelãs, composta da rainha-mãe e centenas de milhares de suas filhas operárias, consegue dominar diversas árvores de uma vez.

Da Louisiana à Argentina, imensas colônias de formigas-cortadeiras, as criaturas sociais mais complexas afora os humanos, constroem cidades e praticam agricultura. As operárias cor-

Figura 12-1. *Os dois conquistadores da Terra. Os insetos sociais governam o mundo dos insetos. Uma única colônia de formigas-legionárias africanas, uma delas mostrada aqui numa expedição de forrageamento, contém até 20 milhões de operárias. (De Edward O. Wilson,* Success and Dominance in Ecosystems: The Case of the Social Insects. *Oldendorf/Luhe, Alemanha: Instituto de Ecologia, 1990.)*

tam fragmentos de folhas, flores e ramos, carregam-nos aos seus ninhos e mascam o material até formar uma polpa, que fertilizam com suas próprias fezes. Nesse material rico, cultivam seu principal alimento, um fungo pertencente a uma espécie que não se encontra em nenhum outro lugar da natureza. Sua jardinagem se organiza como uma linha de montagem, o material é passado de uma casta especializada para a seguinte, desde o corte da vegetação bruta até a colheita e a distribuição do fungo.

Num local amazônico, dois pesquisadores alemães realizaram a tarefa prodigiosa de pesar todos os animais num único hectare de floresta úmida. Descobriram que as formigas e os cupins, juntos, compõem quase dois terços do peso de todos os insetos.

Figura 12-2. *Numa localidade amazônica típica, descobriu-se que as formigas sobrepujaram todos os animais vertebrados (representados aqui por uma onça) por quatro a um. (De Edward O. Wilson,* Success and Dominance in Ecosystems: The Case of the Social Insects. *Oldendorf/Luhe, Alemanha; Instituto de Ecologia, 1990. Baseado em E. J. Fittkau e H. Klinge, "On biomass and trophic structure of the central Amazonian rain forest ecosystem",* Biotropica, *5 [1], pp. 2-14, 1973.)*

As abelhas e as vespas eussociais acrescentaram mais um décimo a isso. As formigas sozinhas pesavam quatro vezes mais que todos os vertebrados terrestres — ou seja, mamíferos, aves, répteis e anfíbios combinados. Outros pesquisadores descobriram que as formigas sozinhas constituem até dois terços dos insetos nas copas das árvores de outra localidade amazônica.

As formigas não são exatamente uma camada grossa de tecido de insetos sobre a Terra. Elas são bem mais esparsas nas florestas de coníferas frias nos hemisférios Sul e Norte, e desaparecem ao norte do Círculo Ártico e perto do limite de vegetação arbórea nas montanhas tropicais. Não existem formigas tampouco na Islândia, na Groenlândia e nas Ilhas Malvinas, ou na Geórgia do Sul e outras ilhas subantárticas. Você as procuraria em vão nas praias gélidas da Terra do Fogo. Mas em outras partes florescem como os insetos dominantes em todos os tipos de habitats terrestres, de desertos a florestas densas, dali para as orlas do mundo terrestre em áreas pantanosas, manguezais e praias. Estudei as três espécies árticas princi-

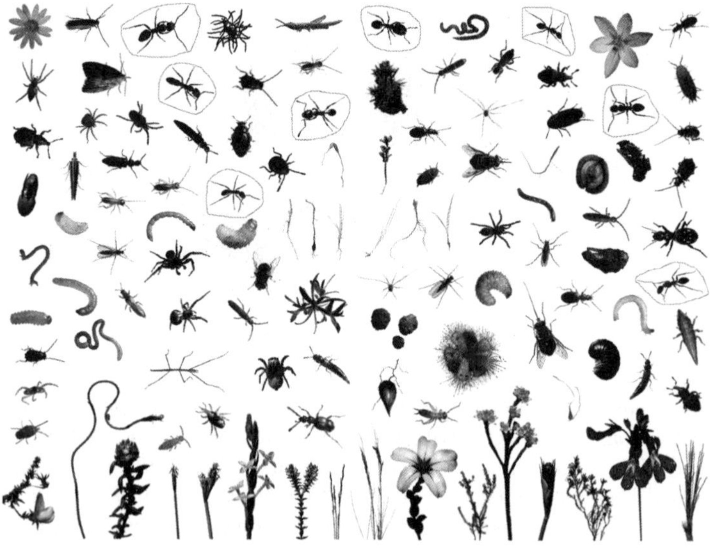

Figura 12-3. *A ubiquidade das formigas. Aqui está mostrada a variedade de pequenos organismos encontrados num pé cúbico de solo e detritos folhosos num galho de figueira-mata-pau em Monteverde, Costa Rica. Oito dos cem indivíduos presentes eram formigas (circundadas). (De Edward O. Wilson, "One cubic foot", David Liittschwager,* National Geographic, *fev. 2010, pp. 62-83. Fotografias de David Liittschwager. David Liittschwager National Geographic Stock.)*

pais acima do limite de vegetação arbórea em Mount Washington, New Hampshire, onde são abundantes, fazendo seus ninhos sob as rochas para coletar o calor solar e apressando-se por um ciclo do crescimento das larvas antes que a queda drástica da temperatura em setembro feche suas colônias. Mesmo assim, procurei em vão quaisquer formigas acima do limite de vegetação arbórea nas montanhas Sarawaget, na Nova Guiné, uma savana de cicadáceas inóspita onde chuvas frias caem diariamente ensopando todos os que tentam permanecer ali, sejam humanos ou formicídeos.

Os insetos eussociais são quase inimaginavelmente mais antigos do que os seres humanos. As formigas, junto com seus equivalentes comedores de madeira, os cupins, originaram-se perto da metade da era dos répteis, mais de 120 milhões de anos atrás. Os primeiros hominíneos, com sociedades organizadas e divisão de trabalho altruísta entre parentes colaterais e aliados, apareceram na melhor hipótese há 3 milhões de anos.

Para sentir a diferença, imagine um ancestral bem distante dos primeiros primatas que estavam destinados a ser ancestrais dos seres humanos, um pequeno mamífero correndo em busca de ovos de dinossauro pelas antigas florestas do Cretáceo. Ao subir num tronco de conífera, uma pata traseira rompe a casca. O interior já está parcialmente oco, o cerne fora reduzido a fragmentos por fungos, besouros e uma colônia de cupins *Zootermopsis* primitivos. A cavidade também serve de ninho para uma colônia de formigas da subfamília *Sphecomyrminae*, semelhantes às vespas. Num frenesi, as formigas operárias enxameiam sobre a perna do mamífero invasor, ferroando qualquer fenda ou superfície mole da pele que consigam achar. O animal, nosso ancestral, salta para fora do tronco, agitando sua perna e removendo os atacantes com as garras do pé. Se a cavidade estivesse ocupada por uma vespa solitária do tamanho de uma formiga das *Sphecomyrminae*, o animal mal a teria percebido.

Agora avance 100 milhões de anos até a era atual. Você, um descendente do mamífero atacado, pisa numa pequena tora de pinheiro, o tronco em decomposição é de uma conífera descendente daquela da floresta do Cretáceo. Os descendentes da colônia de cupins do Cretáceo fogem para um recesso escuro, uma parte da cavidade que ocupam, assim como seus ancestrais do Mesozoico, tão semelhantes. Os descendentes da antiga colônia de formigas enxameiam de outra parte da mesma cavidade para ferroá-lo e repeli-lo, também como seus ancestrais do Mesozoico. Juntos somos representantes dos dois grandes poderes hegemônicos do mundo terrestre. A diferença é que os cupins e as formigas reinavam sozinhos 100 milhões de anos atrás, imperturbados até que nós enfim atingíssemos o nível eussocial.

Figura 12-4. *Uma batalha entre colônias de formigas. Batedores do ninho (parte superior direita) de* Pheidole dentata, *de cor preta, descobriram formigas-lava-pés operárias invasoras,* Solenopsis invicta, *de cor vermelha, e as enfrentaram. Os combatentes* Pheidole dentata *mais eficazes são os soldados de cabeça grande, que usam suas mandíbulas poderosas para desmantelar os invasores. (Ilustração © Margaret Nelson.)*

As primeiras formigas emergiram das vespas aladas solitárias. As operárias das primeiras colônias evoluíram para criaturas especializadas em rastejar sobre e sob o solo e a superfície de detritos folhosos, dali subindo para a vegetação viva. Àquela altura as operárias já não voavam. As rainhas virgens continuavam voando, mas cada uma apenas brevemente, ao se alçarem no ar e emitirem feromônios do sexo para atrair um macho alado e acasalar com ele. Depois aterrissavam para iniciar uma colônia nova e não voltavam a voar. Por meio da evolução subsequente, as formigas do Mesozoico passaram a construir pequenas civilizações por instinto, (espalhando seus domínios) por toda parte, pela vegetação em decomposição na superfície e bem fundo solo abaixo.

Elas evoluíram em complexidade enquanto deram origem a espécies novas durante dezenas de milhões de anos. Muitas se tornaram predadoras, os principais caçadores de insetos, aranhas, tatuzinhos-bola e outros invertebrados moradores do solo, cujos descendentes ainda vivem entre nós. As formigas também assu-

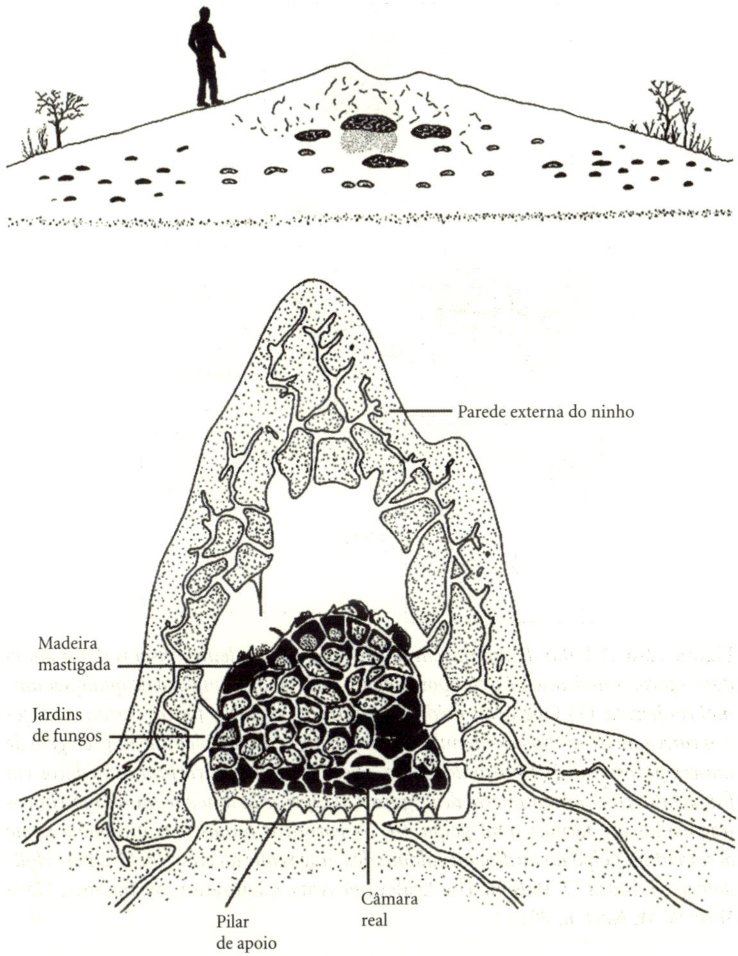

Figura 12-5. *Ninhos da colônia de cupins de montículo do gênero africano* Macrotermes, *em corte transversal. O ninho dissecado no painel superior media trinta metros de diâmetro. O ninho dissecado no painel inferior mostra a arquitetura responsável pela climatização. O ar no núcleo, aquecido pelo metabolismo dos cupins, sobe e sai por cima, enquanto ar fresco é atraído de canais subterrâneos localizados ao longo das bordas do ninho. O fluxo constante mantém a temperatura, além dos níveis de oxigênio e dióxido de carbono, quase constante para mais de 1 milhão de cupins vivendo no ninho. (Modificado de Edward O. Wilson.* The Insect Societies. *Cambridge, MA: Harvard University Press, 1971. Baseado em pesquisas de Martin Lüscher.)*

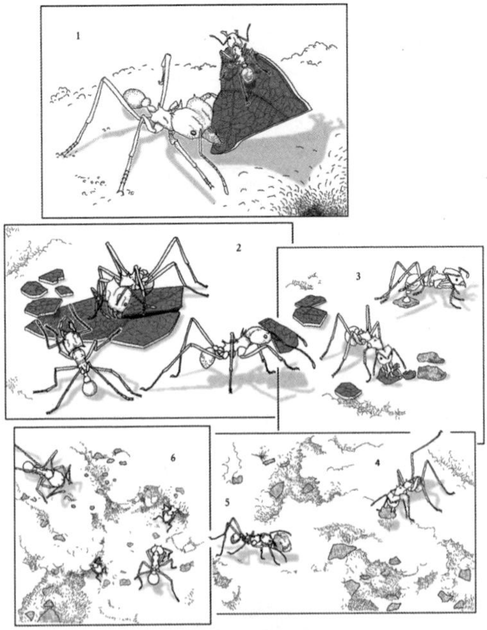

Figura 12-6. *A linha de montagem das formigas-cortadeiras, insetos dominantes dos trópicos americanos, é o comportamento social mais complexo de qualquer animal conhecido. (1) Operárias médias encontram vegetaçao fresca, cortam pedaços e os carregam ao ninho, acompanhadas de formigas minúsculas que as protegem de moscas parasitas. (2) Dentro do ninho, operárias menores cortam os pedaços em fragmentos com um milímetro de largura. (3) Operárias ainda menores mascam os fragmentos até formar uma polpa. (4, 5) Formigas minúsculas alternadamente acrescentam polpa ao jardim ou cuidam dos fungos que ali crescem. (De Bert Hölldobler e Edward O. Wilson,* The Leafcutter Ants: Civilization by Instinct. *Nova York: W. W. Norton, 2011.)*

miram o papel de papa-defuntos básicos, alimentando-se dos restos de pequenos animais mortos por doença e acidente. Igualmente importante para todos os ecossistemas terrestres, tornaram-se os principais revolvedores do solo, superando até o trabalho das minhocas.

Estimei (bem) grosseiramente o número de formigas que vivem atualmente como sendo, na potência de dez mais próxima,

Figura 12-7. *Operárias da formiga-tecelã australiana* (Oecophylla smaragdina) *constroem ninhos nos altos das árvores reunindo folhas para formar câmaras, depois as unindo com fios de seda obtidos das larvas. (De Bert Hölldobler e Edward O. Wilson,* The Superorganism: The Beauty, Elegance, and Strangeness of Insect Societies. *Nova York: W. W. Norton, 2009. Foto de Bert Hölldobler.*)

de 10^{16}, ou seja, 10 mil trilhões. Se cada formiga em média pesa um milionésimo do peso médio de um humano, como existem 1 milhão de vezes mais formigas do que humanos (10^{10}), todas as formigas que vivem na Terra pesam aproximadamente tanto quanto todos os humanos. Essa cifra não é tão impressionante quanto pode parecer. Senão vejamos: se todas as pessoas vivas pudessem ser coletadas e comprimidas em um só lugar, formaríamos um cubo com menos de 1,6 quilômetro em cada lado. Assim, se todas as formigas pudessem ser igualmente coletadas e comprimidas, formariam um cubo de mesmo tamanho. Ambos os cubos poderiam ser facilmente ocultados numa pequena seção do Grand Canyon. A julgar pelo protoplasma somente, o espetáculo não seria nada grandioso. Mas que obra-prima são esses dois conquistadores da Terra, que nos cabe observar e comparar.

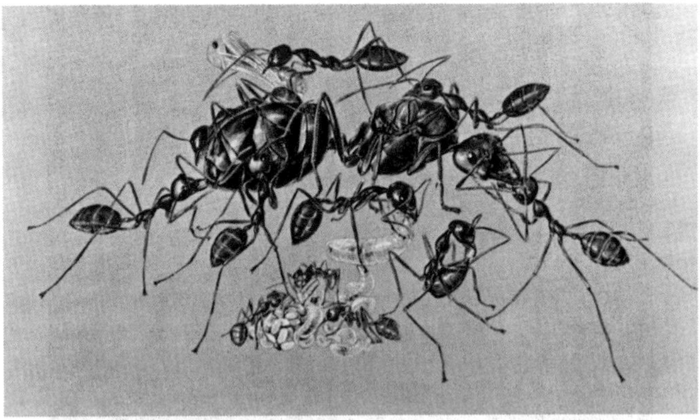

Figura 12-8. *As castas numa colônia de formigas-tecelãs africanas* (Oecophylla longinoda) *incluem a rainha, cercada de grandes operárias, que a alimentam e cuidam dela, e pequenas operárias, que cuidam das larvas, ovos e pupas. Outras operárias grandes constroem ninhos leves com fios de seda fornecidos pelas larvas.* (*De George F. Oster e Edward O. Wilson,* Caste and Ecology in the Social Insects. *Princeton, NJ: Princeton University Press, 1978. Pintura de Turid Hölldobler.*)

13. Invenções que favoreceram os insetos sociais

Contarei agora a história, que ajudei a desvendar durante o último meio século de pesquisas, de como os insetos sociais ascenderam ao domínio entre os invertebrados do mundo terrestre. Esses conquistadores em miniatura não irromperam como invasores alienígenas no meio ambiente. Insinuaram-se com pequenos e discretos passos, levando milhões de anos para alcançar o sucesso. De início não passavam de elementos comuns, até raros, nas florestas e nas pradarias do Mesozoico. Depois descobriram inovações no comportamento e na fisiologia análogas às invenções tecnológicas humanas. Com ajuda de cada uma de suas inovações, adentraram novos nichos. Sua capacidade de controlar o meio ambiente aumentou, e seus números cresceram. Em meados do período Eoceno, 50 milhões de anos atrás, haviam se tornado os mais abundantes de todos os invertebrados de tamanho médio a grande em terra.

Quando as formigas originalmente apareceram, durante o Jurássico Superior (ou Cretáceo Inferior), os cupins já vinham florescendo por dezenas de milhões de anos, mas em uma parte totalmente diferente dos mesmos ecossistemas. Descendiam de insetos semelhantes a baratas, cuja ancestralidade retrocedia mais de 100 milhões de anos, até a era paleozoica. (Abro um parêntese para responder a uma pergunta frequente: como distinguir os cupins, também denominados "formigas brancas", das formigas reais? É fácil: eles não têm cintura.) Os cupins dominaram a técnica de digerir madeira morta e outras vegetações, formando simbioses — parcerias biológicas estreitas — com bactérias e protozoários degradadores de lignina que viviam em suas entranhas. Após um longo período, algumas das espécies evolutivamente mais avançadas criaram verdadeiras cidades, produzindo seu alimento, como as formigas-cortadeiras, em jardins de fungos cultivados em polpa, e climatizando seus ninhos. Dividiam o trabalho entre grupos complexos de castas físicas.

Em certo sentido, as formigas acabariam se tornando a mais dominante das duas linhagens em evolução, soberanas dos dois impérios de insetos, porque muitas de suas espécies se especializaram em comer cupins, enquanto nenhuma espécie de cupim aprendeu a se alimentar de formigas. Mas, apesar da grandeza de seu destino, as formigas não se precipitaram à proeminência imediata após sua origem. Por mais de 30 milhões de anos, durante o restante da era mesozoica, permaneceram uma presença comum, cercadas de uma variedade imensa de insetos solitários. Outros entomologistas e eu examinamos milhares de peças de resina fóssil do Mesozoico (chamada âmbar) em busca dessas formigas mais antigas. Encontramo-las nas camadas fósseis da época certa em Nova Jersey, Alberta, Sibéria e Birmânia. Encontramos menos de mil indivíduos, compondo apenas uma pequena minoria entre os outros insetos preservados da mesma forma. Os espécimes se distribuem por um intervalo de milhões de anos.

Fósseis tão antigos assim eram de início totalmente desconhecidos pelos cientistas. Para nós, a era mesozoica, quando deve ter se desenrolado a história inicial desses insetos, era um vazio completo. Até que, em 1967, recebi uma peça de âmbar de metassequoia fossilizada recolhida por dois colecionadores amadores em um estrato do Cretáceo Superior em Nova Jersey, com uns 90 milhões de anos. O âmbar transparente encerrava duas formigas operárias belamente preservadas. Eram quase duas vezes mais velhas que o fóssil de formiga mais antigo até então conhecido. Ao segurar a peça na mão, eu sabia que era o primeiro a retroceder na história remota de um dos dois grupos de insetos mais bem-sucedidos da Terra. Foi um dos momentos mais emocionantes da minha vida (e posso entender se o leitor não compartilha minha reação ao inseto fóssil). De fato, fiquei tão empolgado que me atrapalhei e deixei a peça cair no chão, espatifando-se em dois fragmentos. Olhei para baixo horrorizado, como se tivesse destruído um precioso vaso da dinastia Ming. Entretanto, a sorte continuou me favorecendo naquele dia. As duas formigas permaneceram incólumes em cada um dos fragmentos, que puderam ser polidos separadamente. Ao estudar detalhadamente aqueles tesouros, descobri em sua anatomia traços intermediários entre as formigas e as vespas modernas — das quais aquelas formigas deviam ser ancestrais. A natureza híbrida se aproximava bastante do que um colega pesquisador, William L. Brown, e eu já havíamos previsto. Demos à espécie nova o nome *Sphecomyrma*, que significa "formiga-vespa". Devido à eminência das formigas no mundo atual (afinal, o meio ambiente depende delas), a *Sphecomyrma* tinha a mesma importância científica do *Archaeopteryx*, o primeiro fóssil intermediário entre as aves e seus ancestrais dinossauros, e do *Australopithecus*, o primeiro "elo perdido" descoberto entre os humanos modernos e os macacos antropoides ancestrais. A caça agora continuou por fósseis adicionais de formigas do Mesozoico, para obter uma história mais completa desses insetos sociais.

Quando uma busca intensa subsequente resultou em mais espécimes, ficamos também sabendo de mudanças ocorridas no ambiente externo que haviam possibilitado a ascensão das formigas ao domínio pleno. Entre 110 e 90 milhões de anos atrás, numa época bem remota do Mesozoico, as florestas onde as formigas viviam começaram uma transformação profunda que possibilitou tal avanço. Até aquela época, as árvores e os arbustos consistiam basicamente de gimnospermas, em particular as cicadáceas semelhantes a palmeiras, os ginkgos (atualmente representados por uma única espécie preservada como ornamental) e, acima de tudo, as coníferas, inclusive pinheiros, abetos, sequoias e outras "portadoras de pinhas" (daí o nome conífera) que ainda ocorrem em florestas espalhadas ao redor do mundo. Na época em que as formigas e os cupins entraram em cena, os dinossauros herbívoros se alimentavam das gimnospermas. Os cupins consumiam a vegetação morta restante. As formigas provavelmente escavavam seus ninhos em troncos de gimnospermas, nos detritos folhosos e no húmus do solo abaixo. Vasculhavam o solo e subiam nas samambaias e nas copas das árvores em busca de comida. Os entomologistas atuais conseguem estudar um bom número de espécimes que ficaram presos em fluxos de resina, principalmente das árvores metassequoias, entre as coníferas mais abundantes da era mesozoica. Alguns dos fósseis estão belamente preservados nesse material, fornecendo detalhes anatômicos que permitem a reconstituição dos estágios iniciais da evolução das formigas.

Com a ajuda dos vestígios de muitos outros tipos de animais e plantas, outros pesquisadores e eu conseguimos reconstituir o que aconteceu depois. Em torno de 130 milhões de anos atrás e atingindo seu pico 100 milhões de anos atrás, ocorreu uma das mudanças mais radicais e importantes da história da vida. As gimnospermas foram basicamente substituídas por angiospermas, "plantas floríferas", que dominam grande parte do ambiente terrestre atual. As sequoias e suas parentes deram lugar aos ancestrais das magnólias, faias e aceráceas, além de outras árvores familiares, enquanto as cicadáceas e as samambaias cederam seu domínio às gramíneas e às angiospermas herbáceas e aos arbustos da flora rasteira.

Duas inovações evolutivas durante essa época possibilitaram a revolução das angiospermas. Primeiramente, o endosperma nas sementes (a parte que comemos) possibilitou não apenas a sobrevivência em épocas desfavoráveis, mas também a dispersão por grandes distâncias. Em seguida, as flores e suas cores e perfumes atraentes permitiram a evolução de um exército de abelhas, vespas, moscas-das-flores, mariposas, borboletas, pássaros, morcegos e outras criaturas especializadas, que transportam pólen da flor de uma planta para a flor de outras plantas da mesma espécie. Assim equipadas, as plantas floríferas se espalharam ao redor do mundo com relativa rapidez (considerados os padrões geológicos). Enquanto seu alcance e sua abundância globais cresciam por milhões de anos, preencheram os nichos disponíveis, enquanto criavam nichos novos com o tamanho e a complexidade de sua vegetação. Mais de um quarto de milhão de espécies de plantas floríferas existem agora na Terra, compondo mais de trezentas famílias taxonômicas, incluindo as tão familiares *Roseaceae* (rosas e parentes), *Fagaceae* (faias) e *Asteraceae* (girassóis e parentes). Elas são o mato à beira da estrada, os prados, os pomares, as terras cultivadas e as florestas tropicais, de longe o mais diversificado de todos os ecossistemas.

As formigas foram carregadas pela onda da evolução das plantas floríferas. Estou convencido de que a razão dessa coevolução foi o fato de as florestas de angiospermas serem substancialmente mais ricas, e arquitetonicamente mais complexas, portanto favoráveis a mais espécies de animais vivendo nelas. A vegetação rasteira e os detritos folhosos das velhas florestas de gimnospermas onde as formigas se originaram tinham uma estrutura relativamente simples. Como resultado, menos nichos estavam disponíveis para os insetos e outros animais pequenos, e a variedade de insetos, aranhas, centopeias e outros artrópodes habitantes das florestas era proporcionalmente menor. A mesma parcimônia relativa persiste nas florestas de gimnospermas que sobreviveram até a época atual. As camadas de detritos e o solo sob as plantas floríferas das novas florestas continham um ambiente bem mais complexo para os artrópodes, incluindo as formigas que se alimentavam deles. O húmus onde as colônias de formigas de várias espécies construíam seus ninhos era mais diversificado nos tipos de ramos em decomposição, galhos de árvores, aglomerados de folhas e cascas de sementes onde se podiam escavar câmaras e galerias. No húmus de angiospermas havia também uma maior faixa de regimes de temperatura e umidade encontrados, passando de alta para baixa. Por essas razões, uma variedade maior de artrópodes também estava disponível como alimento. O resultado geral foi uma radiação adaptativa global das formigas, com cada vez mais espécies ao redor do mundo capazes de se especializar no local do ninho e na comida que exploravam. As espécies de formigas se multiplicaram, à medida que mais nichos se abriram para ocuparem. No final do período Mesozoico, 65 milhões de anos atrás, a maioria das duas dúzias de subfamílias taxonômicas de formigas vivendo hoje havia passado a existir.

Mesmo com toda a sua diversidade, a vasta fauna de formigas não conquistou imediatamente o domínio, no número de organismos e colônias, de que desfruta agora. Os fósseis mais velhos descobertos pelos entomologistas, preservados em âmbar e fósseis de rochas, são apenas moderadamente abundantes, em comparação com aqueles de outros insetos. Possivelmente perto do final da era mesozoica (a "era dos répteis") e certamente não após os primeiros 15 milhões de anos da era cenozoica subsequente (a "era

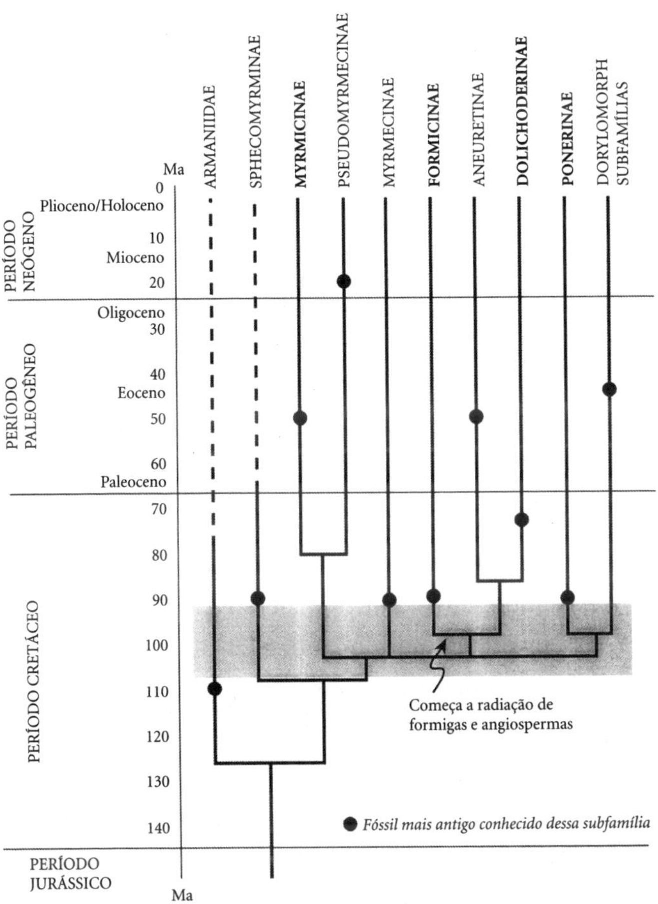

Figura 13-1. *No período Cretáceo da era dos répteis, a ascensão e a diversificação das formigas presentes ainda hoje coincidiram com o domínio da flora da Terra pelas plantas floríferas (angiospermas). (De Edward O. Wilson e Bert Hölldobler, "The rise of the ants: A phylogenetic and ecological explanation",* Proceedings of the National Academy of Sciences, U.S.A., *102 [21], pp. 7411-4, 2005.)*

dos mamíferos"), as formigas fizeram dois outros avanços evolutivos que hoje contribuem para a base de seu domínio do mundo.

A primeira inovação foi a estranha parceria que muitas das espécies formaram com insetos que vivem da seiva das plantas.

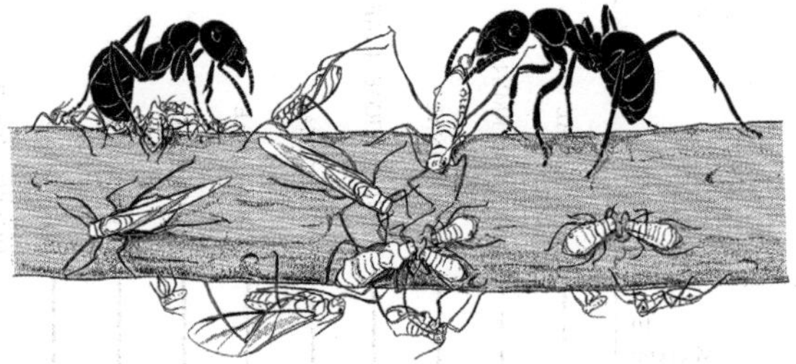

Figura 13-2. *Um passo crítico no domínio das formigas foi a parceria formada com insetos sugadores de seiva, apanhando excremento líquido nutritivo em troca de proteção contra predadores e parasitas. Este desenho é da formiga europeia* Formica polyctena *e seu parceiro pulgão simbiótico* Lachnus roboris. (*De Edward O. Wilson,* The Insect Societies. *Cambridge, MA: Harvard University Press, 1971. Desenho de Turid Hölldobler.*)

Pulgões, cochonilhas, pseudococos e outros membros da ordem dos insetos homópteros se alimentam dilacerando as plantas com o bico e extraindo seiva e outros materiais líquidos. Cada indivíduo precisa ingerir grandes quantidades dessa substância para obter nutrientes suficientes ao crescimento e à reprodução. A limitação em seu método de alimentação também os obriga a liberar uma grande quantidade de excremento e líquido excedentes. As gotículas são exaladas ou esguichadas de modo a cair no solo ou na vegetação circundante, impedindo que o material grudento se empilhe ao redor dos insetos. Tal secreção é um maná para quase todas as espécies de formigas. Para muitas espécies é também uma fonte básica de alimento.

O advento das formigas forneceu uma vantagem idêntica aos seus parceiros, e a simbiose perdurou até os dias de hoje. Quando seu bico dilacera a epiderme das plantas, os pulgões e outros sugadores de seiva estão literalmente ancorados em seu alimento. Seus corpos macios são iguarias para uma série de predadores e parasitas que pululam na folhagem. Vespas, besouros, bichos-lixeiros, moscas, aranhas e outros podem exterminar toda a população de uma planta em pouco tempo. Os sugadores de seiva precisam de proteção constante, e uma aliança com as formigas famintas por excrementos é uma excelente forma de obtê-la. Vários tipos de formigas tratam qualquer fonte nutritiva e persistente de comida como parte de seu território, ainda que localizada longe de seus ninhos. Elas expulsam quaisquer inimigos dos rebanhos de sugadores de seiva de que tomaram posse.

Durante sua evolução, por milhões de anos, as formigas foram mais longe: transformaram pulgões cooperativos e outros sugadores de seiva no equivalente a vacas leiteiras. Ou, visto de outro ângulo, os sugadores de seiva transformaram as formigas no equivalente a criadores de gado leiteiro. De sua parte, os sugadores de seiva simbióticos deixaram de esguichar seu excremento sobre a planta onde repousavam e simplesmente o retiveram até que uma formiga surgisse e os tocasse de leve com sua antena, ao que o sugador de seiva expelia uma gota generosa, oferecendo-a para a formiga beber. Durante sua evolução, os dois parceiros da simbiose prosperaram. Os outros não foram tão afortunados. As plantas perderam grande parte de seu sangue vegetal, por assim dizer, e os predadores que caçavam os sugadores de seiva muitas vezes ficaram com fome. Mas todos sobreviveram. Trata-se de um exemplo do que se conhece como o equilíbrio da natureza.

Certo dia, num passeio pela floresta úmida da Nova Guiné, deparei com um aglomerado de insetos de escala gigante que se alimentavam de um arbusto rasteiro. Seus corpos, encerrados em carapaças quitinosas, qual cascos de tartaruga, mediam quase dez milímetros de largura. As formigas estavam em plena atividade, correndo ao redor do bando, coletando gotículas da secreção. Ocorreu-me que aquelas cochonilhas eram grandes o suficiente (ou, de uma perspectiva diferente, eu era pequeno o suficiente) para que eu desempenhasse o papel de uma formiga. Ao mesmo tempo, felizmente eu era grande demais para que as formigas guardiãs pudessem me expulsar, conquanto tentassem. Arranquei um fio de cabelo da minha cabeça e toquei com sua ponta suavemente nas costas de uma das cochonilhas, como uma formiga aplicando as pontas de uma de suas próprias antenas. Como esperava, uma gotícula generosa de excremento emergiu. Peguei-a com uma delicada pinça óptica que carregava e provei. Achei ligeiramente doce. Eu também sabia que estava obtendo uma pequena dose de aminoácidos, que seria boa para minha nutrição se eu fosse uma formiga. Para a cochonilha, é claro, eu *era* uma formiga.

A parceria formigas-sugadores de seiva havia sido levada ao extremo durante a associação geologicamente longa entre os dois tipos de insetos. Muitas espécies de formigas atuais tratam suas populações de gado de seis patas como tratamos nosso gado, comendo alguns deles durante períodos de escassez de proteínas. Algumas chegam ao ponto de carregá-los de pastos exauridos para outros novos e mais viçosos. Uma espécie na Malásia tornou-se criadora de gado migratória, periodicamente deslocando sua colônia inteira, com seus sugadores de seiva cativos, de um lugar para outro, para obter sistematicamente altas quantidades de secreção.

Simbioses entre formigas e sugadores de seiva homópteros, bem como lagartas segregadoras de excremento da família de borboletas *Lycaenidae* ("azuis"), estão longe de ser curiosidades triviais. Elas ocorrem em abundância ao redor do mundo e estão entre os principais elos nas cadeias alimentares que unem muitos ecossistemas terrestres. Para os seres humanos, são importantes pragas agrícolas. De sua parte, as simbioses permitiram que as formigas ocupassem uma dimensão totalmente nova do ambiente terrestre. Antes já haviam subido às partes sempre verdes das florestas tropicais e retornado para construir seus ninhos no solo ou perto dele. Agora podiam viver o tempo todo bem acima do solo. Em muitas regiões tropicais, as formigas passaram a ser os insetos mais abundantes das copas das árvores.

Por muito tempo, os biólogos ficaram intrigados com o domínio arbóreo alcançado pelas formigas. Como aquelas criaturas, sobretudo carnívoras, conseguiam sustentar populações tão grandes? Sua presença em grandes números no topo da cadeia alimentar parecia violar um princípio básico da ecologia. Supõe-se que cada grama de carnívoro consuma muitos gramas de herbívoro (em termos aproximados, dez vezes sua substância), a exemplo dos seres humanos comendo carne. Os herbívoros, por sua vez, se alimentam de massas bem maiores de vegetação, como gado comendo capim.

Quando, enfim, biólogos jovens e aventureiros treparam nas copas de árvores tropicais para observar diretamente as comunidades de formigas, fizeram uma descoberta surpreendente. As formigas são carnívoras apenas em tempo parcial. Em grande parte, são também herbívoras. Mais precisamente, são herbívoras *indiretas*. As formigas arbóreas ainda não conseguem digerir vegetação sozinhas, como as lagartas e as cochonilhas, o que exigiria uma reengenharia profunda de seus sistemas digestivos. Porém conseguem se alimentar do excremento nutritivo dos homópteros sugadores de seiva abundantes nos topos das árvores. As formigas protegem e controlam rebanhos de sugadores de seiva que se desenvolvem dentro e ao redor de seus ninhos. Alguns dos simbiontes são mantidos em "jardins de formigas", massas globulares de plantas epífitas cultivadas pelas formigas, como orquídeas, bromélias e gesneriáceas. Os jardins são ao mesmo tempo as moradias e as pastagens dos simbiontes.

Eu próprio estudei essas formigas dos jardins nas florestas úmidas da Amazônia e Nova Guiné — nos galhos mais baixos, confesso, sem precisar trepar nas árvores. Fiquei surpreso com sua agressividade. Sempre que eu perturbava um ninho, operárias defensoras saíam aos bandos para morder, ferroar ou lançar secreções venenosas em qualquer parte de mim que conseguissem alcançar. Possivelmente a formiga mais feroz do mundo no solo ou acima dele é a *Camponotus femoratus*, abundante nas florestas úmidas da América do Sul, uma parente de tamanho médio da formiga-carpinteira grande e preta do hemisfério Norte. A *femoratus* construtora de jardins que encontrei sequer permitiu que eu tocasse no seu ninho. Quando me aproximei a favor do vento a poucos centímetros, os habitantes me farejaram. As operárias saíram às centenas para formar um tapete agitado sobre o ninho e começaram a borrifar névoas de ácido fórmico em minha direção. Quando persisti, desceram à vegetação próxima para se aproximarem. Qualquer pessoa que tenha trepado nos galhos de uma árvore habitada por *femoratus* não precisa de mais nenhuma explicação do domínio ecológico das formigas.

Quanto à ferocidade, a *Camponotus femoratus* amazônica encontra como rivais na África e na Ásia equatoriais as formigas-tecelãs do gênero *Oecophylla*. As colônias constroem ninhos de folhas coletadas por cadeias vivas de operárias e fixadas por folhas de seda obtidas, fio a fio, das larvas da colônia. Uma colônia madura constrói centenas desses pavilhões de seda nas copas de uma a várias árvores. Qualquer intruso no território das formigas-tecelãs é recebido com mordidas e borrifos de ácido fórmico de enxames de defensores destemidos. Quando operárias escapavam das gaiolas de plástico onde eu mantive uma colônia na Universidade Harvard, subiam na minha escrivaninha e me ameaçavam com mandíbulas abertas, extremidades abdominais erguidas, prontas para me borrifar com ácido fórmico. Sua ferocidade no campo de batalha é lendária. Nas Ilhas Salomão, durante a Segunda Guerra Mundial, diziam que os franco-atiradores americanos, ao treparem nas árvores, temiam as formigas-tecelãs tanto quanto os japoneses. Um exagero, é claro, mas um tributo aos insetos que dominam a Terra conosco.

Ao longo dos anos, passei a reconhecer um princípio importante para nossa compreensão da origem evolutiva das formigas e de outros insetos sociais: *quanto mais elaborado e dispendioso o ninho em termos de energia e tempo, maior a ferocidade das formigas que o defendem.* Trata-se de um conceito que mais adiante relacionarei à própria origem da eussocialidade.

Mais ou menos no mesmo período do tempo geológico em que muitas espécies de formigas estavam aperfeiçoando a sua parceria com os insetos produtores de secreção no alto das árvores, outras vinham expandindo seus habitats e dietas em uma direção bem diferente. Ao seu menu básico de presas e carniça, acrescentaram sementes. A inovação permitiu um aumento no número de espécies e na densidade das colônias nos redutos florestais das faunas originais de formigas. Permitiu também que muitos tipos de formigas se expandissem para pradarias e desertos áridos.

Atualmente muitas das espécies de formigas que se alimentam de sementes também constroem celeiros para armazená-las. O fenômeno ocorre num grau limitado em áreas de floresta, mas só foi percebido ali ou em outros lugares em pleno século XIX, quando naturalistas começaram a estudar formigas nas regiões mais secas do Levante, da Índia e do oeste da América do Norte. Cavando os ninhos de terra daquelas que passaram a ser chamadas de "formigas-ceifeiras", encontraram câmaras repletas de sementes de plantas herbáceas próximas. Somente então a sabedoria de Salomão fez sentido: "Vai ter com a formiga, ó preguiçoso, considera os seus caminhos, e sê sábio; a qual, não tendo chefe, nem superintendente, nem governador, no verão faz a provisão do seu mantimento, e ajunta o seu alimento no tempo da ceifa" (Pr 6,6-8).

Um dia, em visita ao Templo do Monte em Jerusalém, sentei-me junto de um ninho de formigas-ceifeiras do gênero *Messor*, uma das espécies de formigas dominantes na região. Observei operárias carregarem sementes para dentro de um buraco de entrada, a caminho dos celeiros subterrâneos. Refleti que aquela devia ser a mesma espécie que Salomão conhecia, e talvez eu estivesse perto do mesmo lugar onde ele as vira.

Três milênios depois, e longe da terra da Judeia, cientistas começaram a se voltar para as formigas e outros insetos sociais buscando um novo tipo de sabedoria. Embora essas criaturas pequenas difiram radicalmente de nós em vários aspectos, suas origens e história lançam luz sobre a nossa própria.

IV. AS FORÇAS DA EVOLUÇÃO SOCIAL

14. O dilema científico da raridade

A eussocialidade, a condição de várias gerações organizadas em grupos por meio de uma divisão altruísta do trabalho, foi uma das grandes inovações na história da vida. Criou superorganismos, o nível seguinte de complexidade biológica acima do dos organismos. Compara-se ao impacto da conquista da terra firme pelos animais aquáticos que respiram ar. Equivale em importância à invenção do voo propulsionado por insetos e vertebrados.

Mas essa conquista tem apresentado um enigma ainda não solucionado na biologia evolutiva: a raridade de sua ocorrência. Pois, se uma população sortuda de vespas pôde dar origem às formigas, outra população sortuda de comedores de madeira semelhantes a baratas pôde se transformar em cupins e depois esses dois puderam dominar os invertebrados terrestres, por que a origem da eussocialidade não foi mais comum na história da vida? Por que decorreu tanto tempo na história da vida para que ocorresse?

As oportunidades parecem ter sido superabundantes. Antes que formigas, cupins, abelhas e vespas sociais aparecessem na Terra, houve dois episódios enormes e prolongados da evolução dos insetos. O primeiro começou cerca de 400 milhões de anos atrás, durante o período Devoniano. Terminou há 150 milhões de anos, no fim do período Permiano, quando a maior extinção de todos os tempos exterminou a maioria das espécies de plantas e animais na Terra. Assim terminou o Paleozoico — popularmente conhecido como a era dos anfíbios. Ela foi sucedida pela era mesozoica, a era dos répteis, tanto em terra como no mar.

A era paleozoica foi a época das florestas de carvão, repletas de samambaias arbóreas e lepidodendrons enormes. Aquelas florestas e outros habitats terrestres espalhados à sua volta estavam tomados de insetos, cujas espécies se comparavam em diversidade às existentes agora. Estavam presentes em abundância antigas efeméridas, libélulas, besouros e baratas. Essas formas familiares se misturavam com insetos agora extintos, conhecidos apenas por especialistas que estudam seus fósseis: paleodictiopteranos, protelitropteranos, megasecopteranos, diafanopterodeanos e outros nomes igualmente impronunciáveis.

Prensados em rocha de grão fino, muitos desses fósseis estão em condições boas o suficiente para compararmos a maioria de seus detalhes anatômicos externos com aqueles dos insetos modernos. Pesquisadores, usando espécimes coletados ao redor do mundo, conseguiram reconstituir os ciclos de vida de algumas das espécies, e até deduzir sua dieta. Ainda hoje, porém, não se encontrou nenhum sinal de inseto eussocial.

Seguiu-se a grande extinção que encerrou o período permiano e iniciou o período Triássico e, com ele, o começo da era mesozoica. Noventa por cento das espécies da Terra foram eliminadas. Qualquer que fosse a causa desse que foi o mais catastrófico espasmo de todos os tempos — a maioria dos especialistas acredita ter sido um meteorito do tamanho de uma montanha, enquanto outros preferem acontecimentos internos na tectônica das placas ou química da própria Terra —, o episódio chegou

Figura 14-1. *Do Paleozoico Médio ao Superior, cerca de 400 milhões a 250 milhões de anos atrás, insetos de diversas espécies floresceram na Terra. Sua variedade é ilustrada pelo conjunto que podia ser encontrado numa só samambaia arbórea, incluindo besouros, baratas e espécies de outros grupos extintos. Nenhum ao que se saiba foi social. (De Conrad C. Labandeira, "Plant-insect associations from the fossil record",* Geotimes, *43 [9], pp. 18-24, 1998. Desenho de Mary Parrish.)*

perto de destruir por completo as plantas e os animais. Eliminou as recém-mencionadas ordens taxonômicas de nomes estranhos, mas poupou umas poucas, do tipo dos besouros, libélulas e outros grupos menos familiares que sobrevivem até hoje.

Os insetos que sobreviveram à extinção do fim do Permiano se expandiram rapidamente (em termos geológicos) para repovoar os ambientes terrestres do planeta. Após vários milhões de anos, a evolução dos sobreviventes substituíra grande parte da diversidade extinta por novos grupos de espécies, e o mundo dos

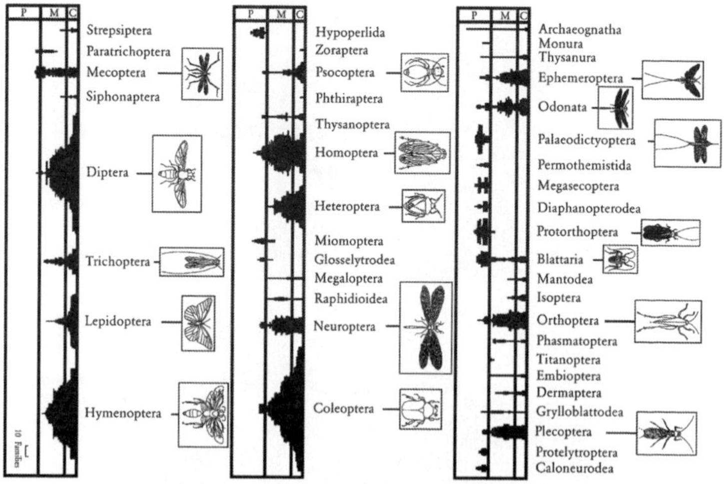

Figura 14-2. *Na vastidão da diversidade dos insetos, abarcando 400 milhões de anos através de três eras (Paleozoica, P; Mesozoica, M; Cenozoica, C), a origem de insetos eussociais foi raríssima, só aparecendo, ao que sabemos, na era mesozoica. A largura dos diagramas representa o número de famílias em cada ordem de insetos ao longo do tempo. (De Conrad C. Labandeira e John Sepkoski Jr., "Insect diversity in the fossil record",* Science, *261, pp. 310-5, 1993. Ilustração preparada por Finnegan Marsh.)*

insetos tornou-se vibrante outra vez. Mesmo assim, por mais 50 milhões de anos, em grande parte do período Triássico, enquanto se desenrolava também a grande radiação evolutiva dos dinossauros, continuou a não aparecer insetos eussociais, ao menos nenhum de que possamos encontrar registros.

Finalmente, na última parte do período Jurássico, cerca de 175 milhões de anos atrás, surgiram os primeiros cupins, primitivamente semelhantes às baratas na anatomia, seguidos, cerca de 25 milhões de anos depois, por formigas. Mesmo então, e continuando até hoje, a origem de outros insetos eussociais, ou de animais eussociais de qualquer espécie, foi rara. Atualmente existem umas 2600 famílias taxonômicas reconhecidas de insetos e outros artrópodes, como as drosófilas comuns da família *Drosophilidae*, as aranhas da família *Argiopidae* e os caranguejos terrestres da família *Grapsidae*. Somente quinze das 2600 famílias contêm comprovadamente espécies eussociais. Seis das famílias são cupins, todos aparentemente descendentes de um único ancestral eussocial. A eussocialidade surgiu entre as formigas uma só vez, três vezes independentemente entre as vespas, e ao menos quatro vezes — provavelmente mais, mas é difícil saber — entre as abelhas. Nas abelhas eussociais vivas da família *Halictidae* em particular, muitas linhagens estão próximas do início da organização eussocial, com pequenas colônias, rainhas pouco diferenciadas e a tendência de retroceder e avançar na evolução entre os estados solitário e eussocial. Trata-se das abelhas pequenas, com apenas uma fração do tamanho das abelhas melíferas e mamangavas, abundantes em ásteres e outros tipos de flores durante o verão. Elas são notadamente coloridas: algumas são de cor azul ou verde metálica, outras têm faixas pretas e brancas.

Um único caso de eussocialidade é conhecido entre os besouros-de-ambrosia, e outros foram descobertos entre os pulgões e tripes. Curiosamente, o comportamento eussocial originou-se três vezes entre os camarões do gênero *Synalpheus* da família *Alphaeidae*, que constroem ninhos em esponjas marinhas. Tais origens raras ou relativamente instáveis poderiam facilmente ter passado despercebidas no registro fóssil. Além disso, a multiplicidade das origens eussociais entre os camarões *Synalpheus* só foi descoberta recentemente. Um alerta semelhante foi feito por Geerat J. Vermeij baseado numa análise de 23 inovações supostamente únicas nos aspectos predominantemente não sociais da vida. Mesmo com o reconhecimento dessa incerteza, é improvável que muitos insetos eussociais avançados e abundantes, com suas castas de operários típicas, tenham passado totalmente despercebidos.

Ainda mais raro do que nos invertebrados tem sido o aparecimento da eussocialidade entre os vertebrados. Ocorreu duas vezes entre os ratos-toupeiras-pelados subterrâneos da África. Na linhagem que leva aos seres humanos modernos ocorreu uma só vez e, em comparação com as origens invertebradas, só bem recentemente no tempo geológico — apenas 3 milhões de anos atrás. Aproximam-se da eussocialidade as aves que compartilham as tarefas do ninho, onde o filhote permanece com os pais por um tempo, mas depois herda o ninho ou vai embora para construir seu próprio. Aproximam-se ainda mais dela os cães selvagens africanos, quando uma fêmea alfa permanece no covil para procriar, enquanto a matilha vai atrás de presas.

Houve oportunidades abundantes nos últimos 250 milhões de anos para que um acontecimento tão importante como a eussocialidade ocorresse entre os animais grandes. Durante a era mesozoica muitas linhagens em evolução de dinossauros alcançaram ao menos alguns dos pré-requisitos necessários: carnívoros velozes do tamanho de seres humanos, caçadores em bandos, andadura bípede e mãos livres. Nenhuma delas deu o passo final para alcançar ainda que uma eussocialidade primitiva. Nos 60 milhões de anos seguintes, quase toda a duração da era cenozoica, a mesma oportunidade se apresentou para as espécies em proliferação de grandes mamíferos. Não apenas isso, mas o tempo de vida médio de uma espécie mamífera e sua espécie irmã era relativamente curto, de meio milhão de anos, acelerando a rotatividade em adaptações novas. No entanto, de todos os mamíferos não primatas no mundo, exceto os ratos-toupeiras, e de todas as espécies primatas que viveram nas regiões tropicais e subtropicais por milhões de anos, somente uma, uma ramificação dos grandes macacos antropoides africanos e antecedente do *Homo sapiens*, transpôs o limiar da eussocialidade.

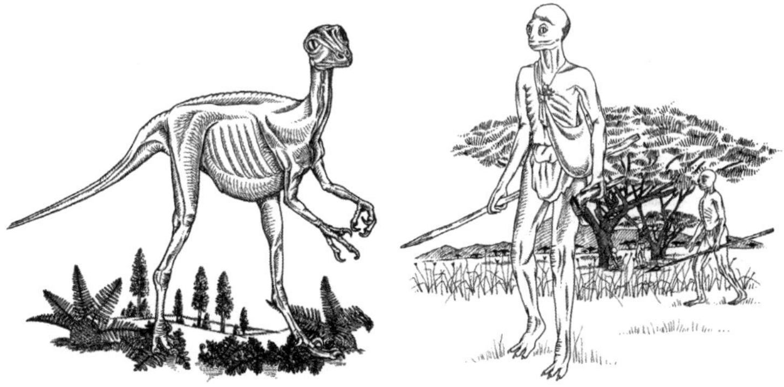

Figura 14-3. *O que pode ter acontecido. À esquerda está uma reconstituição do dinossauro bípede* Stenorhynchosaurus, *que viveu perto do final da era mesozoica e possuía alguns dos traços que se acredita tornarem possível a origem da inteligência avançada. À direita está o "dinossauroide" conforme concebido pelo paleontólogo Dale Russell. Essa criatura imaginária poderia ter evoluído do* Stenorhynchosaurus *100 milhões de anos antes do homem — mas não evoluiu. Baseado numa reconstituição original do* Stenorhynchosaurus *por Dale Russell.* (*De Charles Lumsden e Edward O. Wilson,* Promethean Fire: Reflections on the Origin of Mind. *Cambridge, MA: Harvard University Press, 1982.*)

15. Explicação do altruísmo dos insetos e da eussocialidade

A humanidade originou-se como espécie biológica em um mundo biológico, nesse sentido estrito nem mais nem menos que os insetos sociais. Quais forças evolutivas genéticas impeliram nossos ancestrais para o limiar da eussocialidade e depois através dele? Apenas recentemente os biólogos começaram a solucionar esse enigma. Pistas vitais podem ser encontradas nas histórias das espécies animais e, especialmente, dos invertebrados sociais, que bem antes haviam percorrido a mesma trilha. A chave, os pesquisadores descobriram, não era confiar em qualquer sortimento lógico de premissas do que poderia ter acontecido durante a origem dos insetos eussociais e outros invertebrados, nem depender de teorias matematicamente construídas do que poderia ter acontecido, e sim reconstituir, com base em observações de campo e de laboratório, o que realmente *aconteceu*. Cautelosamente, um passo de cada vez, começamos a compor essa história baseados em indícios empíricos. Os princípios básicos da genética e da evolução aduzidos poderiam então ser usados, experimentalmente no melhor espírito da ciência, para abordar a condição humana.

O início de uma reconstituição sólida da história dos invertebrados, em especial dos insetos, se deu em meados do último século por diversos grandes entomologistas: William M. Wheeler, Charles D. Michener e Howard E. Evans. Como um jovem cientista, eu conhecia Michener e Evans muito bem (Michener continua vivo e ativo em 2012), e embora Wheeler tivesse morrido em 1937, quando eu ainda era menino, estudei suas pesquisas tão detidamente e ouvi falar tanto de sua vida desde então que sinto como se também o tivesse conhecido pessoalmente. Os três homens eram naturalistas autênticos, do tipo muito necessário hoje na vanguarda da biologia. Suas carreiras científicas foram dedicadas a aprender todo o possível sobre o grupo de organismos em que se especializaram. Cada um se tornou uma autoridade mundial: Michener em abelhas, Evans em vespas e Wheeler em formigas. O centro de sua paixão era a ciência da classificação, mas também se aventuraram além, à ecologia de seus temas escolhidos, à anatomia, aos ciclos de vida, aos relacionamentos evolutivos, ao comportamento. Se você tivesse a sorte de ir a campo com um dos três, eles lhe diriam o nome científico de cada abelha (Michener), vespa (Evans) e formiga (Wheeler) encontrada e relatariam com entusiasmo tudo que havia sido aprendido sobre a espécie até então. *Cada um tinha uma noção do organismo* — e era isso que importava.

A massa de conhecimentos biológicos acumulados por muitos desses naturalistas científicos em seus trabalhos de campo e em laboratórios possibilitou o desenvolvimento de um quadro claro de como e por que a eussocialidade, o estado mais avançado do comportamento social, veio a existir. A sequência teve dois passos. Primeiro, em todas as espécies de animais que alcançaram a eussocialidade — todos eles, sem nenhuma exceção conhecida —, a cooperação altruísta protege um ninho persistente e defensável de inimigos, sejam predadores, parasitas ou competidores. Segundo, esse passo tendo sido dado, o cenário estava armado para a origem da eussocialidade, em que os membros de grupos pertencem a mais de uma geração e dividem o trabalho, sacrificando ao menos alguns de seus interesses pessoais em prol dos interesses do grupo.

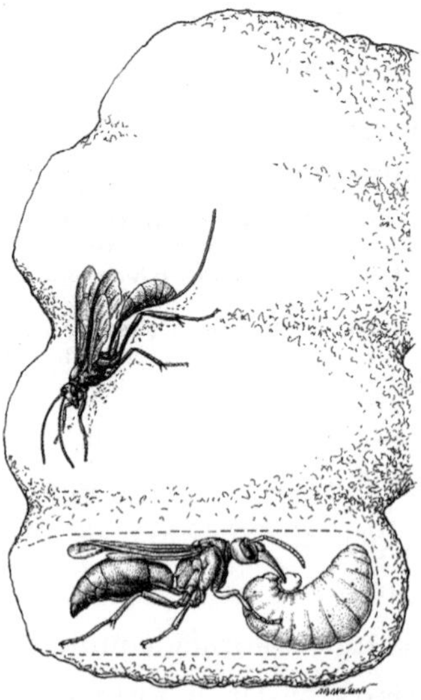

Figura 15-1. *Aprovisionamento progressivo em uma vespa solitária. Um corte transversal do ninho mostra uma fêmea de* Synagris cornuta *alimentando sua larva com um fragmento de lagarta. Uma vespa icneumonídea parasita,* Osprynchotus violator, *espreita fora do ninho, aguardando o momento certo de atacar a larva. (David P. Cowan, "The solitary and presocial Vespidae", in Kenneth G. Ross e Robert W. Matthews (Orgs.),* The social biology of wasps. *Ithaca, NY: Comstock Pub. Associates, 1991.)*

Para visualizar o processo de maneira concreta, imagine uma vespa solitária que constrói um ninho onde cria sua prole. Esse é o passo alcançado por aves e crocodilianos. No ciclo de vida das espécies de vespas comuns, a prole deixa o ninho quando amadurece e se dispersa para procriar e construir seus próprios ninhos, à semelhança das aves e dos crocodilos. Se ao menos parte da nova geração permanece no ninho, em vez de se dispersar, o grupo resultante alcançou o limiar da eussocialidade. Essa barreira é então transposta — embora de forma dificilmente sustentável depois. Abelhas de ao menos algumas espécies solitárias (e abelhas comunitárias que ocupam uma toca comum, mas constroem alvéolos privados) podem ser convertidas a um estado primitivamente eussocial simplesmente colocando duas abelhas juntas em um espaço tão pequeno que apenas um ninho ou alvéolo privado

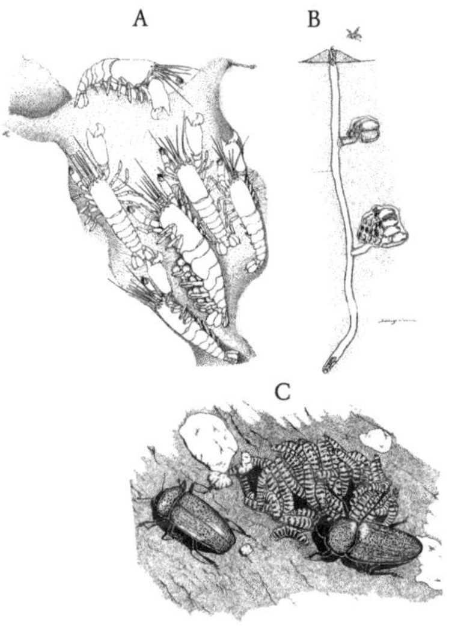

Figura 15-2. *Espécies dos dois lados do limiar da eussocialidade.* (*A*) *Colônia de um camarão-pistola* Synalpheus *primitivamente eussocial, ocupando uma cavidade escavada em uma esponja. A rainha grande* (*membro reprodutivo*) *é sustentada por sua família de operários, um dos quais guarda a entrada do ninho* (*de Duffy*). (*B*) *Uma colônia da abelha halictídea* Lasioglossum duplex *primitivamente eussocial, que escavou um ninho no solo* (*de Sakagami e Hayashida*). (*C*) *Besouros erotilídeos do gênero* Pselaphacus *conduzindo suas larvas para se alimentar de fungos* (*de Costa*)*; esse nível de cuidado com a prole é generalizado entre os insetos e outros artrópodes, mas não consta que tenha dado origem à eussocialidade. Esses três exemplos ilustram o princípio de que a origem da eussocialidade requer a pré-adaptação de um local de nidificação construído e guardado.* (*J. T. Costa,* The Other Insect Societies. *Cambridge, MA: Harvard University Press, 2006; J. Emmett Duffy, "Ecology and evolution of eusociality in sponge-dwelling shrimp", in J. Emmett Duffy e Martin Thiel* (*Orgs.*), Evolutionary Ecology of Social and Sexual Systems: Crustaceans as Model Organisms. *Nova York: Oxford University Press, 2007; S. F. Sakagami e K. Hayashida, "Biology of the primitively social bee,* Halictus duplex *Dalla Torre II: Nest structure and immature stages",* Insectes Sociaux *7, pp. 57-98, 1960.*)

possa ser construído. O par automaticamente forma uma ordem hierárquica do tipo observado em populações naturais de abelhas primitivamente eussociais. A fêmea dominante, a "rainha", permanece no ninho, procria e guarda o ninho, enquanto a fêmea subordinada, a "operária", forrageia em busca de alimento.

Na natureza o mesmo esquema pode ser geneticamente programado, com a mãe inseto, cercada de sua prole, permanecendo no ninho, de modo que a mãe se torna rainha e os filhotes se tornam operários. A única mudança genética necessária para atingir o passo final é a aquisição de um alelo — uma forma nova de um gene individual — que silencie o programa do cérebro para dispersão e impeça a mãe e sua prole de se dispersarem para criar ninhos novos.

Assim que um desses grupos coesos passa a existir, começa a seleção natural, agindo no nível do grupo. Isso significa que um indivíduo num grupo capaz de reprodução se sai melhor, ou pior, do que um indivíduo solitário, mas de resto idêntico, no mesmo ambiente. O que determina o resultado são os traços emergentes devido às interações de seus membros. Esses traços incluem a cooperação na expansão, na defesa e no aumento do ninho, na obtenção de comida e nos cuidados à prole imatura — em outras palavras, todas as ações que um inseto solitário reprodutivo normalmente realizaria sozinho.

Quando o alelo que prescreve os traços emergentes anteriores do grupo prevalece sobre alelos concorrentes que prescrevem a dispersão dos indivíduos do ninho, a seleção natural no resto do genoma fica livre para criar formas mais complexas de organização social. Nos estágios iniciais da evolução eussocial, ela, ainda assim, atua primeiro sobre a predisposição já existente de domínio e divisão de trabalho. Mais tarde, mais do restante do genoma (ou seja, todo o código genético) pode participar no nível do grupo, criando sociedades cada vez mais complexas.

Na imagem antiga e convencional da seleção de parentesco e do "gene egoísta", o grupo é uma aliança de indivíduos aparentados que cooperam entre si porque são parentes. Embora potencialmente em conflito, eles mesmo assim aquiescem altruisticamente às necessidades da colônia. Os operários estão dispostos a renunciar, em parte ou no todo, ao seu potencial reprodutivo porque são parentes e compartilham genes com eles por descendência comum. Assim, cada um favorece seus próprios genes "egoístas", promovendo genes idênticos que também ocorrem em seus colegas membros do grupo. Ainda que dê sua vida em benefício de uma mãe ou irmã, tal inseto aumentará a frequência dos genes que compartilha com os parentes. Os genes favorecidos incluirão aqueles que produziram o comportamento altruísta. Se outros membros da colônia se comportarem de forma semelhante, a colônia como um todo pode derrotar grupos compostos exclusivamente de indivíduos egoístas.

A abordagem do gene egoísta pode parecer bem lógica. De fato, a maioria dos biólogos evolutivos a aceitou praticamente como um dogma — ao menos até 2010. Naquele ano, Martin Nowak, Corina Tarnita e eu demonstramos que a teoria da aptidão inclusiva, muitas vezes chamada de teoria da seleção de parentesco, é matemática e biologicamente incorreta. Entre suas falhas básicas está o fato de tratar a divisão de trabalho entre a rainha-mãe e sua prole como "cooperação" e sua dispersão do ninho da mãe como "deserção". Mas, como observamos, a fidelidade ao grupo e a divisão de trabalho não são um jogo evolutivo. Os operários não são jogadores. Quando a eussocialidade se consolida, eles são extensões do fenótipo da rainha — em outras palavras, expressões alternativas dos genes pessoais da rainha e dos do macho com que ela acasalou. Com efeito, os operários são robôs criados por ela à sua imagem e que lhe permitem gerar mais rainhas e machos do que seria possível se ela fosse solitária.

Se essa percepção for correta, e acredito que seja tanto na lógica como na coerência com os indícios, a origem e a evolução dos insetos eussociais podem ser vistas como processos impelidos pela seleção natural no nível individual. Pode ser mais bem rastreada de uma rainha para outra, de uma geração para a seguinte, com as operárias de cada colônia produzidas como extensões fenotípicas da rainha-mãe. A rainha e sua prole costumam ser chamadas de superorganismos, mas podem também ser chamadas de organismos. A operária de uma colônia de vespas ou formigas que o ataca quando você perturba seu ninho é um produto do genoma da rainha-mãe. A operária guardiã faz parte do fenótipo da rainha, como dentes e dedos fazem parte do fenótipo de uma pessoa.

À primeira vista, essa comparação pode parecer falha. A operária eussocial, é claro, tem um pai e também uma mãe, e portanto um genótipo parcialmente diferente daquele da rainha-mãe. Cada colônia compreende uma série de genomas, enquanto as células de um organismo convencional, sendo clones, compõem apenas o genoma individual do zigoto do organismo. No entanto, o processo de seleção natural e o nível individual de organização biológica em que suas operações ocorrem são essencialmente os mesmos. Cada um de nós é um organismo composto de células diploides bem integradas. O mesmo se dá com uma colônia eussocial. Quando nossos tecidos proliferaram, o maquinário molecular de cada célula foi ligado ou silenciado para criar, digamos, um dedo ou um dente. Do mesmo modo, os operários eussociais, tornando-se adultos sob a influência de feromônios de colegas membros da colônia e de outros sinais ambientais, são direcionados para se tornar uma casta específica. Eles realizarão uma tarefa ou uma sequência de tarefas de um repositório de desempenhos potenciais programados nos cérebros coletivos dos operários. Por um período, raramente pela vida inteira, será soldado, construtor de ninhos, enfermeiro ou operário "pau para toda obra".

Claro que é um fato que a diversidade genética de traços entre os operários de colônias eussociais não apenas existe como funciona a favor da colônia — como documentado para a resistência às doenças e para o controle climático do ninho. Será que isso tornaria a colônia um grupo de indivíduos, cada qual (na perspectiva da teoria da seleção de parentesco) em busca da maximização da aptidão de seus próprios genes? Que esse não precisa ser o caso se torna claro quando se vê o genoma da rainha como consistindo em partes com variedade relativamente baixa de seus alelos (formas diferentes de cada gene) sempre que os traços que prescrevam necessitem ser inflexíveis, e no entanto no mesmo genoma outras partes têm uma alta variedade de alelos sempre que os traços precisem ser flexíveis. A inflexibilidade genética é uma necessidade dos sistemas de castas de operários e o meio pelo qual se organizam e é distribuído seu trabalho pessoal. Em contraste, a flexibilidade genética na reação dos operários é favorecida na resistência da colônia às doenças e no controle climático dentro do ninho. Quanto mais tipos genéticos existirem na colônia, maiores serão as chances de que ao menos alguns sobreviverão se uma doença varrer o ninho. E, quanto maior a sensibilidade em detectar desvios em relação à temperatura, à umidade e à atmosfera desejadas, mais próximos esses componentes do ambiente do ninho poderão ser mantidos de modo ideal para a vida da colônia.

Não existe nenhuma diferença genética importante entre a rainha e suas filhas na casta potencial que podem se tornar. Cada ovo fertilizado, desde o momento em que os genomas da rainha e do macho se unem, pode se tornar uma rainha ou um operário. Seu destino depende das particularidades do ambiente que cada membro da colônia experimenta durante seu desenvolvimento, incluindo a estação em que nasce, o alimento que ingere e os feromônios que detecta. Nesse sentido, os operários são robôs, produzidos pela rainha-mãe como partes ambulantes de seu fenótipo.

Nas colônias de himenópteros sociais (formigas, abelhas, vespas), que são "primitivamente" simples, ou seja, com poucas diferenças anatômicas entre a rainha e sua prole de operárias, um estado de conflito costuma resultar quando operárias tentam reproduzir-se por si próprias. As outras operárias impedem as usurpadoras, protegendo assim a primazia da rainha. Elas podem simplesmente expulsá-las da câmara de incubação sempre que tentam pôr ovos. Podem se empilhar sobre a infratora para puni-la, talvez com força suficiente para aleijá-la ou matá-la. Se ela consegue levar furtivamente os ovos à câmara de incubação, suas colegas operárias reconhecem o odor diferente, removem os ovos e os comem. Muitos estudos mostraram que o grau desses conflitos está relacionado à diferença genética entre as usurpadoras potenciais e a rainha. Alguns desses fenômenos poderiam ser explicados por uma diferença de base genética no odor, que então determina o grau de antagonismo. Mesmo assim, permanece a questão de se tal conflito é um indício contra a seleção natural no nível individual, de rainha para rainha. Esse não é o caso se as usurpadoras são vistas como semelhantes a células cancerosas no organismo do mamífero. O aparato celular complexo dos mamíferos, envolvendo células T, receptores de células T, fabricantes de células B e o complexo principal de histocompatibilidade, serve às mesmas funções — resistir às *infecções* e ao crescimento desordenado das células — que a variabilidade genética entre a prole da rainha.

A seleção de grupo ocorre em função de o sucesso ou o fracasso da colônia depender de quão bem a coletividade da rainha e sua prole robótica se sai na competição com indivíduos solitários e outras colônias. A seleção de grupo é uma ideia útil na identificação precisa dos alvos da seleção quando rainhas (e suas colônias em volta) estão competindo com outras rainhas. Mas a seleção multinível, em que a evolução da colônia é tida como os interesses da operária individual contrapostos aos interesses de sua colônia, pode não ser mais um conceito útil para desenvolver modelos de evolução genética nos insetos sociais.

Além disso, a própria ideia de altruísmo em uma colônia de insetos, embora uma bela metáfora, acaba se mostrando de pouco valor analítico em ciência. Se o objeto de interesse é o altruísmo no sentido de sacrificar a reprodução pessoal, a meta de explicá-lo pela teoria da seleção multinível tende a ser ilusória. A mãe, com seus genes escolhidos pela seleção individual, tem o poder de criar operárias para promover sua aptidão darwiniana. Tirando-se esse poder, ela fracassa.

Notadamente, Darwin deparou com o mesmo conceito básico em *A origem das espécies*, embora de forma rudimentar. Ele refletira longa e profundamente sobre o problema de como formigas operárias estéreis conseguiam evoluir por seleção natural. A dificuldade, ele temeu, "de início me pareceu insuperável, e na verdade fatal a toda minha teoria". Depois ele solucionou o enigma com o conceito que agora denominamos plasticidade fenotípica, com a rainha-mãe e sua prole juntas como o alvo da seleção pelo ambiente externo. A colônia de formigas é uma família, ele sugeriu, e a

> seleção pode ser aplicada à família, bem como ao indivíduo, e pode assim alcançar o fim desejado. Desse modo, um legume bem temperado é cozido, e o indivíduo é destruído. Mas o horticultor semeia sementes da mesma estirpe e tem confiança de obter quase a mesma variedade. [...] Acredito que o mesmo tenha ocorrido com os insetos sociais: uma ligeira modificação de estrutura, ou instinto, associada à condição estéril de certos membros [...] dos machos e fêmeas férteis da mesma comunidade floresceu e transmitiu à sua prole fértil uma tendência a produzir membros estéreis tendo a mesma modificação.

O legume bem temperado é uma bela metáfora. O superorganismo é a rainha, com suas irmãs servidoras ocupadas à sua volta. Com a biologia moderna acredito podermos agora explicar como tal criatura veio a existir.

16. Os insetos dão o grande salto

Apresentarei agora um argumento científico simplificado para o público leitor em geral, mas também desenvolvido num estilo apropriado a um tema técnico em rápido desenvolvimento, com vários tópicos ainda passíveis de serem desafiados.

Desde Darwin até a época atual, o estudo das origens eussociais e da evolução tem enfocado o grande conjunto de espécies pertencentes à ordem taxonômica de insetos *Hymenoptera*, que inclui formigas, abelhas e vespas aculeadas (com ferrão). Grupos com parentesco mais distante dentro dos himenópteros são as vespas parasitoides e os vespões e as vespas-da-madeira não parasitas, criaturas que pululam à nossa volta na natureza, mas raramente são percebidas. Examinando as histórias naturais de milhares de espécies desses insetos, os entomologistas reconstituíram os passos sutis na evolução que evidentemente levaram de indivíduos solitários a colônias eussociais avançadas. Esses conhecimentos, quando dispostos em passos lógicos levando à eussocialidade, contêm pistas para as mudanças genéticas e forças da seleção natural pelas quais cada passo foi por sua vez atingido.

Um princípio sólido obtido dessa análise dos himenópteros e outros insetos é que todas as espécies que alcançaram a eussocialidade, como enfatizei, vivem em locais de nidificação fortificados. Um segundo princípio, menos bem estabelecido mas provavelmente mesmo assim universal, é que a proteção é contra inimigos, a saber, predadores, parasitas e competidores. Um princípio final é que, em condições normais, mesmo uma pequena sociedade se sai melhor do que um indivíduo solitário de uma espécie afim, tanto em longevidade como na extração de recursos da área em torno de qualquer tipo de ninho fixo.

O recurso explorado nos estágios iniciais levando à eussocialidade em todos os casos conhecidos consiste em um ninho guardado por operários e próximo a uma fonte de alimento confiável. Tomando um estágio bem estudado, as fêmeas de muitas vespas aculeadas, como as vespas-cavadeiras e vespas-caçadoras, constroem ninhos e depois os proveem de presas paralisadas para as larvas consumirem. Entre as 50 mil a 60 mil espécies de vespas aculeadas conhecidas ao redor do mundo, ao menos sete linhagens de evolução independente prosseguiram para atingir a eussocialidade. Em contraste, entre as mais de 70 mil parasitas conhecidas e outras espécies himenópteras não aculeadas, cujas fêmeas vão de uma presa a outra para pôr seus ovos, nenhuma é eussocial. Tampouco o é qualquer uma das altamente diversificadas 5 mil espécies descritas de vespas-da-madeira. É o caso até nas muitas espécies de vespas-da-madeira que formam agregações bem coordenadas. Elas podem parecer estar no ápice da eussocialidade; podem parecer estar a apenas uma mutação de distância. Mas nenhuma chegou lá; nenhuma possui uma rainha e castas de operárias.

Fora dos himenópteros, todas as milhares de espécies conhecidas de besouros-bicudos e besouros-de-ambrosia, que compõem as famílias taxonômicas *Scolytidae* e *Platypodidae*, dependem de madeira morta como abrigo e alimento. Muitos desses insetos minúsculos também cavam tocas e cuidam dos jovens lá dentro. Uns poucos são capazes de cortar e sustentar tocas no cerne vivo dos troncos, permitindo a coexistência de indivíduos através de várias gerações. Entre estes últimos, sabe-se que apenas o besouro australiano furador de eucaliptos, o *Platypus incompertus*, desenvolveu a eussocialidade. Devido à persistência do habitat dessa espécie, estima-se que sistemas de túneis tenham sobrevivido e supostamente abrigado as mesmas famílias geração após geração por até 37 anos.

De forma semelhante, o punhado de espécies de pulgões e tripes sabidamente eussociais provocam galhas, que são inchaços semelhantes a tumores encontrados em uma grande variedade de plantas. Se você estiver curioso sobre seu significado, corte ao meio uma galha recente na vegetação viva. Dentro dela você normalmente encontrará o inseto que a causou. As colônias de pulgões e tripes ocupam cavidades no interior das galhas, desfrutando um suprimento abundante de comida num lar seguro e defensável de confecção própria. Em contraste, a grande maioria das outras espécies conhecidas de pulgões, a espécie adelgídea parente próxima, somando aproximadamente 4 mil, e as tripes, somando cerca de 5 mil, muitas vezes formam agregações densas, mas não cultivam galhas nem dividem o trabalho.

Em águas marítimas rasas dos trópicos americanos, diversas espécies do gênero de camarões *Synalpheus*, dentre as cerca de 10 mil espécies de crustáceos decápodes descritas conhecidas no mundo, alcançaram singularmente o nível eussocial. Os camarões *Synalpheus* são também altamente incomuns entre os decápodes por escavarem e defenderem ninhos em esponjas.

Um segundo traço que se origina em ancestrais solitários, mas que predispõe a espécie a desenvolver colônias eussociais, foi documentado em abelhas da família taxonômica *Halictidae*.

Quando pesquisadores experimentalmente juntaram à força duas abelhas solitárias dos gêneros halictídeos *Ceratina* e *Lasioglossum*, em vários desses testes os insetos coagidos dividiram o trabalho entre a construção de ninhos, o forrageamento e a guarda do ninho. Além disso, em ao menos duas espécies de *Lasioglossum*, as fêmeas adotaram a liderança de uma abelha e a subordinação da outra. A mesma rotina de interação caracteriza primitivamente as espécies eussociais.

Essa surpreendente antecipação do comportamento social em abelhas solitárias, sem nenhuma lógica darwiniana aparente, parece ser o resultado de uma estratégia preexistente que orienta o trabalho e o ciclo de vida em espécies solitárias. Na estratégia, os indivíduos solitários tendem a passar de uma tarefa para outra depois que a primeira se completa. Nas espécies eussociais, esse algoritmo de trabalho simples é transferido para a rejeição de uma tarefa já realizada ou sendo realizada naquele momento por um colega de ninho. O resultado é uma distribuição do trabalho mais equilibrada conforme as necessidades da colônia se ampliam.

Desse modo, abelhas solitárias, mas cada vez mais aprovisionadoras, são fortemente predispostas e como que dotadas de um gatilho para uma rápida mudança evolutiva rumo à eussocialidade, uma vez que a seleção natural favoreça a divisão de trabalho que caracteriza a eussocialidade.

No nível seguinte mais baixo de causa e efeito biológico, embutido na forma como o próprio sistema nervoso funciona, encontramos uma explicação provável para a automaticidade do comportamento social primitivo. A auto-organização de duas abelhas solitárias forçadas a viver juntas se enquadra no modelo do "limiar fixo" da origem da divisão de trabalho nas espécies eussociais. O modelo do limiar fixo postula que a variação, às vezes de origem genética entre os indivíduos e outras vezes não, existe na quantidade de estímulo necessária para desencadear o trabalho em tarefas específicas. Quando duas ou mais formigas ou abelhas individuais encontram juntas a mesma tarefa disponível, aquelas com menos necessidade de estímulo são as primeiras que começam a trabalhar. A atividade inibe suas parceiras, que então tendem a passar para quaisquer outras tarefas disponíveis. Desse modo, novamente, uma mudança simples no sistema nervoso, dessa vez devido a uma substituição de um alelo com um resultado flexível em seu efeito, poderia ser suficiente para fazer uma espécie pré-adaptada transpor o limiar da eussocialidade.

Para uma espécie de animal solitário, estar perto do limiar da eussocialidade significa estar envolvido no aprovisionamento progressivo de um ninho defensável. A aproximação do limiar é obtida de forma casual pela seleção natural convencional no nível individual. Se um alelo eussocial se mostra bem-sucedido e se espalha pela população é uma casualidade: seu destino depende de o ambiente específico ao redor do ninho ser de um tipo que favorece os grupos eussociais sobre os indivíduos.

Quando todas as condições necessárias ocorrem — a saber, os traços pré-eussociais certos existem, um alelo eussocial também existe na população, ainda que em níveis mínimos e, finalmente, pressões ambientais favorecem a atividade de grupo —, a espécie solitária transporá o limiar da eussocialidade. O aspecto surpreendente desse passo evolutivo é que o gene da eussocialidade não precisa criar formas de comportamento novas. Como no caso de muitas mutações aleatórias em geral, ele precisa apenas silenciar um comportamento preexistente, impedindo assim que os pais e a prole se dispersem do ninho.

Como resultado da supressão desse comportamento, a família permanece em casa. Olhando a questão de outro ângulo, o gene da eussocialidade que compartilham com a rainha-mãe os transformou em robôs, expressando um estado do próprio fenótipo flexível dela. Nesse sentido, argumentei que a colônia primitiva é um superorganismo: essencialmente um tipo de organismo cujas partes operantes não são as células usuais, mas organismos pré-subordinados.

A eussocialidade e o que gostamos de denominar altruísmo pode surgir da expressão flexível de um alelo individual (forma de gene) ou de um conjunto de alelos, sempre que os pais já estavam construindo ninhos e alimentando seus jovens progressivamente. A única coisa necessária é a seleção de grupo, atuando sobre traços do grupo que também favoreçam as famílias que ficam em casa. Então o avanço para o domínio ecológico pode começar. Um nível novo de organização biológica é alcançado. *Um passo pequeno para uma rainha com sua recém-criada casta de operários, um salto gigante para os insetos.*

A mudança para o nível eussocial resulta, em última análise, das pressões do ambiente externo sobre a mãe e sua pequena colônia. Quais são exatamente essas pressões ambientais? Pesquisas de campo e laboratório sobre esse tema mal começaram, mas uns poucos exemplos sugestivos foram obtidos — fornecendo uma pequena parte do quadro maior, um relance do que pode ser a história real. Por exemplo, fêmeas da vespa solitária construtora de ninhos *Ammophila pubescens* aprovisionam suas tocas no solo com lagartas, criando células na mesma toca em sucessão, uma sobre a outra. Forçadas a abrir e fechar os ninhos por dentro a cada vez, perdem muitos de seus ovos para vespas-cuco parasitas que constantemente patrulham a área. Podemos supor que, se uma segunda fêmea *Ammophila* estivesse disponível para montar guarda, a perda de ovos seria bem menor. Se a dupla fosse ainda capaz de mudar para o aprovisionamento progressivo, em que as larvas saídas dos ovos pudessem ser alimentadas com lagartas trazidas para elas enquanto crescessem, e se a mãe e a prole adulta permanecessem no mesmo ninho, a eussocialidade seria alcançada.

Exemplos concretos dessa adaptação e da transição que ela proporciona são fornecidos pelas abelhas-do-suor halictídeas e vespas *Polistinae* primitivamente eussociais. Num caso sugestivo recentemente descoberto por pesquisadores, duas espécies de abelhas-do-suor, que mudaram da coleta de pólen de muitas espécies de plantas para a coleta de pólen de apenas umas poucas espécies, também reverteram de uma vida primitivamente eussocial para uma vida solitária. A explicação dessa mudança acaba sendo evidente. A especialização num número limitado de espécies de plantas é comum entre insetos quando permite que vençam outros insetos herbívoros concorrentes. Tal mudança na história da vida, de origem supostamente genética, também reduz a duração da estação de colheita e remove a possibilidade de gerações superpostas — daí a formação de uma colônia eussocial e a vantagem que poderia resultar da presença de abelhas guardiãs.

A evolução na direção inversa é facilmente concebível e provavelmente ocorreu. Uma adaptação para um conjunto maior de plantas comestíveis arma o cenário para várias gerações e, portanto, para gerações superpostas no mesmo ninho. Indícios semelhantes referentes a gerações superpostas foram obtidos para vespas primitivamente eussociais. Ao transpor o limite da eussocialidade, um único alelo que leva as irmãs a permanecerem pode ser fixado nas populações como um todo, se a vantagem do pequeno grupo em relação às solitárias superar a vantagem de cada rebento que parte para uma vida solitária. Quando isso acontece, a rainha muda da produção de filhas que se dispersam para a produção de auxiliares robóticos. A receita é flexível: na estação de acasalamento, alguns dos rebentos femininos podem ser criados como rainhas virgens programadas para se dispersar e iniciar novas colônias.

O passo final para a eussocialidade, o acréscimo de apenas um alelo ou um pequeno conjunto de alelos que silencie o gene determinador da dispersão do ninho da mãe, é uma clara possibilidade no mundo real. Em meio à grande diversidade de espécies de formigas vivas, por exemplo, a coexistência de fêmeas reprodutivas aladas e fêmeas operárias sem asas constitui um traço básico da vida em colônia. A julgar pelas moscas (ordem *Diptera*) e pelas borboletas (ordem *Lepidoptera*), ambos grupos antigos, o desenvolvimento de asas é comandado entre os insetos alados por uma rede inalterada de genes reguladores. Até 150 milhões de anos atrás, as primeiras formigas (ou suas ancestrais imediatas) alteraram a rede reguladora do desenvolvimento das asas de tal forma que alguns dos genes pudessem ser bloqueados sob a influência da dieta ou de algum outro fator ambiental. Assim se produziu uma casta de operárias sem asas.

Um exemplo igualmente informativo de uma pequena mudança genética ampliada mais à frente para uma mudança social maior é aquela afetando o número de rainhas e o comportamento territorial entre as formigas-lava-pés *Solenopsis invicta* importadas. As colônias da população norte-americana inicial, descendendo de colônias introduzidas por navios de carga oriundos do sul da América do Sul em meados dos anos 1930, continham uma rainha ativa ou um pequeno número delas. As colônias também exibiam um comportamento territorial baseado no odor, fazendo com que ninhos construídos por diferentes colônias se espalhassem. A certa altura na década de 1970, essa linhagem de formigas-lava-pés começou a gerar outra linhagem, cujas colônias possuem muitas rainhas e já não defendem territórios. Descobriu-se que as diferenças entre as duas linhagens se devem a uma variação em um único gene, *Gp-9*. Os dois alelos do *Gp-9* foram sequenciados, e seu produto parece ser um componente molecular-chave envolvido no reconhecimento olfativo dos colegas de ninho. O efeito do alelo das muitas rainhas é evidentemente reduzir ou neutralizar a capacidade de discriminar as colegas de ninho de membros de outras colônias, bem como discriminar entre rainhas ovíparas potenciais. Como resultado deste último efeito, as colônias perdem um meio importante de regular o número de rainhas, com consequências profundas para a organização da colônia.

A natureza exata do passo genético para o grau mais antigo de eussocialidade permanece desconhecida, ao contrário dos casos de ausência de asas e odor da colônia, mas está imediatamente acessível a pesquisas genéticas futuras. Biólogos sugeriram que a base genética da diferença flexível entre operárias e rainha nas vespas-caboclas *Polistes* é a mesma da fisiologia evolutiva com base genética que regula a hibernação nas *Hymenoptera* solitárias. Tal mudança na reação ao ambiente pode de fato ser importante. Estranhamente, a mudança não precisa ser um alelo ou um conjunto de alelos que aparecem por mutação e depois se espalham das baixas frequências por seleção de grupo. Pelo contrário, o alelo-chave pode ser previamente fixado na população por seleção direta individual, em vez da seleção de grupo, com o comportamento solitário sendo a norma na maioria dos ambientes e o comportamento eussocial, em outros ambientes raros e extremos. Com uma mudança no ambiente disponível no espaço ou no tempo, o comportamento eussocial se tornaria a norma. O potencial de uma espécie à beira da eussocialidade de seguir esse caminho é mostrado pela abelha xilocopídea japonesa *Ceratina flavipes*, que constrói seu ninho em caules. A grande maioria das fêmeas aprovisiona seus ninhos com pólen e néctar como fundadoras solitárias, mas em pouco mais de 0,1% dos ninhos, dois indivíduos cooperam. Quando isso acontece, a dupla divide o trabalho: uma põe ovos e guarda a entrada do ninho, enquanto a outra forrageia.

Outro exemplo de flexibilidade genética no limiar da eussocialidade é fornecido pela abelha *Halictus sexcinctus*, que constrói

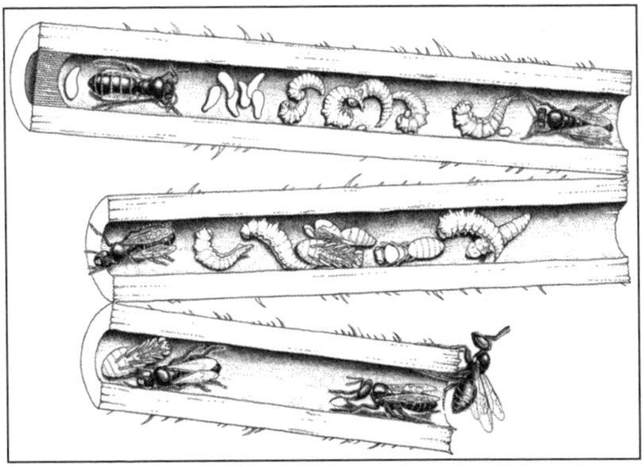

Figura 16-1. *Uma colônia de abelhas de Formosa* (Braunsapis sauteriella) *primitivamente eussociais com seu ninho num caule oco de* Lantana. *A rainha, com ovos gigantes, está à esquerda no segmento superior. As operárias alimentam as larvas progressivamente com porções de pólen, colocadas nas paredes da cavidade no caule. (De Edward O. Wilson,* The Insect Societies. *Cambridge, MA: Harvard University Press, 1971. Desenho de Sarah Landry, baseado numa ilustração de Kunio Iwata em Sakagami, 1960.)*

seu ninho no solo. A espécie se equilibra no fio da navalha da evolução social. No sul da Grécia, colônias de uma linhagem hereditária são fundadas por fêmeas cooperativas, e aquelas de uma segunda linhagem são fundadas por uma única fêmea territorial cuja prole é operária.

Embora certa seleção individual direta possa desempenhar um papel na origem da eussocialidade, a força que objetiva a manutenção e a elaboração da eussocialidade é necessariamente a seleção de grupo baseada no ambiente, que age sobre os traços emergentes do grupo como um todo. Um exame do comportamento de formigas, abelhas e vespas mais primitivamente eussociais mostra que esses traços inicialmente incluem o comportamento dominante, bem como a divisão reprodutiva do trabalho, além de, provavelmente, alguma forma de comunicação de alarme baseada na liberação de feromônios. Uma espécie no estágio inicial da eussocialidade, para enfatizar o que já disse antes, é uma quimera genética. Por um lado, os traços recém-emergidos na eussocialidade favorecem o grupo, enquanto grande parte do resto do genoma, tendo sido o alvo da seleção direta individual por milhões de anos antes do evento da eussocialidade, favorece a dispersão e a reprodução pessoal. Para que os efeitos aglutinadores da seleção de grupo sobrepujem os efeitos dissolutivos da seleção direta individual, a espécie de inseto candidata precisa ter apenas uma distância evolutiva bem curta para percorrer, de modo a não ser necessário mais que um pequeno número de traços emergentes para formar uma colônia eussocial. A redução dessa distância é obtida por um conjunto específico de pré-adaptações, incluindo a construção de um ninho onde a prole é criada. A raridade relativa dessas pré-adaptações, quando acrescentada à barreira à eussocialidade fixada pela seleção direta individual contrária, talvez seja suficiente para explicar a raridade da eussocialidade na história do reino animal.

A única mudança genética necessária para transpor o limiar do grau eussocial é a posse, pela fundadora, de um alelo que a mantenha com sua prole no ninho. As pré-adaptações proporcionam a flexibilidade na forma do corpo e o comportamento requerido para a eussocialidade, bem como os traços emergentes básicos advindos de interações entre os membros do grupo. A seleção de grupo (no nível da colônia) então imediatamente começa a agir sobre ambos os traços. O potencial para uma elaboração extrema da organização social está presente, tendo de fato sido alcançado várias vezes entre as formigas, as abelhas e os cupins.

Nos estágios iniciais da eussocialidade, seria de esperar que a prole, permanecendo no ninho, assumisse o papel de operários, em conformidade com a regra básica comportamental preexistente herdada do ancestral pré-eussocial. Subsequentemente, uma casta operária morfológica (distinta da casta das rainhas maiores e férteis) pode emergir por uma mudança genética adicional em que a expressão dos genes para o cuidado materno é redirecionada para preceder o forrageamento, revertendo assim a sequência normal no plano básico de desenvolvimento adulto do ancestral. O redirecionamento é programado para conservar parte da plasticidade fenotípica dos alelos que determinam o plano básico geral. Essa origem de uma casta de operários anatomicamente distinta parece marcar o "ponto sem retorno" na evolução, em que a vida eussocial se torna irreversível. Se a realeza da colônia pudesse falar, poderia então dizer, em linguagem feromonal: "Permaneceremos todos juntos, sobre cada uma de nossas seis patas, ou cairemos juntos". É preciso que haja equilíbrio e cooperação. Com rainhas demais, não haverá operários suficientes para sustentar a colônia. Com operários demais, a comida em torno do ninho será insuficiente. Sem soldados suficientes, os predadores dominarão o ninho. Sem forrageadores suficientes se aventurando fora do ninho, a colônia morrerá de fome.

17. Como a seleção natural cria instintos sociais

Charles Darwin, em *A expressão da emoção em homens e animais* (1873), foi o primeiro a defender a ideia de que o instinto evolui por seleção natural. Simples no estilo e profusamente ilustrado, este último e menos conhecido de seus quatro grandes livros sustentou que os traços comportamentais definidores de cada espécie, tanto quanto os traços definidores de sua anatomia e fisiologia, são hereditários. Eles surgiram e existem hoje, Darwin disse, porque no passado ajudaram a sobrevivência e a reprodução.

O insight fundamental de Darwin foi comprovado repetidas vezes e apoia grande parte do que entendemos hoje sobre o comportamento. Sua força é a razão pela qual, um século depois, Konrad Lorenz, um dos fundadores da pesquisa moderna do comportamento animal, chamou Darwin de santo padroeiro da psicologia.

Sim — nenhuma ideia da ciência moderna gerou mais controvérsia do que a de que o instinto humano é produto da mutação e da seleção natural. Na década de 1950, ela sobreviveu ao ataque do behaviorismo radical do tipo maquinado por B. F.

Skinner, a ideia de que todo comportamento, tanto nos animais como nos seres humanos, é de algum modo, e em algum estágio do desenvolvimento de cada indivíduo, produto de aprendizado. Nas duas décadas seguintes, a ideia de instinto moldado pela seleção natural derrotou essa percepção do cérebro como uma tábula rasa. Isso se deu pelo menos em relação aos animais. Por mais de duas décadas, porém, a tábula rasa foi mantida viva para o comportamento social humano. Muitos autores nas ciências sociais e humanidades continuaram insistindo que a mente é inteiramente o produto de seu ambiente e de sua história passada. O livre-arbítrio existe e é poderoso, eles dizem. A mente, em última análise, exerce o comando da vontade e do destino. O que evolui na mente, eles finalmente argumentaram, é exclusivamente cultural. Não existe algo como uma natureza humana de base genética.

Na verdade, os indícios a favor do instinto e a natureza humana já eram fortes naquela época. Atualmente são esmagadores na quantidade e no rigor, com novos indícios acrescentados a cada novo teste. O instinto e a natureza humana são, cada vez mais, objetos de estudos da genética, da neurociência, da antropologia e, atualmente, até das próprias ciências sociais e humanidades.

Como o instinto evolui por seleção natural? Para manter a questão o mais elementar possível, consideremos uma população imaginária de pássaros que constroem ninhos numa floresta de carvalhos e pinheiros misturados. Os pássaros escolhem apenas os carvalhos como moradia, uma predisposição hereditária determinada da forma mais simples possível por um alelo, em outras palavras, uma forma dentre duas ou mais versões de um gene específico. Denominemos esse alelo *a*. Devido à influência do alelo *a*, os pássaros são automaticamente atraídos pelos carvalhos ao construírem seus ninhos, preferindo-os aos numerosos pinheiros crescendo na mesma floresta. Seus cérebros automaticamente selecionam certos aspectos que definem os carvalhos. Os aspectos poderiam ser a altura e o contorno da copa, por exemplo, ou a aparência e a sensação dos galhos superiores.

Numa floresta específica, ocorre uma mudança ambiental. Os carvalhos ficam mais raros devido a uma mudança climática local e às incursões de uma doença nova. Os pinheiros, mais bem adaptados às novas condições, começam a preencher os espaços vazios. Com o tempo, os pinheiros passam a dominar a floresta. Nesse ínterim, uma segunda forma do mesmo gene, o alelo *b*, aparece nos pássaros como uma mutação do alelo *a* propenso aos carvalhos. Talvez *b* não seja realmente uma mutação nova. Talvez sempre tivesse estado presente em frequências muito baixas, sustentado por mutações que ocorreram raras mas repetidas vezes no passado. Ou então o alelo *b* favorável aos pinheiros foi trazido por um pássaro imigrante que se extraviou na floresta, oriundo de outra população predominantemente amante dos pinheiros vivendo numa floresta próxima.

Qualquer que seja sua origem, esse segundo alelo *b* faz com que os pássaros portadores prefiram fazer seus ninhos nos pinheiros, em vez dos carvalhos. Na floresta em mudança, onde os pinheiros comecem a predominar em relação aos carvalhos, *b* agora se sai melhor do que *a* ou, para ser um pouco mais preciso, os pássaros portadores de *b* são mais bem-sucedidos do que os portadores de *a*. De uma geração para a seguinte, a frequência de *b* aumenta na população de pássaros como um todo. Poderá acabar substituindo *a* inteiramente, ou não. Mas, em ambos os casos, *uma evolução ocorreu*. Essa mudança na hereditariedade da população de pássaros não é grande se comparada ao resto do código genético inteiro dos pássaros. É um incidente de "microevolução". Mas suas consequências são grandes. A mudança de uma preponderância do alelo *a* para uma preponderância do alelo *b* permite à espécie de pássaros continuar ocupando a floresta, ago-

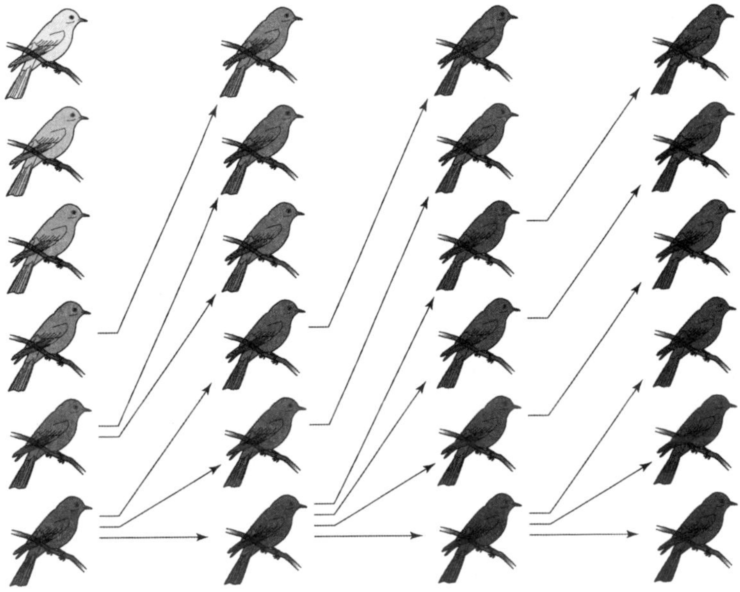

Figura 17-1. *A evolução por genes em sua forma mais simples ocorre quando duas formas (alelos) do mesmo gene produzem traços diferentes — neste exemplo hipotético, a cor — devido à maior sobrevivência ou reprodução, ou ambas, de uma das formas (azul-escuro).* (*De Carl Zimmer,* The Tangled Bank: An Introduction to Evolution. *Greenwood Village, CO: Roberts, 2010, p. 33.*)

ra coberta principalmente de pinheiros. A mudança evolutiva ocorreu por seleção natural. O ambiente natural em mudança selecionou o alelo *b* de preferência ao anteriormente dominante *a*. Um resultado do instinto de seleção do habitat foi substituído por outro.

Em todas as populações de todas as espécies, tais mutações ocorrem constantemente em todos os traços da espécie, incluindo o comportamento. Podem ser mudanças aleatórias nos pares de bases, as "letras" do DNA, como a mudança do alelo *a* para o alelo *b*, ou a formação de pequenas porções da molécula de DNA pela duplicação nas sequências, ou ainda mudanças no número ou na configuração dos cromossomos que portam as moléculas de DNA. A maioria das mutações prejudica o organismo de um modo ou de outro e por isso logo desaparecem — ou no máximo são mantidas em níveis "mutacionais" extremamente baixos. Mas umas poucas, como o alelo mutante imaginário *b*, que abriu a floresta de pinheiros aos pássaros antes especializados em carvalhos, proporcionam uma vantagem na capacidade reprodutiva ou de sobrevivência, ou em ambas. Como resultado, sua frequência aumenta na população. Mutações adicionais, a maioria ruim, mas umas poucas boas, continuamente aparecem aqui e ali no código genético. Consequentemente, *a evolução está sempre ocorrendo.*

Embora alelos mutantes e outras novidades genéticas ocorram comumente nos bilhões de letras de DNA no vasto código hereditário, aqueles que compõem qualquer gene específico raramente experimentam um evento desses. Um em 1 milhão ou um em 10 milhões de indivíduos por gene em cada geração são cifras típicas. Mas, caso ocorra qualquer mudança que seja favorável à sobrevivência e à reprodução, como na mutação imaginada para o alelo *b* propenso aos pinheiros, pode se espalhar rapidamente. Por exemplo, pode crescer de 10% para 90% de quaisquer dos alelos na população em apenas dez gerações — mesmo que a vantagem conferida seja apenas ligeira.

Uma vasta literatura científica agora existe sobre a dinâmica da evolução, baseada em um século de teoria matemática combinada com estudos empíricos em campo e laboratório. A biologia evolutiva atual, com base nesses conhecimentos, está crescendo em alcance, sofisticação e poder. Os pesquisadores estão avançando por uma ampla frente de fenômenos, incluindo a reprodução sexuada e assexuada e a base molecular da hereditariedade particulada. Os cientistas estão também decifrando as interações de vários genes durante o desenvolvimento da célula e do organismo, além do impacto de diferentes tipos de pressões ambientais sobre a microevolução.

Em suas minúcias, o tema da evolução no nível do gene pode se tornar proibitivamente técnico. Mesmo assim, diversos princípios universais que são facilmente compreensíveis e ao mesmo tempo cruciais à compreensão da base genética do instinto e do comportamento social podem ser formulados.

Um dos princípios é a distinção entre a unidade de hereditariedade em oposição ao alvo da seleção no processo que impele a evolução. A *unidade* é um gene, ou arranjo de genes, que faz parte do código hereditário (portanto, *a* e *b* nos pássaros da floresta). O *alvo* da seleção é o traço, ou combinação de traços, codificado pelas unidades de hereditariedade e favorecido ou desfavorecido pelo ambiente. Exemplos de alvos são a propensão à hipertensão e a resistência às doenças nos seres humanos ou, no caso do comportamento dos pássaros, a escolha instintiva do local de nidificação.

A seleção natural costuma ser *multinível*: atua sobre os genes que determinam os alvos em mais de um nível de organização biológica, como célula e organismo, ou organismo e colônia. Um exemplo extremo de seleção multinível existe no câncer. A célula cancerosa é um mutante capaz de crescer e se multiplicar descontroladamente à custa do organismo, que é a comunidade de células formadoras do nível mais acima na organização biológica. A seleção ocorrendo num nível, a célula, pode funcionar na direção oposta à do nível adjacente, o organismo. As células cancerosas descontroladas fazem com a que comunidade de células maior (o organismo), da qual é membro, adoeça e morra. Inversamente, a comunidade permanece saudável quando o crescimento das células cancerosas é controlado.

Em colônias compostas de indivíduos que cooperam autenticamente, como as sociedades humanas, e não por extensões robóticas do genoma da mãe, como os insetos eussociais, a seleção entre membros individuais geneticamente diversificados promove o comportamento egoísta. No entanto, a seleção entre grupos de seres humanos costuma promover o altruísmo entre membros da colônia. Trapaceiros podem se dar bem na colônia, adquirindo um grande quinhão dos recursos, evitando tarefas perigosas ou rompendo regras. Mas colônias de trapaceiros perdem para colônias de cooperadores. Quão organizada e regulamentada é uma colônia depende do número de cooperadores, em oposição ao de trapaceiros, o que por sua vez depende do histórico da espécie e das intensidades relativas de seleção individual versus seleção de grupo que ocorreram.

Os traços (alvos) afetados exclusivamente pela seleção entre grupos são aqueles que emergem de interações entre membros de cada grupo. Essas interações incluem comunicação, divisão de trabalho, domínio e cooperação nas tarefas comunitárias. Se a qualidade dessas interações favorece a colônia que as utiliza, em detrimento das colônias que fazem uso de outras interações piores, os genes determinando seus desempenhos se espalharão pela população das colônias com a passagem de cada geração de colônias.

A seleção indivíduo versus grupo resulta de um *mix* de altruísmo e egoísmo, de virtude e pecado, entre os membros da sociedade. Se um membro dedica a vida a servir a colônia, sacrificando o casamento, esse indivíduo é benéfico à sociedade, embora não tenha descendentes pessoais. Um soldado que parte para a batalha beneficiará seu país, mas corre mais risco de morrer do que quem fica em casa. Um altruísta beneficia o grupo, mas um preguiçoso ou covarde que poupa sua própria energia e reduz seu risco corporal repassa o custo social resultante aos outros.

Um segundo fenômeno biológico essencial à compreensão da evolução do comportamento social avançado é a *plasticidade fenotípica*. Um fenótipo é definido como algum traço de um organismo determinado ao menos em parte por seus genes. Retornando ao exemplo imaginário anterior, o fenótipo é a tendência de um pássaro de construir ninhos em carvalhos ou pinheiros. Já seu genótipo são os genes que determinam a tendência a escolher

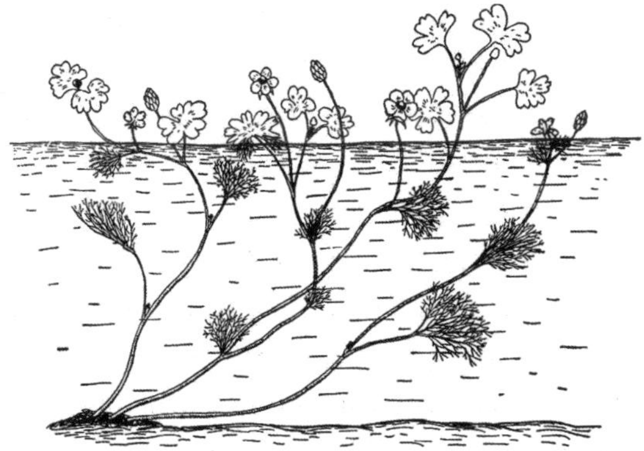

Figura 17-2. *O ranúnculo aquático* (Ranunculus aquaticus) *tem uma plasticidade fenotípica extrema, com a forma da sua folha sendo determinada por sua localização.* (*De Theodosius Dobzhansky,* Evolution, Genetics, and Man. *Nova York: Wiley, 1955.*)

carvalhos ou pinheiros, neste caso os já mencionados alelos *a* ou *b*. Um fenótipo determinado por um genótipo específico pode ser rígido na expressão, como cinco dedos na mão ou a cor do olho. Alternativamente, pode ser flexível, sendo a sua expressão exata condicionada de maneira previsível ao ambiente onde um indivíduo se desenvolve. O alelo *b* pode determinar uma tendência a escolher pinheiros, mas sob algumas condições — talvez raras — escolhe carvalhos.

O que não é plenamente reconhecido, mesmo entre alguns biólogos, é o grau em que a própria plasticidade fenotípica está sujeita à seleção natural. Num exemplo clássico, o mesmo genótipo do ranúnculo aquático pode desenvolver um entre dois tipos de folhas, dependendo da planta (ou parte da planta) onde cresce: folhas largas e lobuladas acima da superfície da água e folhas ramificadas embaixo da água. Ambos os tipos podem ser produzidos pela mesma planta. E se uma folha está exatamente na linha da água, a parte acima da água é ampla e a parte abaixo dela é ramificada.

Finalmente, quando se pensa sobre evolução por seleção natural, uma distinção crucial e necessária é aquela entre *causa próxima*, que é como uma estrutura ou processo funciona, e *causa última*, que é por que, antes de mais nada, a estrutura ou o processo existe. Voltemos aos pássaros imaginários da floresta ao mudarem dos carvalhos para os pinheiros como o local de construção de seus ninhos. A causa próxima de sua evolução é a posse do alelo *b* que os predispõe a preferir o pinheiro ao carvalho. Mais precisamente, o alelo *b* determina o desenvolvimento dos sistemas endócrino e nervoso que faz com que deixem de construir ninhos em carvalhos para fazê-los em pinheiros. A causa última é uma pressão de seleção imposta pelo ambiente: o declínio dos carvalhos e sua substituição pelos pinheiros dão ao alelo mutante *b* uma vantagem em relação ao alelo originalmente predominante *a*. É o processo de seleção natural que faz a população como um todo mudar do alelo *a* para o alelo *b*.

É fácil confundir a causa próxima com a causa última em casos particulares, especialmente no processo multinível complexo da evolução humana. Com frequência lemos, por exemplo, que o aumento evolutivo da inteligência humana foi causado pela invenção do fogo controlado, ou pela mudança para a locomoção bípede, ou pelo emprego da caça persistente, e assim por diante, isolados ou em combinações. Essas inovações foram marcos na evolução humana, sem dúvida, mas não as forças motoras. Foram passos preliminares no caminho para a origem da alta qualidade atual do comportamento social humano. Como os ninhos persistentes e o aprovisionamento progressivo que levaram algumas espécies de insetos em evolução ao limiar da eussocialidade, cada passo foi uma adaptação em si mesma, com suas próprias causas última e próxima. O passo final foi a formação do cérebro do *Homo sapiens* moderno, que produziu uma explosão criativa que prossegue até hoje.

18. As forças da evolução social

O nível de organização biológica em que a seleção natural opera é uma questão de profunda importância na evolução do comportamento humano. Ela visa os indivíduos de forma que seus descendentes se reúnam em grupos e cooperem altruisticamente, devido à enorme vantagem de pertencer a tais grupos? Ou os parentes se reconhecem mutuamente e formam grupos altruístas porque compartilham os mesmos genes e podem continuar transmitindo esses genes à geração seguinte, ainda que não o façam tendo uma prole própria? Ou, finalmente, será que os altruístas hereditários formam grupos tão cooperativos e bem organizados a fim de superar grupos não altruístas competitivos?

A resposta, fornecida recentemente por indícios substanciais, aponta para a última (terceira) explicação — em outras palavras, a seleção de grupo. Para explicar o motivo, escolhi, como no capítulo "Os insetos dão o grande salto", uma forma de explicação usada muitas vezes em publicações científicas, mas neste caso simplificada para atender a um público leitor bem mais amplo. A razão é que, por muitos anos, realizei pesquisas nesse campo e mais recentemente numa parte da teoria básica que se tornou o alvo de uma controvérsia acirrada. A explicação a seguir é como uma mensagem enviada da frente de batalha científica.

Durante quatro décadas, antes da mudança para a seleção de grupo, a explicação-padrão da causa última na evolução do comportamento social avançado foi a teoria da aptidão inclusiva, também denominada teoria da seleção de parentesco. A teoria da aptidão inclusiva sustenta que o parentesco desempenha um papel central na origem do comportamento social. Em essência, quanto maior o parentesco entre os indivíduos de um grupo, maior sua tendência a serem altruístas e cooperativos, portanto maiores as chances da espécie que formou tais grupos de evoluir para a eussocialidade. Essa ideia tem um forte apelo intuitivo. Por que tanto formigas como pessoas não deveriam favorecer os parentes e tender a formar grupos unidos pela linhagem?

Por mais de quatro décadas, a teoria da aptidão inclusiva exerceu um efeito profundo na interpretação da evolução genética de todas as formas de comportamento social. Foi especialmente proeminente como um meio de abordar o altruísmo colateral, em que os indivíduos submetem parte de sua contribuição proporcional à geração procriadora seguinte a membros do grupo que não sua própria prole pessoal.

A aptidão inclusiva é um produto da seleção de parentesco, o meio pelo qual um indivíduo influencia a reprodução de seus parentes colaterais, como irmãos e primos. Num sentido estritamente biológico, o indivíduo é altruísta em sua influência quando os parentes colaterais ganham em aptidão genética e o altruísta perde em aptidão genética. A "aptidão inclusiva" do indivíduo é sua aptidão pessoal — em outras palavras, o número de sua prole pessoal que cresce e tem filhos próprios, somado ao efeito que suas ações terão sobre a aptidão de seus parentes colaterais, como irmãos, tias, tios e primos. Quando a aptidão inclusiva do indivíduo e a aptidão (por mais reduzida que seja) de seu grupo aumentam no todo, o gene do altruísmo, de acordo com a teoria, também aumenta na espécie como um todo. A ideia da seleção de parentesco foi atraente para os cientistas e para o público desde o princípio, valorizada por sua aparente simplicidade e pela confirmação que parecia fornecer à importância do altruísmo na vida social.

Embora a ideia da seleção de parentesco tenha sido originalmente formulada pelo biólogo britânico J. B. S. Haldane em 1955, os fundamentos de uma teoria completa foram estabelecidos por seu compatriota mais jovem William D. Hamilton em 1964. A fórmula básica, no que se tornaria o "$E = mc^2$ da sociobiologia", foi enunciada por Hamilton como uma inequação, $rb > c$, significando que um alelo que prescreve o altruísmo aumentará de frequência em uma população se o benefício, b, para o beneficiário do altruísmo, vezes r, o grau de parentesco com o altruísta, for maior que o custo para o altruísta. O parâmetro r, como originalmente expresso por Haldane e Hamilton, é a fração dos genes compartilhados pelo altruísta e o beneficiário como resultado da descendência em comum. Por exemplo, o altruísmo evoluirá se o benefício para um irmão ou irmã for duas vezes o custo para o altruísta ($r = 1/2$) ou oito vezes para um primo de primeiro grau ($r = 1/8$). Para expressar essa ideia com um exemplo grosseiro, você promoverá o gene altruísta em você se altruisticamente não tiver filhos, mas sua irmã mais do que dobrar o número que ela tiver como resultado de seu altruísmo para com ela.

Ninguém expôs a ideia da seleção de parentesco com maior clareza do que Haldane em sua formulação original:

> Suponhamos que você seja portador de um gene raro que afeta seu comportamento, fazendo com que salte num rio cheio e salve uma criança, com uma chance em dez de se afogar, enquanto eu

não possuo o gene e fico parado na margem, sem fazer nada para salvar a criança. Se a criança for seu próprio filho, ou seu irmão ou irmã, existe uma boa chance de que a criança também terá o gene, portanto cinco desses genes serão salvos em crianças para um perdido num adulto. Se você salva um neto ou sobrinho a vantagem é de apenas 2,5 para um. Se você salva apenas um primo de primeiro grau, o efeito é bem pouco. Se você tenta salvar o primo de primeiro grau do seu pai, a população tenderá mais a perder esse gene valioso do que a ganhá-lo. Mas em duas ocasiões em que salvei pessoas que estavam se afogando (correndo um risco infinitesimal) não tive tempo de fazer esses cálculos. Os homens paleontológicos não os faziam. Está claro que os genes que produzem esse tipo de conduta só teriam uma chance de se espalhar em populações razoavelmente pequenas, onde a maioria das crianças fossem parentes razoavelmente próximos do homem que arriscou sua vida. Não é fácil ver como, exceto em população pequenas, tais genes podem ter se estabelecido. Claro que as condições são ainda melhores numa comunidade como uma colmeia ou um formigueiro, cujos membros são todos literalmente irmãos e irmãs.

Quando deparei pela primeira vez com a ideia da seleção de parentesco no artigo de 1964 de Hamilton, no ano após sua publicação, fiquei cético. Dadas a enorme variedade de organizações sociais entre os insetos e nossa ignorância na época de como aquilo tudo veio a existir, duvidei de que tal complexidade pudesse se encaixar em uma fórmula tão simples como a inequação de Hamilton. Também custei a acreditar que um novato no campo, e na idade prematura (para um biólogo evolutivo) de 28 anos, pudesse descobrir uma abordagem revolucionária. (Nessa reação emocional, ignorei a minha própria tenra idade de 35 anos.) Mas, após um estudo detalhado, mudei de ideia. Encantei-me com a originalidade e com o poder explicativo prometido pela seleção de parentesco. Em 1965, com Bill Hamilton ao meu lado, defendi a ideia diante de um público predominantemente hostil na Royal Entomological Society de Londres.

Hamilton estava confiante na pertinência de seu trabalho naquela época, mas deprimido: seu artigo sobre seleção de parentesco havia sido rejeitado como tese de doutorado. Percorremos as ruas de Londres enquanto eu procurava animá-lo. Disse que tinha certeza de que, depois de ressubmetida, a tese seria um sucesso e teria um impacto importante em nosso campo. Acertei nos dois prognósticos. Retornei a Harvard e, nos anos posteriores, dei à seleção de parentesco e à aptidão inclusiva uma posição de destaque em *The Insect Societies* (1971), *Sociobiology: The New Synthesis* (1975) e *Da natureza humana* (1978), os três livros que organizaram os conhecimentos do comportamento social na nova disciplina, baseada na biologia de populações, que denominei sociobiologia e que, mais tarde, deu origem à psicologia evolucionista. Mas não foi a inequação de Hamilton, em sua forma abstrata, que me inspirou nas décadas de 1960 e 1970. Pelo contrário, foi uma sugestão brilhante de Hamilton, mais tarde denominada hipótese haplodiploide, que deu inicialmente à fórmula a sua força magnética. A haplodiploidia é o mecanismo determinador do sexo em que óvulos fertilizados se tornam fêmeas e óvulos não fertilizados se tornam machos. Como resultado, irmãs têm um parentesco maior ($r = 3/4$, significando que três quartos de seus genes são idênticos por descendência comum) do que filhas em relação às mães ($r = 1/2$, com metade dos genes idênticos por descendência comum). Acontece que a haplodiploidia é o método de determinação do sexo entre os himenópteros, a ordem taxonômica das formigas, abelhas e vespas. Seria portanto de esperar, Hamilton disse, que colônias de irmãs altruístas evoluíssem mais frequentemente nessa ordem do que em outras ordens taxonômicas que usam a determinação de sexo diplodiploide convencional.

Nas décadas de 1960 e 1970, quase todas as espécies que se sabia serem eussociais estavam entre os himenópteros. Assim, a hipótese haplodiploide aparentemente teve um respaldo poderoso. A crença de que a haplodiploidia e a eussocialidade tivessem associação causal tornou-se padrão em resenhas gerais e livros-textos das décadas de 1970 e 1980. A percepção parecia newtoniana em sua concepção, avançando em passos lógicos de um princípio biológico individual para um grande resultado evolutivo: o padrão de ocorrência da eussocialidade. Ela deu credibilidade a uma superestrutura de teoria sociobiológica baseada no suposto papel-chave do parentesco.

Na década de 1990, porém, a hipótese haplodiploide começou a falhar. Os cupins nunca se encaixaram nesse modelo de explicação. Depois, mais grupos de espécies eussociais descobertos eram diplodiploides, e não haplodiploides, na determinação do sexo. Esses grupos incluíam uma espécie de besouros-de-ambrosia platípodes, diversas linhagens de evolução independente de camarões, como os *Synalpheus* habitantes das esponjas, e duas linhagens de evolução independente de ratos-toupeiras batiergídeos. O resultado foi que a associação entre haplodiploidia e eussocialidade se tornou estatisticamente irrelevante. Em consequência, a hipótese haplodiploide foi em geral abandonada pelos pesquisadores dos insetos sociais.

Nesse ínterim, acumularam-se tipos de indícios adicionais que se mostraram desfavoráveis aos pressupostos básicos da teoria da seleção de parentesco e da aptidão inclusiva. Um deles é a simples raridade da eussocialidade, apesar da abundância de sua suposta predisposição na história do reino animal. Vastos números de espécies com evolução independente são haplodiploides ou clonais, estas últimas produzindo o mais alto grau possível de consanguinidade ($r = 1$), mas sem nenhum caso conhecido de eussocialidade.

Descobriu-se também que forças de seleção contrapostas tendem a tornar o parentesco próximo antagônico à evolução do altruísmo. Elas incluem uma maior variabilidade genética favorecida pela seleção de grupo, como documentado entre as formigas *Pogonomyrmex occidentalis* e *Acromyrmex echinatior*, devido, ao menos entre estas últimas, à resistência às doenças. Incluem também a variabilidade genética na predisposição a subcastas de operárias entre as *Pogonomyrmex badius*, o que pode aumentar a divisão de trabalho e melhorar a aptidão da colônia — embora esta última possibilidade ainda não tenha sido testada. Além disso, um aumento na estabilidade da temperatura do ninho com diversidade genética foi encontrado em ninhos de abelhas melíferas e de formigas *Formica*. Outros fatores que possivelmente conspiraram contra a vantagem do parentesco próximo são o impacto perturbador dentro das colônias do nepotismo e os efeitos negativos em geral associados à endogamia do tipo que normalmente maximizaria o parentesco genético entre os membros da colônia.

A maioria das forças contrapostas evolui por meio da seleção de grupo ou, mais precisamente no caso dos insetos eussociais, da seleção intercolônias. Repetindo, esse nível de seleção é o seguinte da seleção no nível individual. Age sobre traços com base genética criados pela interação de membros de um grupo, em particular determinação de castas, divisão de trabalho, comunicação e construção comunitária de ninhos. O grupo é suficientemente bem definido para se reproduzir como uma unidade e, assim, competir com indivíduos solitários e outros grupos da mesma espécie.

Poderia parecer que, ao menos em teoria, as diferentes forças contrapostas na evolução eussocial podem ser incorporadas a *b*, o benefício de cada traço na aptidão individual, e *c*, seu custo, conservando assim a inequação de Hamilton. Na prática, porém, isso exigiria uma contabilização plena da aptidão inclusiva, incluindo medidas de *b* e *c*, o que por sua vez exigiria estudos de campo e laboratório extremamente difíceis. Nada desse tipo foi obtido, nem, ao que me consta, sequer tentado. Além disso, existem dificuldades matemáticas na definição de *r*, o grau de parentesco. Essas dificuldades tornam incorreta a alegação muito repetida de que a seleção de grupo é a mesma que a seleção de parentesco expressa pela aptidão inclusiva.

A maioria dos que escreveram sobre esse tema, incluindo seu muito lido defensor Richard Dawkins, permaneceu fiel, mas, a partir do início da década de 1990, eu particularmente comecei a ter minhas dúvidas. Achei que já passara da hora de perguntar: o que a teoria da aptidão inclusiva avançou na explicação do altruísmo e das sociedades baseadas no altruísmo, durante três décadas como paradigma dominante da evolução social genética? Ela estimulou medições do parentesco, tornando-as rotineiras na sociobiologia. Elas tiveram seu próprio valor. Pesquisadores haviam usado a teoria para prever alguns casos da perturbação na razão sexual de investimento por colônias de formigas com novos reprodutores. Os dados são em geral sólidos, embora consistam predominantemente em inequações, e não em igualdades exatas. (Mas, como descreverei em breve, a conclusão obtida é falha.) A teoria da seleção de parentesco também levou à previsão correta do efeito da consanguinidade sobre o comportamento de domínio e policiamento. Descobriu-se que abelhas e vespas mais estreitamente aparentadas lutam menos entre si do que aquelas com parentesco mais distante. Mas, de novo, a conclusão obtida de que os dados apontam para os graus de parentesco como a chave não é a única interpretação possível. Finalmente, a teoria da aptidão inclusiva foi usada para prever que rainhas de espécies de abelhas primitivamente eussociais acasalam uma só vez. Entretanto, nesse caso os indícios apresentados não incluíram espécies de abelhas solitárias como controles, portanto nenhum tipo de conclusão pode ser obtido.

Os resultados de um período tão longo de pesquisas teóricas intensas devem, segundo qualquer padrão, ser considerados escassos. Durante o mesmo período, em contraste, as pesquisas empíricas dos organismos eussociais, em especial os insetos, floresceram, revelando os ricos detalhes de casta, comunicação, ciclos de vida e outros fenômenos nos níveis tanto da seleção individual como da seleção de grupo. Quase nada desse avanço foi estimulado ou promovido pela teoria da aptidão inclusiva, que evoluíra em grande parte para um mundo abstrato autônomo.

Grande parte da inadequação da teoria advém da definição vaga de *r*, portanto do próprio conceito de parentesco, em diferentes interpretações da inequação de Hamilton. A abordagem original adotada pelos teóricos da aptidão inclusiva era definir *r* como consanguinidade — em outras palavras, quão próximos estão os membros de um grupo na árvore genealógica. Por exemplo, irmãos são mais próximos do que primos de primeiro grau. Essa definição perfeitamente razoável especifica o número médio de genes compartilhados por dois indivíduos devido à descendência comum. Mas logo se reconheceu que essa definição de parentesco não poderia funcionar para a inequação de Hamilton na maioria dos casos reais e teóricos. Como resultado, diferentes definições foram usadas em momentos distintos para satisfazer as necessidades específicas do modelo em desenvolvimento, inclusive daqueles que pretendiam equiparar os modelos de parentesco aos da seleção natural multinível. Em certas circunstâncias, o parentesco podia ser a propriedade comum de um único alelo, quer derivado por consanguinidade quer não — ou mesmo por mutações independentes.

Em suma, com o tempo o único tema unificador pareceu ser que *r*, originalmente definido pela consanguinidade, é seja lá o que for preciso para fazer a inequação de Hamilton funcionar. A inequação portanto perdeu sentido como um conceito teórico, tornando-se inútil como ferramenta para projetar experimentos ou analisar dados comparativos. Num modelo simples de cooperação baseada na marca, por exemplo, constata-se que o cálculo de *r* envolve correlações tríplices. Você precisa apanhar três indivíduos aleatoriamente dentro de um grupo, escolher um como cooperador e os outros dois com a mesma marca fenotípica, por exemplo, a mesma aparência ou o mesmo comportamento (muitas vezes denominado metaforicamente uma "barba verde"). A maioria dos biólogos que conhecia a teoria da aptidão inclusiva somente à distância se surpreendeu ao saber que, quando as medidas são realmente calculadas, não existe um conceito biológico consistente por trás do parâmetro "parentesco".

Em essência, muitos modelos foram propostos e são solucionados por uma abordagem de seleção natural e teoria dos jogos baseada na ideia de que a reprodução é proporcional ao benefício. Pode-se mostrar que a seleção natural é geralmente multinível, ao menos até certo grau: suas consequências no nível do traço-alvo básico se refletem, acima e abaixo, em outros níveis de organização biológica, da molécula à população. Muitos dos modelos de seleção natural e teoria dos jogos podiam ser, e foram, reformulados quanto à seleção de parentesco. Repetindo, essa abordagem, em vez de olhar a aptidão direta dos indivíduos, aceita os efeitos da ação do indivíduo sobre si e todos os indivíduos do grupo, ponderados pelo "grau de parentesco" do protagonista com cada beneficiário sucessivamente.

Pode-se mostrar que existe uma solução bem simples para esse problema de cálculos diversos. Uma afirmação geral de seleção natural dinâmica é feita, depois se tenta interpretá-la das duas maneiras. Assim procedendo, constata-se que a interpretação pela seleção natural padrão é apropriada a todos os casos, enquanto a interpretação por seleção de parentesco, embora possível em pouquíssimos casos, não pode ser generalizada para cobrir todas as situações sem que se estenda o conceito de "parentesco" a ponto de ele perder seu sentido.

Uma análise fundamental mais profunda deixou claro que a inequação de Hamilton permite que cooperadores dentro de um grupo sejam mais do que marginalmente abundantes somente sob condições estritamente limitadas. Além disso, ela não fornece uma descrição da dinâmica evolutiva subjacente, em que são especificadas as condições para uma distribuição estacionária na evolução.

Um conceito importante necessário para avaliar a limitação da seleção de parentesco em populações reais é a seleção fraca. O jogo disputado por genótipos concorrentes inclui a seleção que poderia advir da resposta baseada no parentesco, mais aquela baseada em todas as outras diferenças hereditárias entre indivíduos, portanto em todos os indivíduos, incluindo tudo o que acontece com cada um e suas respostas no decorrer da vida. Se dois indivíduos são muito aparentados, eles podem experimentar certa seleção de parentesco — se de fato ela existe —, mas depois a proximidade abafa a variação no resto do genoma entre indivíduos, espalha a força de seleção pela variação que existe e, portanto, reduz a quantidade de evolução dinâmica possível. Sob certos pressupostos e para a seleção fraca, a abordagem da aptidão inclusiva e a abordagem da seleção multinível são idênticas. Porém, ao nos afastarmos da seleção fraca ou se os pressupostos não forem satisfeitos, a abordagem da seleção de parentesco não pode ser generalizada ainda mais sem que se torne tão ampla e abstrata a ponto de perder seu sentido. Com essa percepção em mente, cabe a seguinte pergunta. Se existe uma teoria geral que funciona para tudo (seleção natural multinível) e uma teoria que funciona somente para certos casos (seleção de parentesco), e nos poucos casos em que esta última funciona ela concorda com a teoria geral da seleção multinível, por que não permanecer simplesmente com a teoria geral em todos os casos?

O pior é que a fé injustificada no papel central do parentesco na evolução social levou à inversão da ordem normal em que as pesquisas biológicas são conduzidas. O melhor caminho comprovado em biologia evolutiva, como em quase toda ciência, é definir um problema surgido durante a pesquisa empírica, depois selecionar ou conceber a teoria necessária para solucioná-lo. Quase toda pesquisa na teoria da aptidão inclusiva fez o contrário: hipotetizar os papéis-chave do parentesco e da seleção de parentesco, depois procurar indícios para testar essa hipótese.

A falha mais básica dessa abordagem é que ela não leva em conta várias hipóteses concorrentes. Quando detalhes biológicos de casos particulares são examinados antes que a teoria da aptidão inclusiva seja aplicada, essas análises alternativas logo chamam a atenção. Mesmo nos casos mais meticulosamente analisados apresentados por diversos autores como indícios a favor da seleção de parentesco, tem sido fácil criar explicações da teoria da seleção natural padrão ao menos igualmente válidas. Elas envolvem a seleção direta individual ou de grupo, ou ambas. A seleção de parentesco pode ocorrer, mas não existe nenhum caso que forneça uma explicação irrefutável de seu papel como força propulsora da evolução.

Um exemplo clássico para provar a necessidade de várias hipóteses concorrentes é fornecido pelos biofilmes microbianos e pelos micetozoários formadores de hastes. Os organismos unicelulares independentes formam tapetes (o caso das bactérias) ou são atraídos por outros da mesma linhagem genética para formar agregados densos (micetozoários). Muitos então adotam posturas que reduzem ou sacrificam sua própria reprodução — claramente em prol do grupo. Os teóricos da aptidão inclusiva têm sugerido que a seleção de parentesco é a força propulsora por trás desse altruísmo. Contudo, a seleção de grupo superando a seleção individual "egoísta" parece ser a explicação mais direta e abrangente.

Uma interação semelhante de forças de seleção multinível torna-se evidente a um exame atento do número de vezes em que formigas, abelhas e vespas eussociais acasalam. Uma equipe de teóricos da aptidão inclusiva descobriu que espécies de organização social relativamente primitiva acasalam com apenas um macho e assim produzem uma prole estreitamente aparentada. Os autores apresentam seus dados como indícios correlativos da seleção de parentesco. Porém, não foram fornecidos dados semelhantes de espécies solitárias estreitamente aparentadas aos exemplos eussociais. Portanto, não houve controles para a conclusão de que o acasalamento único favorece a origem do comportamento eussocial. Na verdade, é lógico supor que essas rainhas de espécies solitárias também acasalam com um único macho, e por uma razão que nada tem a ver com a seleção de parentesco: excursões de acasalamento prolongadas aumentam o risco das jovens fêmeas diante dos predadores. De igual importância, os pesquisadores da aptidão inclusiva apontaram para a origem dos acasalamentos com vários machos praticados por rainhas de muitas das espécies himenópteras com organização colonial avançada. Concluíram que isso indica a atenuação da seleção de parentesco em estágios posteriores da evolução. Mas eles ignoraram a quase limitação do acasalamento com vários machos para espécies com populações de operários excessivamente grandes, mostrada em seus próprios dados. Aqui, a seleção de grupo favorecendo o armazenamento de espermatozoides ou a resistência a ameaças patógenas em ninhos grandes, ou ambos, constitui a força propulsora mais plausível.

Uma segunda classe de explicações para a origem do comportamento social avançado que emerge de avaliações caso a caso usando a teoria da seleção natural padrão é a discordância entre os membros do grupo como um fator na evolução da fisiologia e do comportamento. Quanto mais distante o parentesco entre os membros, menos eles tenderão a se comunicar com eficácia, a reagir às mesmas deixas do ambiente e a coordenar suas atividades com precisão. Um grupo geneticamente muito diversificado tende a ser menos harmonioso e, portanto, a ser eliminado pela seleção de grupo. O mesmo princípio se aplica num grau extremo aos casos mais familiares de células cancerosas num organismo e, em outro nível de organização biológica, aos mecanismos de isolamento genético que dividem espécies individuais em duas ou mais espécies irmãs. Além disso, a interação entre a seleção individual e a seleção de grupo nas sociedades microbianas pode ser vista como supressão da discordância entre as células participantes. Nessa interpretação, uma alternativa àquela implicada pela aptidão inclusiva, células cooperando com sucesso são variantes plásticas do mesmo genótipo, e a formação da colônia é o resultado da seleção de grupo que atua contra a discordância de fenótipos mutantes.

O mesmo argumento básico se aplica ao papel da nutrição no controle pelas abelhas melíferas da produção de rainhas, em que operárias fornecem às larvas um alimento especial, a geleia real, que as transforma em rainhas. Ele também se aplica à repressão e ao policiamento no controle da reprodução dos operários em sociedades de insetos em geral. Ambas as classes de fenômenos foram enquadradas às vezes na linguagem da seleção de parentesco e de seu produto, a aptidão inclusiva, mas a redução da discordância por seleção de grupo sem seleção de parentesco é ao menos igualmente plausível.

Um pilar da teoria da aptidão inclusiva há muito tem sido a explicação de como e por que colônias de formigas regulam a quantidade de comida que investem na produção de rainhas virgens versus machos. Se a mãe acasalou uma única vez, deveria em teoria desejar um coeficiente de um macho para uma fêmea, já que ela é igualmente aparentada (metade do grupo compartilha genes por descendência comum) às suas filhas, as rainhas virgens, e aos seus filhos, os machos reprodutivos. Porém, como argumentado por Robert L. Trivers e Hope Hare em 1976 e detalhado pelos teóricos da aptidão inclusiva com espécies de formigas, as operárias deveriam desejar mais investimento em rainhas virgens, suas irmãs, já que compartilham três quartos de seus genes por descendência comum, devido ao modo haplodiploide de determinação do sexo. Em contraste, compartilham apenas um quarto de seus genes com os machos, seus irmãos. Portanto, prossegue o argumento, a rainha-mãe e suas filhas operárias estão em conflito sobre o coeficiente sexual dos novos reprodutores produzidos pela colônia. Muitos estudos mostraram que o coeficiente real é distorcido a favor da produção de rainhas. As operárias assim parecem ter vencido o conflito, e a teoria da aptidão inclusiva é confirmada.

A abordagem da aptidão inclusiva à determinação da razão de sexo reprodutivo entre as formigas é um dos corpos mais elaborados e documentados na biologia evolutiva. Todavia, baseia-se em dois pressupostos iniciais, de que a consanguinidade é um fator determinante básico do coeficiente de sexo e, decorrendo desse primeiro pressuposto, que grupos dentro da colônia com diferentes graus de parentesco no nível do grupo estão em conflito. E se um desses pressupostos, ou ambos, estivessem errados? Uma explicação mais simples e direta é oferecida pela teoria elementar da seleção natural, na ausência da seleção de parentesco. É a seguinte: a meta de toda a colônia é colocar o máximo possível de pais futuros na geração seguinte. Nas espécies de formigas em geral, os machos são menores e mais leves do que as rainhas virgens, muitas vezes de forma impressionante, devido às pesadas reservas de gordura que as rainhas precisam carregar a fim de iniciar colônias novas. Os machos custam menos para ser produzidos, e, se o coeficiente de investimento de energia fosse de 1:1, mais machos do que rainhas estariam disponíveis para o acasalamento. Mais comumente os jovens reprodutores possuem apenas uma chance de acasalar, de modo que, em média, produzir um excesso de machos seria um desperdício para a colônia. Somente se a colônia tivesse conhecimento de perturbações das razões de produção de outras colônias, ou se a mortalidade dos machos nos voos nupciais fosse maior, uma escolha diferente poderia ser feita. Como resultado, é do melhor interesse da rainha-mãe e de suas filhas operárias direcionar o investimento de energia a favor das rainhas virgens. Essa explicação, liberta dos pressupostos da seleção de parentesco, e com o acréscimo da seleção no nível da colônia, é mais compatível com os dados do que a explicação da teoria da aptidão inclusiva. Nas espécies com várias rainhas-mãe e em colônias produtoras de escravos, as rainhas virgens geralmente não precisam das reservas corpóreas pesadas para fundar colônias independentemente. Portanto, como ocorre na natureza, o coeficiente ideal previsto está mais próximo de 1:1. Essas tendências também são compatíveis com os dados. A perturbação adicional dos coeficientes sexuais aparentemente reflete pressões sobre a seleção dos ambientes particulares onde as colônias lançam suas rainhas virgens e seus machos nos voos de acasalamento ou os mantêm em casa até acasalarem.

Em outro cenário bem diferente, uma análise experimental igualmente meticulosa demonstrou que, entre as aranhas *Stegodyphus lineatus* periodicamente subsociais, grupos de aranhas jovens irmãs extraem mais nutrientes das presas comunitárias do que grupos de aranhas jovens de parentesco artificialmente misturado. Como os pesquisadores acreditam que as aranhas jovens deixam de injetar enzimas digestivas para evitar a exploração por estranhos, aceitam a hipótese da seleção de parentesco. Porém, um cálculo rápido mostra que esse comportamento reduziria o benefício médio para cada indivíduo, incluindo aqueles que retêm suas enzimas digestivas. A redução no consumo comunitário poderia ser mais bem explicada pela discordância de comunicação entre aranhas jovens não aparentadas ou pelo conflito aberto entre elas.

A expectativa de herança é um terceiro processo que pode levar ao aparente altruísmo baseado no parentesco, mas é explicada de forma mais simples e realista como o resultado direto da seleção no nível do indivíduo. Numa pequena porcentagem de espécies de aves e mamíferos, a prole permanece no ninho onde nasceu e auxilia seus pais na criação das demais ninhadas. Ela portanto retarda a própria reprodução enquanto aumenta a de seus pais. Pesquisadores da aptidão inclusiva atribuíram o fenômeno à seleção de parentesco, e reforçaram seu argumento demonstrando uma correlação positiva nas espécies entre o parentesco próximo e a quantidade de ajuda fornecida aos pais pelos que ficam em casa. Entretanto, estudos anteriores mais minuciosos, cobrindo uma grande variedade de dados da história da vida das espécies, já haviam chegado a uma explicação diferente, envolvendo a seleção multinível com um forte peso na seleção em nível individual. Sob certas condições sem relação com a seleção de parentesco, a persistência do jovem adulto no ninho natal é favorecida. As condições incluem a escassez incomum de locais de nidificação, território, ou ambos, ou alternativamente uma mortalidade adulta baixa ou condições relativamente inalteráveis num ambiente estável. Após uma residência prolongada, os auxiliares herdam o ninho ou território com a morte dos pais. A correlação positiva nas espécies entre parentesco e ajuda relatada pelos pesquisadores de aptidão inclusiva baseia-se em apenas uns poucos pontos de dados e pode ser logicamente explicada pela prática comum de uma "estratégia flutuante" em certas espécies, em que indivíduos mudam de ninhos e estendem a quantidade de ajuda fornecida. Quanto maior a flutuação, menor o parentesco médio e a ajuda dada em cada ninho visitado.

Tive a oportunidade de examinar pessoalmente o fenômeno do ajudante entre os pica-paus-de-penacho-vermelho, quando visitei uma população no oeste da Flórida e discuti os detalhes com pesquisadores que haviam acompanhado as histórias de vida individuais de aves marcadas para serem reconhecidas na natureza. Fiquei sabendo que o pica-pau-de-penacho-vermelho é a única espécie de pica-pau do mundo que cava seus ninhos em troncos de árvores vivas. Um macho jovem gasta até um ano para construir um ninho, que precisa estar localizado fora dos territórios das famílias estabelecidas. Até então, é vantajoso para filhas e filhos permanecerem em casa. Além disso, durante o período de espera, um ou ambos os pais podem morrer, e o ninho natal pode ser herdado. Mas só é vantajoso aos pais tolerarem filhos crescidos se estes trabalharem como auxiliares.

A linha de raciocínio essencial na teoria da aptidão inclusiva, em suma, tem sido a seguinte: supõe-se que a seleção de parentesco ocorra e seja de fato inevitável em muitos sistemas biológicos. Quando a seleção de parentesco ocorre, está seguindo a inequação de Hamilton, que prevê, ao menos no caso mais simples, se os genes do altruísmo aumentarão ou não na população em geral. A inequação de Hamilton, quando aplicada a todos os membros de um grupo, gera a aptidão inclusiva para o grupo, a qual, se conhecida, pode prever se uma população desses grupos está evoluindo rumo a uma organização social baseada no altruísmo.

Nenhum desses pressupostos, porém, se sustentou. Os empiristas que mediram o parentesco genético e usam argumentos de aptidão inclusiva acharam que estavam baseando seu raciocínio em fundamentos teóricos sólidos. Mas esse não é o caso. A aptidão inclusiva é uma abordagem matemática especial com tantas limitações que se torna inoperável. Não é uma teoria evolutiva geral como se costuma acreditar, e não caracteriza nem a dinâmica da evolução nem as distribuições das frequências dos genes.

Nos casos extremos onde a teoria da aptidão inclusiva poderia funcionar, são necessárias condições biológicas que comprovadamente não existem na natureza. O sistema, ao que se revela, precisa passar para o limite matemático da "seleção fraca", em que todos os membros de um grupo se aproximam da mesma aptidão, e todas as respostas alternativas precisam ser igualmente abundantes. Além disso, todas as interações entre os membros da colônia precisam ser cumulativas e em pares, uma por uma. Na verdade, todas as sociedades conhecidas, exceto os pares acasalados, violam essa condição. Outros tipos de interações tendem a ser sinérgicos em um grau que varia com a condição em constante mudança da colônia. Finalmente, a teoria da aptidão inclusiva só pode ser usada em estruturas estáticas onde as intensidades da interação não podem variar de um contato para outro, e os ciclos precisam ser globalmente atualizados.

Essa questão da biologia teórica é importante porque a intuição fornecida pela teoria da aptidão inclusiva tem sido amplamente, embora de modo equivocado, adotada como correta em seu conjunto. Na verdade, os argumentos da aptidão inclusiva, sem modelos plenamente especificados, do tipo normalmente defendido por pesquisadores de campo e de laboratório, são enganadores. Quão equivocado o raciocínio pode ser é ilustrado pela demonstração matemática de que, ainda que todas as medidas de parentesco sejam idênticas em dois sistemas, a cooperação é favorecida em um sistema e não no outro. Inversamente, duas populações podem ter medidas de parentesco nos extremos opostos do espectro e, mesmo assim, ambas as estruturas serem igualmente incapazes de apoiar a evolução da cooperação.

Outro equívoco muito comum é que os cálculos de aptidão inclusiva são mais simples que aqueles dos modelos de seleção natural padrão. Isso não é verdade. Nos casos raros em que se consegue fazer a aptidão inclusiva funcionar em modelos abstratos, as duas teorias são idênticas e requerem a medição das mesmas quantidades.

O velho paradigma da evolução social, tornado venerável após quatro décadas, portanto, fracassou. Sua linha de raciocínio, da seleção de parentesco como o processo, à condição da inequação de Hamilton para a cooperação e, portanto, à aptidão inclusiva como o status darwiniano dos membros da colônia, não funciona. A seleção de parentesco, se é que ocorre entre os animais, deve ser uma forma fraca de seleção que ocorre somente em condições especiais facilmente violadas. Como objeto da teoria geral, a aptidão inclusiva é uma construção matemática ilusória que não consegue ser definida de maneira a transmitir sentido biológico realista. Tampouco pode ser usada para rastrear a dinâmica evolutiva dos sistemas sociais de base genética.

A desventura da teoria da aptidão inclusiva originou-se da crença de que uma única formulação abstrata, neste caso a inequação de Hamilton, possui implicações que podem ser desembaladas camada por camada para explicar a evolução social em detalhes crescentes. Essa crença pode ser refutada pela lógica matemática e por indícios empíricos. Qual, então, a melhor direção que devemos tomar para entender o comportamento social avançado?

19. A emergência de uma teoria nova da eussocialidade

A origem evolutiva de qualquer sistema biológico complexo só pode ser corretamente reconstituída se vista como a culminação de uma história de estágios acompanhada do início ao fim. Ela começa com fenômenos biológicos empiricamente conhecidos em cada estágio, caso sejam conhecidos, e explora a variedade de fenômenos que são teoricamente possíveis. Cada transição de um estágio para o seguinte requer modelos diferentes e precisa ser situada em seu próprio contexto de causa e efeito potencial. Esse é o único meio de chegar à compreensão profunda da evolução social avançada e da própria condição humana.

O primeiro estágio concebível na origem da eussocialidade, envolvendo a divisão de trabalho aparentemente altruísta, é a formação de grupos, dentro de uma população misturando-se livremente, de indivíduos normalmente solitários. Existem em teoria muitas formas de como isso poderia acontecer na realidade. Os grupos podem se reunir quando lugares de nidificação ou fontes de comida em que uma espécie é especializada têm distribuição local, ou quando pais e prole permanecem juntos, ou quando colunas migratórias se ramificam repetidamente antes de se fixarem, ou quando rebanhos seguem seus líderes a locais de alimentação conhecidos. Poderiam até se reunir aleatoriamente por atração local mútua.

A forma como os grupos são formados provavelmente tem efeito profundo nas chances de progresso rumo à eussocialidade. A mais importante inclui o aumento da coesão do grupo e a persistência. Por exemplo, como enfatizei, todas as linhagens evolutivas conhecidas com espécies primitivamente eussociais atuais (vespas aculeadas, abelhas halictíneas e xilocopíneas, camarões com ninhos em esponjas, cupins *Termopsidae*, pulgões e tripes coloniais, besouros-de-ambrosia e ratos-toupeiras-pelados) têm colônias que constroem e ocupam ninhos defensáveis. Em poucos casos, indivíduos sem parentesco unem forças para criar as pequenas fortalezas. Colônias não aparentadas de *Zootermopsis angusticollis*, por exemplo, fundem-se para formar uma supercolônia com um único casal real por meio de repetidos combates. Na maioria dos casos de eussocialidade animal, porém, a colônia é iniciada por uma única rainha inseminada (por exemplo, himenópteros) ou par acasalado (cupins). Portanto, na maioria dos casos, a colônia cresce pelo aumento de prole, que serve como operários não reprodutivos. Em umas poucas espécies mais primitivamente eussociais, o crescimento é acelerado pela aceitação de operários de fora ou pela cooperação de rainhas fundadoras não aparentadas.

O agrupamento por família pode acelerar a disseminação de alelos eussociais, mas por si não leva a um comportamento social avançado. O agente causador do comportamento social avançado é a vantagem de um ninho defensável, especialmente se for caro de produzir e próximo de um suprimento de comida sustentável. Devido a essa condição básica entre os insetos, o parentesco genético estreito na formação da colônia primitiva é a consequência, não a causa, do comportamento eussocial.

O segundo estágio é o acúmulo fortuito de outros traços que tornam a mudança para a eussocialidade ainda mais provável. O mais importante são os cuidados atentos com a prole que cresce no ninho — alimentando progressivamente os jovens, ou limpando as câmaras da ninhada, ou protegendo-os, ou alguma combinação dos três. Assim como a construção de um ninho defensável pelo ancestral solitário, essas pré-adaptações surgem por seleção no nível individual, sem nenhuma previsão de um papel futuro na origem da eussocialidade (a previsão está ausente porque a evolução por seleção natural não consegue prever o futuro). As pré-adaptações são produtos da radiação adaptativa, em que espécies se dividem e se espalham em nichos ecologicamente diferentes. De acordo com os nichos em que se especializam, algumas das espécies são mais propensas do que outras a adquirirem pré-adaptações fortes. Algumas espécies, por exemplo, podem nascer em habitats relativamente livres de predadores. Com uma necessidade menos premente de proteger a prole, tendem a permanecer estáveis na evolução social ou a desenvolver uma vida totalmente solitária. Outras, em habitats repletos de predadores perigosos, chegarão perto do limiar da eussocialidade, tornando mais provável sua passagem. A teoria desse estágio é a teoria da radiação adaptativa, já formulada por vários pesquisadores independentemente dos estudos da eussocialidade.

O terceiro passo na evolução do comportamento social avançado é a origem dos alelos eussociais, seja por mutação ou por imigração de indivíduos mutantes de fora. Ao menos entre os himenópteros pré-adaptados (abelhas e vespas), esse evento pode ocorrer como uma única mutação de ponto. Além disso, a mutação não precisa determinar a criação de um comportamento novo. Basta que cancele um antigo. Transpor o limiar da eussocialidade requer apenas que uma fêmea e sua prole adulta não se dispersem para começar ninhos individuais novos. Em vez disso, permanecem no ninho antigo. A essa altura, se as pressões da seleção ambiental forem suficientemente fortes, as pré-adaptações automáticas entram em ação e os membros do grupo começam as interações que os transformam em uma colônia eussocial.

Ainda não foram identificados genes eussociais, mas se conhecem ao menos dois outros genes, ou pequenos conjuntos de genes, que determinam grandes mudanças em traços sociais, silenciando mutações em traços preexistentes. Esses exemplos, e a promessa que oferecem de avanços na teoria e na análise genética, trazem-nos à quarta fase na evolução da eussocialidade animal. Assim que os pais e a prole subordinada permanecem no ninho, como numa família primitivamente social de abelhas ou vespas, a seleção de grupo ocorre, visando unicamente os traços emergentes criados pelas interações dos membros da colônia. As forças da seleção irão provavelmente criar um sistema de alerta com alarmes ou sinais químicos. Desenvolverão odores em seus corpos para distinguir sua colônia das outras. Provavelmente inventarão meios de atrair colegas de ninho para comida recém-descoberta. Ao menos nos estágios mais avançados, desenvolverão diferenças em anatomia e comportamento entre os reprodutores reais e a casta operária de apoio.

Examinando-se os traços emergentes sobre os quais a seleção de grupo atua, é possível conceber uma modalidade nova de pesquisa teórica. Um dos fenômenos recém-realçados é que os diferentes papéis dos pais reprodutivos e sua prole não reprodutiva não são geneticamente determinados. Pelo contrário, como indícios de espécies primitivamente eussociais mostraram, representam fenótipos alternativos do mesmo genótipo. Em outras palavras, a rainha e seus operários possuem os mesmos genes que prescrevem casta e divisão de trabalho, embora variem amplamente em outros genes. Essa circunstância dá credibilidade à visão da colônia como um organismo individual ou, mais precisamente, um superorganismo individual. Além disso, no que diz respeito ao comportamento social, a descendência é de rainha para rainha, com a força de trabalho como uma extensão de cada uma sucessivamente. A seleção de grupo continua ocorrendo, mas é concebida como sendo selecionada como os traços da rainha e a projeção extrassomática de seu genoma pessoal. Essa percepção abriu uma forma nova de investigação teórica e levantou questões que só podem ser resolvidas por um foco novo de pesquisa empírica.

A quarta fase é a identificação das forças ambientais que impelem a seleção de grupo, que é o tema lógico das investigações combinadas em genética de populações e ecologia comportamental. Programas de pesquisas mal começaram nessa área, em parte devido ao desprezo relativo do estudo das forças da seleção ambiental que moldam a evolução inicial da eussocialidade. A história natural dos animais mais primitivamente eussociais, especialmente a estrutura de seus ninhos e sua defesa acirrada, sugere que um elemento-chave na origem da eussocialidade é a defesa contra inimigos, incluindo parasitas, predadores e colônias rivais. Mas pouquíssimos estudos experimentais de campo e laboratório foram concebidos para testar essa hipótese e outras potencialmente concorrentes.

Na quinta e última fase, a seleção de grupo (entre colônias) molda o ciclo de vida e os sistemas de castas das espécies eussociais mais avançadas. Como resultado, muitas linhagens evolutivas desenvolveram sistemas sociais muito especializados e elaborados. O suprassumo desses sistemas não se encontra entre os seres humanos, mas entre os insetos, particularmente aqueles no nível mais avançado — as abelhas melíferas, abelhas sem ferrão, formigas-cortadeiras, formigas-tecelãs, formigas-legionárias e cupins de montículo.

Em termos mais breves, uma teoria completa da evolução eussocial consistirá em uma série de estágios, sujeitos à verificação experimental, dos quais os seguintes podem ser reconhecidos:

1. A formação de grupos.
2. A ocorrência de um mínimo de combinações necessárias de traços pré-adaptativos nos grupos, fazendo com que estes sejam rigidamente formados. Ao menos entre os animais, a combinação inclui um ninho valioso e defensável. A condição de dependência do ninho predetermina a possibilidade de que grupos primitivamente eussociais serão uma família — pais e prole entre os insetos e outros invertebrados e família estendida entre os vertebrados.
3. A aparição de mutações que determinam a persistência do grupo, mais provavelmente pela eliminação do comportamento de dispersão. Evidentemente, um ninho durável permanece o elemento-chave na manutenção da prevalência. A eussocialidade primitiva pode emergir imediatamente devido a pré-adaptações automáticas — aquelas desenvolvidas em estágios anteriores que por acaso levam os grupos a se comportar de maneira eussocial.
4. Entre os insetos, os traços emergentes causados pela gênese de operários tipo robôs ou pela interação dos membros do grupo são moldados, através da seleção no nível do grupo, por forças ambientais.
5. A seleção no nível do grupo provoca mudanças no ciclo de vida e em estruturas sociais da colônia de insetos, muitas vezes até extremos bizarros, produzindo superorganismos elaborados.

Dado que os dois últimos passos ocorrem somente entre os insetos e outros invertebrados, como, então, a espécie humana alcançou sua própria condição social única baseada na cultura? Qual marca o processo genético e cultural combinado deixou na natureza humana? Em outros termos: *o que somos?*

V. O QUE SOMOS?

20. O que é a natureza humana?

Com certeza todos concordarão: uma definição clara da natureza humana é a chave para a compreensão da condição humana como um todo. Mas chegar a essa definição se revela uma tarefa extremamente difícil. A natureza humana é óbvia através de sua manifestação na vida diária. Sua expressão intuitiva é a substância das artes criativas e o sustentáculo das ciências sociais. No entanto, sua identidade verdadeira tem se mostrado fugidia. Pode haver uma razão emocional bem humana para essa ambiguidade persistente. Se a natureza humana bruta, não transformada, fosse revelada e a pedra filosofal assim adquirida, como ela seria? Qual seria seu aspecto? Gostaríamos dela? Uma pergunta melhor seria: queremos realmente saber?

Talvez a maioria das pessoas, incluindo muitos acadêmicos, preferisse manter a natureza humana ao menos parcialmente no escuro. Trata-se do monstro no pântano febril do discurso público. Sua percepção é distorcida pela autoestima e pela expectativa pessoal idiossincrásica. Os economistas em geral a têm contornado, enquanto os filósofos ousados o suficiente para procurá-la sempre se perderam. Os teólogos tendem a desistir, atribuindo-a em partes diferentes a Deus e ao diabo. Os ideólogos políticos, variando dos anarquistas aos fascistas, definiram-na para sua vantagem egoísta.

A própria existência da natureza humana foi negada durante o último século pela maioria dos cientistas sociais. Eles se apegaram ao dogma, apesar dos indícios crescentes, de que todo comportamento social é aprendido e toda cultura é produto da história transmitida de uma geração para a seguinte. Os líderes das religiões conservadoras, por sua vez, têm tendido a acreditar que a natureza humana é uma propriedade fixa concedida por Deus — a ser explicada às massas pelos privilegiados que entendem Seus desejos. Paulo VI, em sua encíclica de 1968, *Humanae Vitae*, por exemplo, explicou: "O homem não poderá encontrar a verdadeira felicidade, à qual aspira com todo o seu ser, senão no respeito pelas leis inscritas por Deus na sua natureza e que ele deve observar com inteligência e com amor". Em particular, ele disse, as leis divinas da natureza humana proíbem qualquer uso da contracepção artificial.

Acredito que amplos indícios, surgidos dos vários ramos do saber nas ciências e humanidades, permitem uma definição clara da natureza humana. Mas, antes de sugeri-la, explicarei o que ela não é. A natureza humana não são os genes subjacentes. Eles determinam as regras de desenvolvimento do cérebro, do sistema sensorial e do comportamento que produzem a natureza humana. Tampouco os universais da cultura descobertos pelos antropólogos podem ser definidos coletivamente como a natureza humana. Por exemplo, a seguir estão os 67 comportamentos e instituições sociais compartilhados por todas as centenas de sociedades nos Arquivos da Área de Relações Humanas, compilados no clássico estudo de 1945 de George P. Murdock, listados em ordem alfabética:

adivinhação do futuro, adornos corporais, arte decorativa, calendário, casamento, cirurgia, classificação etária, comércio, conceitos de alma, confecção de ferramentas, controle do clima, cosmologia, costumes da gravidez, costumes da puberdade, cuidados pós-natais, culinária, curandeirismo, dança, devoção aos seres sobrenaturais, diferenciação de status, direito, direitos de propriedade, divisão de trabalho, educação, escatologia, esportes atléticos, estilos de cabelo, ética, etiqueta, etnobotânica, festas de família, folclore, galanteio, gestos, governo, grupos de parentesco, higiene, horários das refeições, hospitalidade, interpretação dos sonhos, jogos, linguagem, magia, medicina, moradias, nomenclatura de parentesco, nomes pessoais, obstetrícia, organização comunitária, piadas, política demográfica, presentes, produção de fogo, regras de herança, regras de residência, restrições sexuais, ritos fúnebres, ritual religioso, sanções penais, saudações, superstições sobre a sorte, tabus alimentares, tabus do incesto, tecelagem, trabalho cooperativo, treinamento em limpeza e visitas.

É tentador supor que esta lista é não só um verdadeiro diagnóstico dos seres humanos, mas inevitável à evolução de qualquer espécie em qualquer sistema estelar que alcance o nível humano de alta inteligência e linguagem complexa, independentemente das predisposições hereditárias básicas. Entretanto, isso quase certamente não é verdade, porque é possível imaginar outros mundos em que grandes criaturas terrestres desenvolvem combinações diferentes de traços culturais. Seria prematuro esperar que cada um desses universais teóricos fosse de natureza genética. De qualquer modo, os universais humanos são mais bem-vistos como os produtos imprevisíveis de algo mais profundo.

Se o código genético subjacente à natureza humana está próximo demais de seus fundamentos moleculares e os universais culturais estão distantes demais, segue-se que o melhor lugar para procurar a natureza humana hereditária está no meio-termo, nas regras de desenvolvimento determinadas pelos genes, pelas quais os universais da cultura são criados.

A natureza humana são as regularidades herdadas do desenvolvimento mental comuns à nossa espécie. São as "regras epigenéticas" que evoluíram pela interação da evolução genética e cultural que ocorreu por um longo período na pré-história profunda. Essas regras são os vieses genéticos na forma como nossos sentidos percebem o mundo, a codificação simbólica pela qual representamos o mundo, as opções que automaticamente abrimos para nós e as reações que achamos mais fáceis e recompensadoras. De maneiras que estão começando a atrair a atenção no nível fisiológico e, em uns poucos casos, no nível genético, as regras epigenéticas alteram como vemos e classificamos linguisticamente as cores. Fazem com que avaliemos a estética do desenho artístico de acordo com formas abstratas elementares e o grau de complexidade. Determinam os indivíduos que nós, comumente, achamos sexualmente mais atraentes. Essas regras fazem com que adquiramos diferentes medos e fobias sobre os perigos do meio ambiente, como de cobras e alturas; que nos comuniquemos com certas expressões faciais e formas de linguagem corporal; que cuidemos das crianças; que nos unamos conjugalmente; e assim por diante, por uma grande variedade de outras categorias de comportamento e pensamento. A maioria das regras epigenéticas é evidentemente muito antiga, datando de milhões de anos atrás em nossa ancestralidade mamífera. Outras, como os estágios do desenvolvimento linguístico, só têm centenas de milhares de anos. Ao menos uma, a tolerância dos adultos à lactose no leite e, com isso, o potencial de uma cultura baseada nos laticínios em certas populações, remonta a apenas alguns milhares de anos atrás.

Como o prefixo *epi* da palavra "epigenético" implica, as regras do desenvolvimento fisiológico não são em geral automáticas. Não estão além do controle consciente, como os "comportamentos" autônomos da pulsação cardíaca e da respiração. São menos rígidas do que puros reflexos como o piscar dos olhos e o reflexo patelar. O mais complexo dos reflexos é a reação de alarme. Se você se aproximar por trás de outra pessoa sem que ela perceba e fizer um barulho súbito e alto — der um grito, bater com dois objetos —, ela vai, numa fração de segundo mais rápida do que a capacidade do córtex frontal processar a resposta, relaxar seu corpo, fechar os olhos, abrir a boca, pender a cabeça para a frente e dobrar os joelhos ligeiramente. Na natureza e na vida moderna, a reação a prepara, de forma instantânea e inconsciente, para a colisão ou golpe que provavelmente virá. Sua vida poderá ser mais uma vez salva do ataque de um inimigo ou predador. A reação de alarme é rigidamente determinada pelos genes, mas não faz parte da natureza humana como intuitivamente a percebemos. Trata-se de um reflexo típico, totalmente fora da mente consciente.

Os comportamentos criados pelas regras epigenéticas não são automáticos como os reflexos. As regras epigenéticas é que são automáticas e, portanto, compõem o verdadeiro núcleo da natureza humana. Esses comportamentos são aprendidos, mas o processo é o que os psicólogos chamam de "preparado". No aprendizado preparado, temos uma predisposição inata a aprender e, portanto, reforçar uma opção de preferência a outra. Estamos "contrapreparados" para fazer escolhas alternativas, ou mesmo ativamente evitá-las. Por exemplo, estamos preparados para aprender a temer cobras bem rapidamente, avançando com facilidade até o ponto da fobia, mas não estamos preparados por instinto a tratar outros répteis, como tartarugas e lagartos, com esse grau de repulsa. Somos levados pelo aprendizado preparado a ver beleza em um parque com um regato, mas estamos contrapreparados para sentir o mesmo no interior de florestas escuras. Tais reações nos parecem "naturais", embora precisem ser aprendidas, e é aí que está o xis da questão.

Como se desenvolvem essas regras epigenéticas? Comecei a pensar muito sobre o processo na década de 1970, quando controvérsias contrapondo a hereditariedade ao meio ambiente e os genes à cultura adquiriram tons políticos acalorados. A raiz do problema, na minha visão, era a maneira como a evolução dos genes afeta a evolução da cultura. Essa interação, ao que se revelou, apresentava um desafio teórico de dificuldade excepcionalmente interessante.

Em 1979, convidei Charles J. Lumsden, um jovem físico teórico de demonstrada capacidade, para se juntar a mim num estudo desse tema. Logo viemos a perceber que o processo só pode ser desvendado se tratarmos seu mistério não como um, mas como dois problemas não resolvidos. O primeiro problema era identificar a base instintiva, portanto não cultural, da natureza humana. O segundo problema, ainda mais complicado, era a relação causal entre a evolução dos genes e a evolução da cultura, ou "coevolução gene-cultura", como decidimos chamá-la. Tinha sido aparente por algum tempo que muitas propriedades do comportamento social humano são afetadas pela hereditariedade, para a espécie como um todo e para diferenças entre membros da mesma população. Também estava claro que as propriedades inatas da natureza humana devem ter evoluído como adaptações. Supusemos ainda que a chave para a solução reside na preparação e na contrapreparação em como as pessoas aprendem a cultura. Nos dois anos seguintes, Lumsden e eu desenvolvemos e apresentamos a primeira teoria da coevolução gene-cultura.

Outros pesquisadores assimilaram o conceito de coevolução gene-cultura, mas com forte ênfase na evolução cultural. Viam a evolução genética principalmente como uma força que deu origem à capacidade para a cultura, ou então como uma força numa pista dupla avançando mais ou menos separadamente ao longo da evolução cultural. Prestaram pouca atenção às interações, às regras epigenéticas ou aos componentes genéticos pelos quais a coevolução ocorre.

Essa parcialidade é curiosa, diante dos indícios substanciais, já disponíveis durante as décadas de 1970 e 1980, das propriedades genéticas do tipo geralmente citado como parte da "natureza humana", com influências palpáveis sobre alguns aspectos da evolução cultural. O viés pode ter surgido como um excesso de cautela em deferência à visão da mente como "tábula rasa", que negava totalmente a existência do instinto humano. A preferência geral nas décadas de 1970 e 1980 favorecia o que podia ser denominado hipótese "do gene prometeico". A evolução genética produziu a cultura, de acordo com os partidários desse ponto de vista, mas somente no sentido de que criou a capacidade para a cultura. Os cientistas sociais durante aquele período, com umas poucas e notáveis exceções, aceitaram as noções do cérebro tábula rasa e do gene prometeico como um meio de afirmar a autonomia das ciências sociais e humanidades. Essa visão biologicamente não dimensional da evolução social foi também deduzida de uma segunda hipótese-chave: a unidade psíquica da humanidade. Segundo essa opinião, a cultura humana evoluiu durante um período curto demais para que tenha ocorrido evolução genética, ao menos além do genótipo prometeico polivalente que separa a humanidade das outras espécies de animais.

À primeira vista, poderia parecer que a evolução cultural tenderia a inibir ou mesmo reverter a evolução genética. O uso de fogueiras de acampamento, moradias protegidas e roupas quentes permitiu aos seres humanos sobreviver e se reproduzir em partes do mundo onde seria normalmente impossível vencer o inverno. Além disso, melhores métodos de caça e a prática da agricultura permitiram às pessoas florescerem em habitats onde

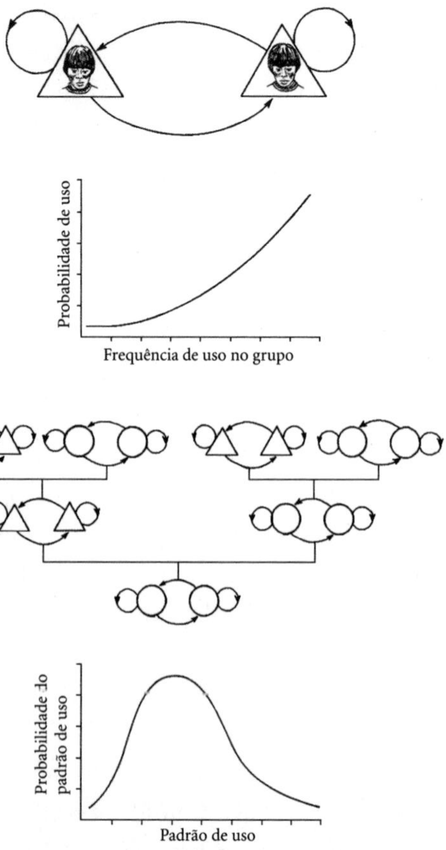

Figura 20-1. *A dinâmica da coevolução gene-cultura. Os estágios que levam da tomada de decisões individual à criação de diversidade entre as culturas são ilustrados pelo adorno corporal entre os índios tapirapés no Brasil. Os processos são expressos de forma abstrata, resultando da teoria da coevolução gene-cultura. Avançando de cima para baixo, a sequência é: o indivíduo escolhe se adornará ou não seu corpo e muda de uma opção para a outra em certo ritmo. Seu ritmo de mudança depende da frequência com que os outros expressam uma preferência por uma opção ou pela outra. Cada um dos indivíduos num grupo tribal (ilustrado no terceiro painel de cima para baixo) ou sociedade está usando um adorno corporal ou não. Com base nas informações acima, o antropólogo (painel inferior) pode estimar a probabilidade de que certa porcentagem no grupo use o adorno, ou seja, um padrão de uso particular existe em dado momento do tempo. (De Charles J. Lumsden e Edward O. Wilson,* Promethean Fire: Reflections on the Origin of Mind. *Cambridge, MA: Harvard University Press, 1983.)*

normalmente teriam morrido de fome. Por que, podemos então perguntar, ser governado por genes se mudanças culturais podiam alcançar o mesmo resultado em tão pouco tempo?

Na verdade, a evolução cultural tende a encobrir a evolução genética. Mesmo assim, existe uma abundância de novos desafios e oportunidades nos muitos habitats do mundo com que podemos também lidar — ou ao menos lidar com mais eficácia — por uma mudança nos genes orientada pela seleção natural, incluindo comidas novas e estranhas, doenças e regimes climáticos. A explosão de mutações novas que ocorreu após a saída da África, cerca de 60 mil anos atrás, criou grandes números desses genes novos potencialmente adaptativos. Seria surpreendente se a evolução genética não ocorresse em diferentes populações ao colonizarem o resto do mundo.

O exemplo clássico da coevolução gene-cultura, ocorrido nos últimos milênios, é o desenvolvimento da tolerância à lactose nos adultos. Em todas as gerações humanas anteriores, a produção de lactase, a enzima que converte a lactose (açúcar do leite) em açúcares digestivos, estava presente somente nas crianças. Quando as crianças cessavam de mamar o leite materno, seu corpo automaticamente deixava de produzir lactase. Quando o pastoreio foi desenvolvido, entre 9 mil a 3 mil anos atrás, várias vezes e de forma independente no norte da Europa e no leste da África, mutações se espalharam culturalmente mantendo a produção de lactase pela vida adulta adentro, permitindo o consumo permanente de leite. A vantagem da utilização de leite e laticínios para a sobrevivência e para a reprodução mostrou-se enorme. Rebanhos leiteiros de vacas, cabras e camelos estão entre as fontes de alimentos mais produtivas e confiáveis disponíveis o ano inteiro para os seres humanos. Quatro mutações independentes foram descobertas pelos geneticistas que prolongam a produção de lactase, uma na Europa e três na África.

A tolerância à lactose é um exemplo do que os ecólogos e os pesquisadores da evolução humana chamam de "construção de nicho". No caso da coevolução gene-cultura da produção de lactose, o nicho foi criado para incluir a domesticação de gado como uma importante fonte nova de alimento. Genes mutantes estavam disponíveis em frequências muito baixas e rapidamente substituíram as outras variantes mais antigas. Além disso, eram genes codificadores de proteínas, o meio principal de ocorrência das mudanças em tecidos específicos, neste caso o canal alimentar.

No último meio século, grandes números de outros desses processos coevolutivos entrelaçados foram descobertos por antropólogos e psicólogos. Conjuntamente formam uma classe de mudanças genéticas de espécie diferente da aquisição local da tolerância à lactose. São universais na humanidade moderna e também antigos, suas origens antecedendo o surgimento do *Homo sapiens* moderno e, ao menos em alguns casos, até a divisão ser humano-chimpanzé de mais de 6 milhões de anos atrás. Atuando no nível da cognição e da emoção, seu efeito sobre a evolução da linguagem e da cultura foi profundo e amplo. Esses processos constituem grande parte do que intuitivamente se denomina "natureza humana".

Um dos exemplos mais importantes e mais bem compreendidos é o de evitar o incesto. Os tabus do incesto constituem um universal cultural. Todas as centenas de sociedades que foram estudadas pelos antropólogos toleram, e ocasionalmente até encorajam, o casamento entre primos de primeiro grau, mas o proíbem entre irmãos ou meios-irmãos. Pouquíssimas sociedades nos tempos históricos institucionalizaram o incesto entre irmão e irmã para alguns de seus membros. O rol inclui os incas, os havaianos, alguns tailandeses, os egípcios antigos, o povo monomotapa do Zimbábue, os povos ankale, buganda e bunyoro da Uganda, nyanza do Congo, zande e shilluk do Sudão e os daomeanos. Em cada caso, a prática era cercada de um ritual e limitada à realeza e a outros grupos de posição elevada. O poder político era transmitido através da linhagem masculina, e os homens podiam ter várias esposas, permitindo que gerassem filhos não incestuosos.

Em outras partes o incesto entre irmão e irmã é rigorosamente evitado. Uma repulsa pessoal a ele é socialmente reforçada na maioria das culturas por tabu e lei. O risco de gerar filhos defeituosos pelo incesto é bem entendido. Em média, cada pessoa porta, em algum lugar nos seus 23 pares de cromossomos, ao menos dois genes recessivos que são defeituosos em certo grau e, em casos extremos, letais. Em cada lugar, o gene recessivo ocorre em um cromossomo, seu correspondente no outro sendo normal. Quando ambos os cromossomos portam o gene defeituoso, seu portador desenvolve a doença — ou ao menos tem uma grande probabilidade de adquiri-la. O defeito pode ocorrer até no útero, resultando num aborto espontâneo. Se, contudo, um dos dois genes for normal, ele sobrepuja o impacto do gene defeituoso, e o indivíduo se desenvolve normalmente. Daí o termo "recessivo": o gene fica oculto na presença de seu correspondente "dominante" normal. Sabe-se agora que os locais vulneráveis incluem genes codificadores de proteínas e regiões reguladoras do DNA entre os genes. Tais doenças, sejam diretamente recessivas ou predominantemente recessivas no controle genético, incluem degeneração macular, doença inflamatória intestinal, câncer na próstata, obesidade, diabetes tipo 2 e doença cardíaca congênita.

A consequência destrutiva do incesto é um fenômeno geral, não apenas entre os seres humanos, mas também em plantas e animais. Quase todas as espécies vulneráveis à depressão endogâmica severa ou moderada usam algum método biologicamente programado para evitar o incesto. Entre os macacos antropoides, macacos e outros primatas não humanos, o método tem dois níveis. Primeiro, entre todas as dezenove espécies sociais cujos padrões de acasalamento foram estudados, os jovens tendem a praticar o equivalente à exogamia humana. Antes de atingirem o tamanho pleno de um adulto, deixam o grupo onde nasceram e se juntam a outro. Entre os lêmures no Madagascar e na maioria das espécies de macacos do Velho e do Novo Mundo, são os machos que emigram. Entre os macacos colobos vermelhos, os babuínos hamadríades, os gorilas e os chimpanzés da África, as fêmeas partem. Nos bugios das Américas Central e do Sul, ambos os sexos partem. Os jovens inquietos dessas diferentes espécies de primatas não são impelidos para fora do grupo pelos adultos agressivos. Pelo contrário, sua partida parece ser totalmente voluntária.

Entre os seres humanos, exatamente o mesmo fenômeno ocorre na forma da exogamia, em que adultos jovens, geralmente mulheres, são trocados entre tribos. As consequências das trocas exogâmicas na cultura são várias, e foram analisadas em detalhes por antropólogos. Para a explicação da origem da exogamia como um instinto de profundo valor genético, porém, não é preciso olhar além do padrão universal seguido por todas as outras espécies de primatas.

Independentemente de sua derradeira origem evolutiva e das outras formas como afeta o sucesso reprodutivo, a emigração dos jovens primatas antes de atingirem a maturidade sexual plena reduz grandemente o potencial para a endogamia. Mas a barreira à endogamia é reforçada por uma segunda linha de resistência. Trata-se de evitar a atividade sexual entre indivíduos parentes próximos que permanecem com seu grupo natal. Em todas as espécies de primatas sociais não humanos, cujo desenvolvimento sexual foi cuidadosamente estudado, incluindo os micos e os saguis da América do Sul, símios asiáticos, babuínos e chimpanzés, tanto os machos quanto as fêmeas adultas exibem o "efeito de Westermarck": na atividade sexual rejeitam indivíduos com quem estavam intimamente ligados no início da vida. Mães e filhos quase nunca copulam, e irmãos e irmãs mantidos juntos acasalam bem menos do que indivíduos com grau de parentesco mais remoto.

Essa reação básica não foi descoberta em macacos e em macacos antropoides, mas em seres humanos pelo antropólogo finlandês Edward A. Westermarck e relatada pela primeira vez em sua obra-prima de 1891, *The History of Human Marriage*. A existência do fenômeno recebeu apoio crescente de muitas fontes desde então. Nenhuma é mais persuasiva do que o estudo dos "casamentos entre menores" em Taiwan, desenvolvido por Arthur P. Wolf, da Universidade de Stanford, e seus colaboradores. Casamentos entre menores, outrora generalizados no sul da China, são aqueles em que meninas sem nenhum parentesco são adotadas por famílias, criadas com os filhos biológicos dentro de um relacionamento normal entre irmão e irmã e depois casam com eles. A motivação da prática parece ser assegurar parceiras para os filhos, quando prosperidade econômica e uma proporção desigual entre os sexos se combinam para criar um mercado de casamentos altamente competitivo entre os homens por noivas casadoiras.

Ao longo de quatro décadas, de 1957 a 1995, Wolf estudou as histórias de 14 200 mulheres de Taiwan obtidas para casamentos entre menores no final do século XIX e no início do século XX. As estatísticas foram suplementadas por entrevistas pessoais com muitas daquelas pequenas "noras", ou *sim-pua*, como são conhecidas na língua *hokkien*, bem como entre amigas e parentes.

O que Wolf acabou realizando foi um experimento controlado — conquanto originalmente inintencional — das origens psicológicas de um componente importante do comportamento social humano. As *sim-puas* e seus maridos não eram parentes biológicos, eliminando assim todos os fatores concebíveis devidos à semelhança genética próxima. No entanto, foram criados em uma proximidade tão íntima como aquela experimentada por irmãos e irmãs nos lares de Taiwan.

Os resultados inequivocamente favorecem a hipótese de Westermarck. Quando a futura esposa era adotada antes dos trinta meses de idade, costumava resistir a se casar com aquele que, na prática, era seu irmão. Os pais muitas vezes precisavam coagir o casal a consumar o casamento, em alguns casos com ameaça de castigo físico. Os casamentos acabavam em divórcio com três vezes mais frequência do que os "casamentos entre maiores" nas mesmas comunidades. Produziam quase 40% menos filhos, e um terço das mulheres supostamente cometiam adultério, em oposição a cerca de 10% das esposas nos casamentos entre maiores.

Numa série meticulosa de análises cruzadas, Wolf e seus colegas identificaram o principal fator inibidor como sendo a coexistência próxima durante os trinta primeiros meses de vida de um ou ambos os parceiros. Quanto mais longa e próxima foi a associação durante aquele período crítico, mais forte era o efeito posterior. Os dados permitem a redução ou a eliminação de outros fatores imagináveis que poderiam ter desempenhado um papel, inclusive a experiência da adoção, a posição financeira da família hospedeira, saúde, a idade no casamento, rivalidade entre irmãos e a aversão natural ao incesto que poderia ter surgido por se confundir a dupla com irmãos genéticos verdadeiros.

Um experimento involuntário paralelo vem sendo realizado nos kibutzim israelenses, onde as crianças são criadas em creches com a mesma intimidade de irmãos e irmãs verificada nas famílias convencionais. O antropólogo Joseph Shepher e seus colegas relataram em 1971 que, entre 2769 casamentos de jovens adultos criados naquele ambiente, nenhum foi entre membros do mesmo grupo do kibutz que haviam vivido juntos desde o nascimento. Não houve sequer um caso conhecido de atividade heterossexual, mesmo não havendo oposição dos adultos do kibutz.

Com base nesses exemplos, e em uma grande quantidade de indícios casuais coletados de outras sociedades, é evidente que o cérebro humano está programado para seguir uma regra prática simples: *Não tenha interesse sexual por aqueles que você conheceu intimamente durante os primeiros anos de sua vida.*

Será possível que os seres humanos não sejam governados pelo efeito de Westermarck, usando simplesmente sua inteligência e sua memória para reconhecer que o incesto entre irmãos e entre pais e filhos cria uma prole defeituosa? A resposta é não. Quando o antropólogo William H. Durham examinou as crenças de sessenta sociedades do mundo inteiro em busca de referências a qualquer forma de compreensão racional das consequências, descobriu apenas vinte com qualquer grau de conhecimento. Os ameríndios Tlingit do noroeste do Pacífico, por exemplo, compreendiam perfeitamente que crianças defeituosas geralmente são produto de acasalamentos entre parentes muito próximos. Outras sociedades não apenas sabiam aquilo como desenvolveram teorias mitológicas para explicar o fato. Os lapões da Escandinávia falavam de *mara*, o destino fatídico gerado por parceiros no incesto e transmitido aos seus filhos. O povo kapauku de Nova Guiné, numa percepção semelhante, acreditava que o ato do incesto causa a deterioração das substâncias vitais. A população de Sulawesi, na Indonésia, tinha uma interpretação mais cósmica. Dizia que, sempre que pessoas com certos relacionamentos conflitantes acasalam — por exemplo, parentes — a natureza é lançada em confusão.

Curiosamente, embora 56 das sessenta sociedades de Durham tivessem o tema do incesto em um ou mais de seus mitos, somente cinco continham relatos de efeitos maléficos. Um número um pouco maior atribuía resultados benéficos às transgressões — em particular a criação de gigantes e heróis. Mas, mesmo nesse caso, o incesto era visto como algo especial, se não anormal.

O efeito de Westermarck é uma regra epigenética da coevolução gene-cultura, por ser a predisposição herdada dos indivíduos a selecionar e transmitir pela cultura uma dentre várias (neste caso, duas) opções possíveis. Seu similar na genética médica são os genes da "suscetibilidade" ao câncer, ao alcoolismo, à depressão crônica e a muitas outras das mais de mil doenças herdadas conhecidas. Os portadores dos genes não estão absolutamente condenados a adquirir o traço, mas em certos ambientes são mais suscetíveis do que as pessoas comuns a adquiri-lo. Se você é geneticamente propenso a mesotelioma e trabalha num ambiente infestado de pó de amianto, terá uma tendência maior que seus colegas a desenvolver a doença. Se você tem uma propensão genética ao alcoolismo e costuma sair com bebedores inveterados, tenderá, mais do que seus amigos geneticamente menos propensos, a desenvolver a dependência. As regras epigenéticas do comportamento que afetam a cultura e surgiram por seleção natural atuam da mesma forma, mas com o efeito oposto. Elas são a norma, e fortes desvios delas tendem a ser eliminados pela evolução cultural ou pela evolução genética, ou ambas. Vistas a essa luz, tanto as regras genéticas da coevolução gene-cultura como a suscetibilidade às doenças são compatíveis com a definição ampla de "epigenético", adotada pelo US National Institutes of Health, como "mudanças na regulação da atividade e expressão dos genes que não são dependentes da sequência dos genes", incluindo "mudanças herdáveis na atividade e expressão dos genes (na progênie de células ou indivíduos) e também alterações estáveis, de longo prazo, no potencial transcricional de uma célula, que não são necessariamente herdáveis".

Numa categoria radicalmente diferente, um segundo caso de coevolução gene-cultura igualmente bem pesquisado é o vocabulário das cores. Os cientistas o rastrearam desde os genes que determinam a percepção das cores até a expressão final da percepção das cores na linguagem.

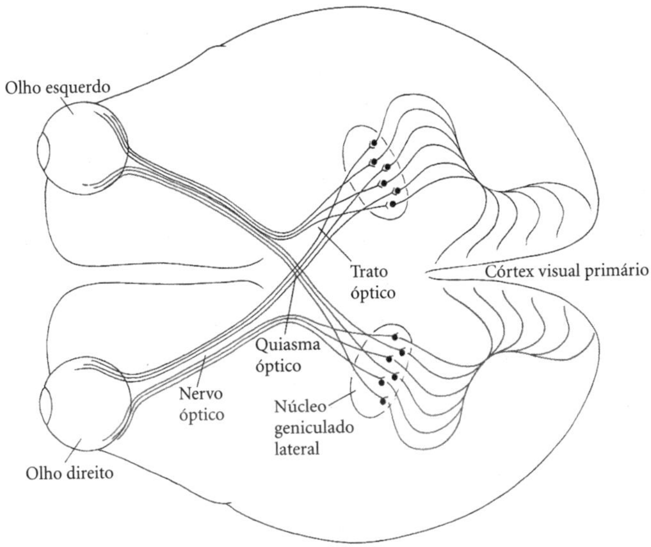

Figura 20-2. *A criação da cor pelo cérebro. Frequências de luz são separadas na retina em categorias amplas destinadas a ser classificadas pelo cérebro como cores. Impulsos neurais gerados pela retina viajam pelo nervo óptico para o núcleo geniculado lateral no tálamo, um grande centro organizador e de trânsito. Do tálamo, a informação visual viaja aos centros de processamento no córtex visual primário e outras regiões do cérebro. (Baseado em David H. Hubel e Torsten N. Wiesel, "Brain mechanisms of vision",* Scientific American, *set. 1979, p. 154.)*

As cores não existem na natureza. Ao menos, não existem na natureza da forma que o cérebro ignorante pensa. A luz visível consiste em comprimentos de onda em constante variação, sem nenhuma cor intrínseca. A visão da cor é imposta a essa variação pelas células cones fotossensíveis da retina e pelas células nervosas conectoras do cérebro. Começa quando a energia luminosa é absorvida por três diferentes pigmentos nos cones, rotulados pelos biólogos de células azuis, verdes ou vermelhas, de acordo com os pigmentos fotossensíveis que contêm. A reação molecular desencadeada pela energia luminosa é convertida em sinais elétricos que são transmitidos para as células ganglionares retinianas for-

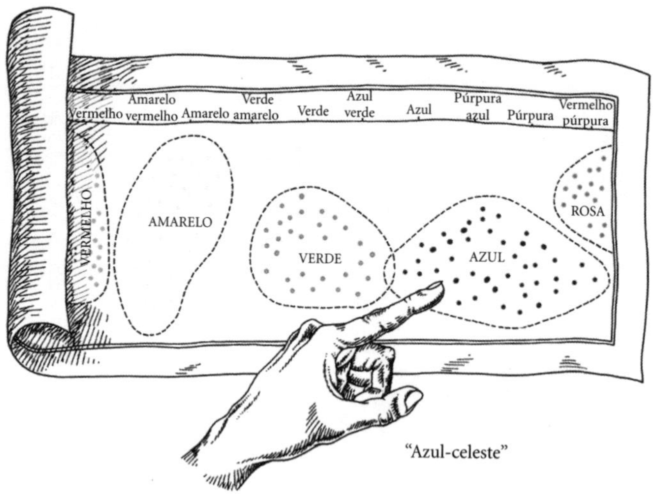

Figura 20-3. *O experimento de Berlin-Kay, demonstrando que a percepção inata das cores primárias orienta a evolução dos vocabulários das cores. Os falantes da língua nativa concentram seus termos onde a percepção das cores é mais estável como mudanças de frequência de ondas luminosas. (De Charles J. Lumsden e Edward O. Wilson,* Promethean Fire: Reflections on the Origin of Mind. *Cambridge, MA: Harvard University Press, 1983.)*

mando o nervo óptico. Aqui a informação de comprimento de onda é recombinada para gerar sinais distribuídos ao longo de dois eixos. O cérebro mais tarde interpreta um eixo como verde a vermelho e o outro como azul a amarelo, sendo o amarelo definido como uma mistura de verde e vermelho. Uma célula ganglionar específica, por exemplo, pode ser excitada pela entrada de cones vermelhos e inibida pela entrada de cones verdes. A força do sinal elétrico então transmitido informa ao cérebro quanto vermelho ou verde a retina está recebendo. Informações coletivas desse tipo de grandes números de cones e células ganglionares mediadoras são repassadas para o cérebro, através do quiasma óptico aos núcleos geniculados laterais do tálamo, que são massas de células nervosas que compõem uma estação de transmissão

Figura 20-4. *Em* Nova harmonia *(1936), de Paul Klee, o olho é atraído primeiro pelos quadrados vermelhos, depois tende a mudar para outras cores numa sequência mais ou menos semelhante à ordem seguida na evolução dos vocabulários das cores. Porém, a ligação possível entre os processos fisiológico e cultural ainda precisa ser testada.* (*Paul Klee,* Nova harmonia (Neue Harmonie), *1936, óleo sobre tela, 93,6 x 66,3 cm, Solomon R. Guggenheim Museum, Nova York, 71.1960.*)

perto do centro do cérebro, e finalmente para conjuntos de células no córtex visual primário bem no fundo do cérebro.

Em milissegundos a informação visual, agora codificada com a cor, espalha-se para diferentes partes do cérebro. O modo como o cérebro responde depende da entrada de outros tipos de informações e das lembranças evocadas. Os padrões invocados por muitas dessas combinações, por exemplo, podem levar a pessoa a pensar em palavras que denotem os padrões, como: "Esta é a bandeira norte-americana; suas cores são vermelho, branco e azul". Mantenha a seguinte comparação em mente ao refletir sobre a aparente obviedade da natureza humana: um inseto voando por ali perceberia comprimentos de onda diferentes, e os decomporia em cores diferentes, ou em nenhuma cor, dependendo da espécie, e, se fosse capaz de falar, suas palavras seriam difíceis de traduzir para as nossas. Sua bandeira seria bem diferente da nossa, graças à sua natureza de inseto (oposta à natureza humana). "Esta é a bandeira das formigas; suas cores são ultravioleta e verde" (as formigas conseguem ver o ultravioleta, ao contrário de nós, mas não o vermelho, que nós vemos).

A química dos três pigmentos dos cones — os aminoácidos de que se compõem e as formas que suas cadeias assumem — é conhecida. O mesmo ocorre com a estrutura do DNA nos genes do cromossomo X que os determina, bem como aquela das mutações nos genes que causam o daltonismo.

Assim, por processos moleculares herdados razoavelmente bem entendidos, o sistema sensorial e o cérebro humano decompõem os comprimentos de onda em constante variação da luz visível no conjunto de unidades mais ou menos distintas que denominamos espectro das cores. O conjunto é arbitrário num sentido essencialmente biológico. É apenas um dentre muitos conjuntos que poderiam ter evoluído ao longo de milhares de milênios. Mas não é arbitrário num sentido cultural. Tendo evoluído geneticamente, não pode ser alterado pelo aprendizado ou por decreto. Todos os traços culturais humanos que envolvem as cores derivam desse processo. Como um fenômeno biológico, a percepção das cores existe em contraste com a percepção da intensidade da luz, a qualidade básica da luz visível além da frequência. Quando variamos a intensidade da luz gradualmente, girando suavemente o botão de um regulador de luz, percebemos a mudança como o processo contínuo que ele realmente é. Mas se usamos luz monocromática — projetando apenas um comprimento de onda de cada vez — e mudamos de um comprimento de onda para o seguinte em sucessão, não percebemos tal continuidade. O que vemos ao passarmos da extremidade curta de comprimento de onda para a longa é, primeiro, uma grande faixa azul (ao menos uma faixa de comprimento de onda mais ou menos percebida como essa cor), depois verde, depois amarela e finalmente vermelha. A essas cores acrescentamos o branco, produzido pelas cores combinadas, e o preto, a ausência de luz.

A criação dos vocabulários de cores no mundo inteiro é condicionada por essa mesma restrição biológica. Num experimento famoso realizado na década de 1960, Brent Berlin e Paul Kay testaram os conceitos de cores entre falantes nativos de vinte línguas, inclusive árabe, búlgaro, cantonês, catalão, hebraico, ibibio, tailandês, tzeltal e urdu. Pediu-se aos voluntários que descrevessem seu vocabulário de cores de forma direta e precisa. Foi mostrada a eles uma escala de Munsell, uma sucessão de fichas variando, no espectro das cores, da esquerda para a direita e aumentando de brilho de baixo para cima, e pediu-se que situassem cada um dos termos de cores principais de sua língua nas fichas mais próximas do significado das palavras. Embora os termos variem amplamente de uma língua para outra na origem e no som, os falantes os situaram em grupos na escala que correspondem, ao menos aproximadamente, às cores principais: azul, verde, amarelo e vermelho.

A intensidade do viés de aprendizado foi revelada de forma impressionante por um experimento sobre a percepção das cores realizado no final da década de 1960 por Eleanor Rosch. Na busca de "categorias naturais" de cognição, Rosch explorou o fato de que o povo dani, da Nova Guiné, não possui palavras para denotar cores. Só se referem a *mili* (em linhas gerais, "escuro") e *mola* ("claro"). Rosch refletiu sobre a seguinte pergunta: se os adultos dani resolvessem aprender um vocabulário de cores, o aprendizado seria mais rápido se os termos das cores correspondessem aos principais matizes inatos? Em outras palavras, a inovação cultural seria canalizada, em certo grau, pelas limitações genéticas? Rosch dividiu 68 voluntários dani do sexo masculino em dois grupos. Ensinou a um deles uma série de termos de cores recém-inventados para as principais categorias de matizes da escala (azul, verde, amarelo, vermelho), correspondendo à maioria dos vocabulários naturais das outras culturas. Ensinou a um segundo grupo de homens dani uma série de termos novos afastados dos grupos principais formados por outras línguas. A primeira turma de voluntários, seguindo as propensões "naturais" de percepção das cores, aprendeu duas vezes mais rápido do que a segunda, que ficou com os termos de cores alternativos menos naturais. O grupo também selecionou aqueles termos mais prontamente quando pôde escolher.

Agora vem a pergunta que requer uma resposta para completar a transição dos genes à cultura. Dada a base genética da visão das cores e seu efeito geral sobre o vocabulário das cores, qual o grau de dispersão dos traços entre as diferentes culturas? Temos ao menos uma resposta parcial. No caso do efeito de Westermarck e da aversão ao incesto por ele criada, todas as sociedades são quase completamente uniformes. Entretanto, os vocabulários das cores diferem bastante nesse aspecto. Umas poucas sociedades não se preocupam muito com as cores, bastando-lhes uma classificação rudimentar. Outras fazem distinções sutis de matizes e intensidade dentro de cada uma das cores básicas. Elas diversificaram seus vocabulários.

Essa diversificação do vocabulário das cores teria sido aleatória? Claro que não. Em investigações posteriores, Berlin e Kay observaram que cada sociedade emprega de dois a onze termos básicos de cores, que são pontos focais distribuídos pelos quatro blocos de cores elementares percebidos na escala de Munsell. A série completa é: preto, branco, vermelho, amarelo, verde, azul, marrom, púrpura, rosa, laranja e cinza. Cada cor pode ser equiparada, através das culturas, a um termo dentre os onze ou a certa combinação de termos. Quando dizemos "rosa", por exemplo, pode haver em outra língua um termo equivalente ou, digamos, um termo que signifique para nós "rosa" e/ou "laranja". A língua do povo dani, por exemplo, emprega apenas dois dos termos, enquanto o português emprega todos os onze termos. Na passagem de sociedades com classificações simples para aquelas com classificações complexas, as combinações de termos das cores básicas geralmente aumentam da seguinte forma hierárquica:

> Línguas com apenas dois termos básicos de cores usam-nos para distinguir preto e branco.
>
> Línguas com apenas três termos básicos de cores usam-nos para distinguir preto, branco e vermelho.
>
> Línguas com apenas quatro termos básicos de cores usam-nos para distinguir preto, branco, vermelho e verde ou amarelo.
>
> Línguas com apenas cinco termos básicos de cores usam-nos para distinguir preto, branco, vermelho, verde e amarelo.
>
> Línguas com apenas seis termos básicos de cores usam-nos para distinguir preto, branco, vermelho, verde, amarelo e azul.
>
> Línguas com apenas sete termos básicos de cores usam-nos para distinguir preto, branco, vermelho, verde, amarelo, azul e marrom.
>
> Nenhuma prioridade assim ocorre entre as quatro cores básicas restantes — púrpura, rosa, laranja e cinza — quando acrescentadas além das sete primeiras.

Se os termos básicos de cores fossem combinados aleatoriamente, o que claramente não ocorre, os vocabulários humanos de cores seriam extraídos arbitrariamente dentre 2036 sequências matematicamente possíveis. A progressão de Berlin-Kay sugere que são extraídos na maior parte dentre apenas 22.

Novos trabalhos subsequentes confirmaram a realidade das onze palavras básicas para cores, de modo que as de uma língua podem ser correlacionadas às de outra — seja uma correlação de uma para uma, muitas para uma ou uma para muitas. Porém, precisamente onde os termos se situam em cada uma das cores focais difere entre as línguas. O posicionamento parece depender da importância da cor no ponto da área focal básica onde se situa. Depende também de quão bem a localização distingue a cor básica da seguinte.

Uma pergunta fundamental ligada à coevolução gene-cultura resultante da relação entre categorias de cores e língua é o grau em que estas se afetam mutuamente. Uma hipótese influente bem expressa por Benjamin Lee Whorf no final da década de 1930 e no início da de 1940 sugere que a língua não serve apenas para comunicar o que percebemos no resto do mundo, mas também influencia o que literalmente percebemos. No caso dos vocabulários de cores, o corpo de pesquisa até agora passou a favorecer um ponto de vista médio, de que o cérebro filtra e distorce as cores reais de certas maneiras, mas não determina exclusivamente suas categorias.

Indícios diretos ligados à relação das cores com a língua foram recentemente obtidos de estudos de imagens por ressonância magnética da atividade do cérebro. A percepção das categorias de cores está mais fortemente correlacionada ao campo visual direito do cérebro. Quando foram mostradas a voluntários diversas sequências de categorias de cores, seu padrão de atividade cerebral foi mais forte no campo visual direito para cores de categorias diferentes do que para a mesma categoria de cores — como esperado. Mas diferentes categorias de cores também provocaram uma ativação mais forte na região da linguagem no hemisfério esquerdo. O resultado sugere que as regiões da língua fornecem certa quantidade de controle de cima para baixo da atividade no córtex visual.

Os biólogos evolutivos, por sua vez, começaram a sondar a questão de por que as culturas humanas em geral selecionam uma sequência específica de categorias de cores ao acrescentarem termos ao seu repertório. Um candidato promissor é a predominância da cor vermelha, que faz sua aparição cedo na sequência evolutiva. Uma explicação provável, de acordo com André A. Fernandez e Molly R. Morris, é que o vermelho e o laranja são cores típicas das frutas. Os primeiros primatas arbóreos teriam se beneficiado indo ao encontro dessa cor em meio a um ambiente predominantemente marrom e verde. À medida que algumas espécies se tornaram sociais, a hipótese continua, escolheram essas cores para anunciar disponibilidade sexual. Na teoria geral da evolução dos instintos, o vermelho e os matizes avermelhados foram "ritualizados" entre os primatas ancestrais do Velho Mundo para servirem na comunicação visual.

21. Como a cultura evoluiu

Na floresta do Triângulo Goualougo, no Congo, um chimpanzé quebra um galho fino de uma pequena árvore rasteira, arranca as folhas e enfia-o num cupinzeiro próximo. Dentro do cupinzeiro, os operários brancos tenros fogem do galho, enquanto cupins soldados acorrem para se apoderar do galho com suas mandíbulas afiadas, aferrando-se ao galho num esforço mortal. O chimpanzé sabe disso. Espera um pouco até que uma massa de defensores tenha se acumulado, depois ergue o galho, arranca os soldados e os devora. Essa prática não ocorre em todos os lugares. Faz parte da cultura local dos chimpanzés em certas populações, mas não em outras, aprendida por um indivíduo observando outro.

Na terra dos ianomâmis, entre o rio Negro e o rio Branco, numa região que cobre parte do Brasil e da Venezuela, um pequeno grupo de aldeões deixa uma casa coletiva e caminha rumo a um rio, a três quilômetros dali. Lançam veneno de timbó na água, aguardam e coletam os peixes que assomam à superfície. O pescado é levado para casa e dividido com os outros na aldeia. Essa prática ocorre no verão. Em outras épocas, as mulheres vêm, uma por uma, ao rio. Agarram os peixes com as mãos e mordem suas costas para matá-los. Ao largo da costa do Alasca, num nível bem diferente, pescadores profissionais do mar profundo lançam longas linhas contendo fileiras de anzóis no leito do oceano Pacífico, a uma profundidade de mais de mil metros. Pescam o bacalhau-negro (ou gindara quando vira sushi). O pescado é limpo e refrigerado, transportado aos mercados na costa e distribuído no mundo inteiro para restaurantes chiques e mesas privadas.

A prática da pesca é uma cultura particular que evoluiu ao longo de provavelmente milhões de anos, bem devagar no princípio e depois se acelerando até atingir uma velocidade explosiva. O caminho para um jantar de peixe é apenas uma dentre um sem-número de categorias culturais que brotaram na mente do homem, se ramificaram e juntaram desde o limiar da era neolítica, enfim se combinando para criar a substância da civilização global moderna. Nós não inventamos a cultura. Os ancestrais comuns aos chimpanzés e pré-humanos a inventaram. Nós elaboramos o que nossos antepassados desenvolveram para nos tornarmos o que somos hoje.

Como definida em linhas gerais por antropólogos e biólogos, a cultura é a combinação de traços que distingue um grupo de outro. Um traço cultural é um comportamento primeiro inventado dentro de um grupo ou aprendido de outro, depois transmitido entre os membros do grupo. A maioria dos pesquisadores também concorda que o conceito de cultura deveria ser aplicado igualmente aos animais e seres humanos, de modo a enfatizar a continuidade dos primeiros para os segundos e, não obstante, a complexidade imensamente maior do comportamento humano.

As culturas mais avançadas conhecidas entre os animais são aquelas dos chimpanzés e seus parentes próximos, os bonobos. Estudos comparativos de populações de chimpanzés espalhadas pela África revelaram um número surpreendente de traços culturais, e diferenças nas combinações desses traços, encontrados de uma população para outra.

O papel da imigração de um membro do grupo por outro na disseminação dos traços da cultura foi comprovado por experimentos com duas colônias de chimpanzés. No procedimento, pesquisadores selecionaram uma fêmea popular de cada um dos dois grupos e fizeram para ela uma demonstração privada de como obter comida de um recipiente especialmente projetado. Com a comida como recompensa, as fêmeas de chimpanzé aprenderam depressa. Uma delas desenvolveu uma técnica de "empurrar" e a outra uma técnica de "levantar". Ao retornarem aos seus próprios grupos, cada fêmea continuou praticando o método mostrado. A grande maioria de seus companheiros logo passou a usar o mesmo método para abrir o recipiente. A disseminação pode ter sido uma imitação direta da fêmea professora, mas é igualmente possível que os alunos aprenderam observando os movimentos mecânicos do ministrador de comida. Se esta última possibilidade se mostrar verdadeira, estudos adicionais poderão revelar que entre os chimpanzés o aprendizado social é bem diferente do que entre os seres humanos.

A ocorrência de cultura autêntica também foi documentada de forma convincente entre orangotangos e golfinhos. Um exemplo impressionante de inovação e transmissão cultural entre estes últimos é a pesca com esponja pelos golfinhos comuns em Shark Bay, na Austrália. Uma pequena minoria de fêmeas prende um fragmento de esponja no focinho e o enfiam em esconderijos estreitos no fundo dos canais da baía para expulsar peixes de lá. A cultura entre os golfinhos não deveria nos surpreender. Eles estão entre os animais mais inteligentes, só perdendo para os macacos e macacos antropoides. Como os golfinhos são também grandes imitadores em suas interações sociais, parece bem provável que os inovadores de Shark Bay se envolvam numa verdadeira transmissão cultural. Então por que os golfinhos e outros cetáceos inteligentes, cuja evolução se estende por milhões de anos atrás, não progrediram mais na evolução social? Três razões se destacam. Ao contrário dos primatas, não possuem ninhos ou locais de acampamento. Seus membros dianteiros são nadadeiras. No ambiente aquático o fogo controlado é uma eterna impossibilidade.

A elaboração da cultura depende da memória de longo prazo, e nessa capacidade os seres humanos estão bem acima dos demais animais. A vasta quantidade armazenada em nossos cérebros anteriores superdimensionados faz de nós exímios contadores de histórias. Evocamos sonhos e relembranças da experiência de toda uma vida para criar cenários passados e futuros. Vivemos em nossa mente consciente com a consequência de nossas ações, reais ou imaginadas. Exteriorizadas em versões alternativas, nossas histórias interiores permitem que anulemos os desejos imediatos a favor do prazer adiado. Pelo planejamento de longo prazo, derrotamos, ao menos por um tempo, a insistência de nossas emoções. Essa vida interior torna cada pessoa única e preciosa. Quando alguém morre, uma biblioteca inteira de experiência e imaginações se extingue.

Quanto é que a morte extingue? Acho que tenho uma boa ideia da resposta. Ocasionalmente fecho os olhos e retorno na lembrança para Mobile e para a Costa do Golfo do Alabama mais ou menos como eram nos anos 1940. Chegando lá, de novo um menino, viajo de uma ponta à outra do condado, em minha bicicleta Schwinn de marcha única e com pneu-balão. Mais detalhes se apresentam nitidamente. Lembro minha família estendida, cada membro com sua própria rede de pessoas e lembranças compartilhadas em parte com os outros. Eles existiram no que deve ter parecido o centro do mundo no centro do tempo. Viveram como se a Mobile de então nunca viesse a mudar muito. Tudo importava, cada detalhe, ao menos por algum tempo. De algum modo, tudo coletivamente lembrado era importante para alguém. Agora todas essas pessoas se foram. Quase tudo conservado em sua vasta memória coletiva foi esquecido. Sei que, quando eu morrer, minhas lembranças e, com elas, esse mundo anterior, e a imensidão de conhecimentos que continha, também desaparecerão. Mas sei também que todas aquelas redes, e toda aquela biblioteca de lembranças, ainda que tenham desaparecido, foram vitais para uma parte da humanidade. Por causa delas sobrevivi e fui em frente.

Os animais também têm lembranças de longo prazo, que ajudam bastante na sobrevivência. Os pombos conseguem memorizar até 1200 figuras. O quebra-nozes-de-Clark, uma espécie de pássaro que na natureza armazena bolotas do carvalho à maneira dos esquilos, recordou, quando testado em cativeiro, até 25 depósitos num aposento que continha 69, e conservou as lembranças por até 285 dias. Ambas as espécies são superadas, o que não causa surpresa, pelos babuínos. Testes revelaram que esses primatas obviamente inteligentes conseguem memorizar ao menos 5 mil itens e retê-los por ao menos três anos. A memória humana de longo prazo é, por sua vez, bem maior do que a de qualquer animal conhecido. Ao que eu saiba, nenhum método foi concebido para medir a capacidade de um ser humano individual, ainda que numa ordem de magnitude aproximada.

O grande dom do cérebro humano consciente é a capacidade — e com ela o impulso inato irresistível — de desenvolver cenários. Para cada história, a mente consciente evoca apenas uma fração ínfima da memória de longo prazo acumulada do cérebro. O modo como isso é feito permanece controvertido. Um grupo de neurocientistas argumenta que fragmentos da memória de longo prazo são transformados em memória operacional para compor cenários. Uma segunda escola acredita, com os mesmos dados, que o processo é obtido simplesmente pela excitação da memória de longo prazo — sem a necessidade de nenhuma transferência de um setor do cérebro para outro.

Em ambos os casos, está claro que, durante os relativamente rápidos 3 milhões de anos de evolução, o gênero *Homo* gerou algo de que qualquer outra espécie de animal jamais se aproximou: um banco de memória mantido em um enorme córtex cerebral de mais de 10 bilhões de neurônios, cada neurônio estendendo uma média de 10 mil ramificações que se conectam com outras células semelhantes. Essas ligações, as unidades básicas do tecido do cérebro, formam caminhos intricados de circuitos e estações retransmissoras integradoras. Redes de caminhos e estações retransmissoras, às vezes chamadas de módulos, organizam de algum modo todos os instintos e lembranças de um cérebro humano.

De início, a imensa complexidade na arquitetura do cérebro criou um problema difícil para modelos teóricos de genética aplicados à teoria evolutiva. O genoma humano contém apenas 20 mil genes codificadores de proteínas. Desses, somente uma fração determina nossos sistemas sensorial e nervoso. O problema levantado é: como uma arquitetura celular tão complicada pôde ser programada com tão poucos genes?

O dilema da escassez de genes foi solucionado por um conceito originário da genética do desenvolvimento. Pesquisadores descobriram que vários módulos podem ser construídos por instruções que primeiro os replicam com base num único programa, seguido por programas separados (e genes distintos) que comandam que cada tecido do módulo se especialize de acordo com sua localização no cérebro. Uma especialização adicional pode ser obtida pelas informações recebidas do ambiente exterior ao cérebro. Num paralelo simples, uma centopeia não precisa de um conjunto de centenas de genes para programar o desenvolvimento de seus cem pares de pernas. Somente alguns darão conta do recado. Muita coisa resta por ser aprendida sobre o controle genético do desenvolvimento do cérebro, mas ao menos a capacidade teórica dos genes humanos de realizá-lo foi demonstrada.

Com o código genético do desenvolvimento do cérebro humano deixando de ser um mistério, podemos nos voltar à origem da mente e da linguagem. Os cientistas há muito abandonaram a ideia do cérebro como uma tábula rasa sobre a qual toda a cultura é gravada por aprendizado. Nessa visão arcaica, tudo que a evolução conseguiu foi uma capacidade excepcional de aprender, baseada numa capacidade gigantesca da memória de longo prazo. Um ponto de vista diferente agora predomina: o cérebro possui uma arquitetura complexa herdada. Em consequência de como se desenvolveu, a mente consciente, um dos produtos da arquitetura, originou-se pela coevolução gene-cultura, uma interação intricada entre a evolução genética e cultural.

Os arqueólogos aderiram aos geneticistas e neurocientistas no esforço por entender a origem evolutiva da linguagem e da mente. Para reconstituir os passos e os momentos desses eventos fugidios, iniciaram um novo campo de estudos chamado "arqueologia cognitiva". De início, tal disciplina híbrida poderia aparentar poucas chances de sucesso. Afinal, além de ossos exumados, o único indício deixado pelos seres humanos antigos consiste em cinzas de fogueiras, fragmentos de ferramentas, restos descartados de refeições e outros refugos. Mesmo assim, por métodos novos de análise e experimentação, pesquisadores chegaram a esta conclusão: o pensamento abstrato e a linguagem sintática emergiram no máximo 70 mil anos atrás. A chave para essa conclusão está na existência de certos artefatos e em deduções do processo mental necessário para produzir tais artefatos. De especial importância nessa linha de raciocínio é a colocação de pontas de pedra nas extremidades das lanças. A prática já começou 200 mil anos atrás entre os neandertais da Europa e o *Homo sapiens* primitivo da África. Essa em si foi uma invenção tecnológica importante, mas pouco informa sobre raciocínio e comunicação. Porém, 70 mil anos atrás, um grande avanço novo do *Homo sapiens*, quando recentemente analisado, lançou uma luz sobre a evolução cognitiva. A confecção de lanças, o estudo concluiu, tornou-se mais sofisticada. Uma série de passos era seguida para produzir lanças, da queima e moldagem da ponta de pedra cortada ao uso de goma arábica, cera de abelha e outros artefatos para manter a ponta presa. O que isso nos informa sobre a cognição foi bem sintetizado por Thomas Wynn:

> Os artífices precisavam entender as propriedades de seus ingredientes (por exemplo, coesão) para conseguirem julgar os efeitos da temperatura, para serem capazes de alternar a atenção entre variáveis separadas em rápida mudança e para serem flexíveis o suficiente para se ajustarem à variabilidade inerente aos ingredientes da natureza.

E quanto à fala? Uma mente consciente capaz de gerar abstrações e reuni-las num cenário complexo poderia, ao que parece, também gerar uma linguagem sintática, com sequências de sujeito, verbo e objeto.

Na busca das origens antigas de qualquer espécie, é comum voltar-se para a biologia comparativa a fim de aprender como outras espécies com parentesco próximo viveram e podem ter evoluído. A busca da gênese da mente humana levou os cientistas a examinarem de perto os neandertais (*Homo neanderthalensis*), sobre os quais viemos a conhecer muita coisa. A espécie irmã da humanidade moderna ocupou a Europa na época em que o *Homo sapiens* vinha adquirindo seus poderes cognitivos avançados na África e persistiu ali por mais de 200 mil anos. O último homem de Neanderthal de que temos registro morreu cerca de 30 mil anos atrás no sul da Espanha. A espécie quase certamente foi

Figura 21-1. *O pouco progresso da cultura neandertal durante a história da espécie provavelmente se deveu à incapacidade de concatenar domínios da inteligência para criar padrões abstratos novos e imaginar cenários complexos.* (*De Steven Mithen, "Did farming arise from a misapplication of social intelligence?"* Philosophical Transactions of the Royal Society, *B, 362, pp. 705-18, 2007.*)

levada à extinção pelo *Homo sapiens*, quando essa espécie mais adaptável se espalhou gradualmente para o norte e oeste através do continente europeu.

De início a disputa foi equilibrada. Os homens de Neanderthal começaram pau a pau com seus concorrentes *sapiens* enquanto estes ainda estavam na África. Suas ferramentas de pedra eram de início tão sofisticadas quanto as dos *sapiens*. Suas facas tinham gumes retos e afiados, usados provavelmente para raspar. Outras tinham gumes serrilhados, provavelmente utilizados para serrar. Pedras pontudas foram presas de forma simples em paus para fazer lanças. O kit de ferramentas do homem de Neanderthal parece concebido para a vida da espécie como caçadores de

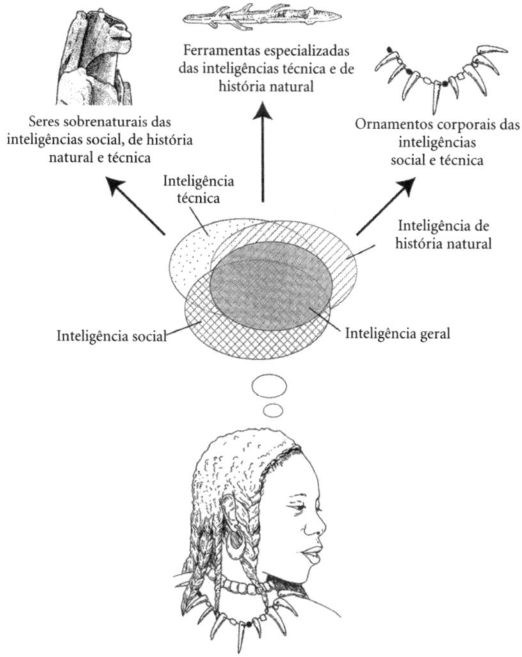

Figura 21-2. *O avanço da inteligência e da cultura do* Homo sapiens *no Paleolítico Superior é sugerido aqui. O avanço notável da cultura humana no Paleolítico Superior deveu-se evidentemente à capacidade de associar lembranças armazenadas em diferentes domínios para criar formas novas de abstração e metáfora.* (*De Steven Mithen, "Did farming arise from a misapplication of social intelligence?"* Philosophical Transactions of the Royal Society, *B 362, pp. 705-18, 2007.*)

grandes animais. Os neandertais evidentemente se deslocavam bastante, como é normal entre especialistas carnívoros. Eles cozinhavam e talvez defumavam a carne, trajavam roupas e se protegiam, em seus pobres locais de acampamento, do frio rigoroso do inverno com a ajuda do fogo. Com base no sequenciamento recente de seu código genético, o que em si já é uma realização científica notável, sabemos que possuíam o gene FOX2, associado à capacidade de linguagem, numa sequência de código específica só compartilhada com o *Homo sapiens*. Portanto, é bem possível

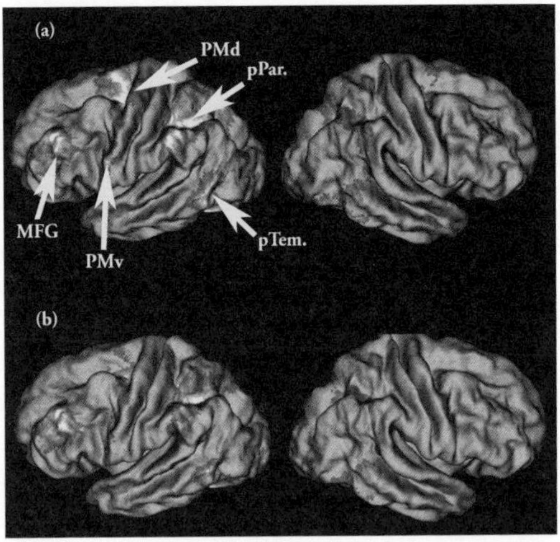

Figura 21-3. *A interação complexa de diferentes domínios mentais no cérebro humano moderno é ilustrada pela atividade em diferentes partes do cérebro enquanto um adulto (a) pensou no uso de ferramenta e (b) comunicou a mesma ferramenta com mímica. Os mapas de atividade foram obtidos por ressonância magnética funcional. (De Scott H. Frey, "Tool use, communicative gesture and cerebral asymmetries in the modern human brain",* Philosophical Transactions of the Royal Society, *B 363, pp. 1951-7, 2008.)*

que tivessem uma linguagem. Na maturidade os cérebros dos neandertais eram em média ligeiramente maiores do que os do *Homo sapiens*. Os cérebros de seus bebês e filhos também cresciam mais rapidamente do que os do *sapiens*.

Os neandertais são fascinantes em todos os aspectos como outra espécie humana paralela ao *Homo sapiens* — um experimento evolutivo disponível para comparação com o nosso próprio. E talvez o mais interessante não seja o que foram, mas o que deixaram de se tornar. Praticamente nenhum progresso ocorreu em sua tecnologia ou cultura durante seus duzentos milênios de existência. Nenhuma tentativa de confecção de ferramentas, nenhuma arte e nenhuma decoração pessoal — ao menos nada disso existe nos indícios arqueológicos de que dispomos até agora.

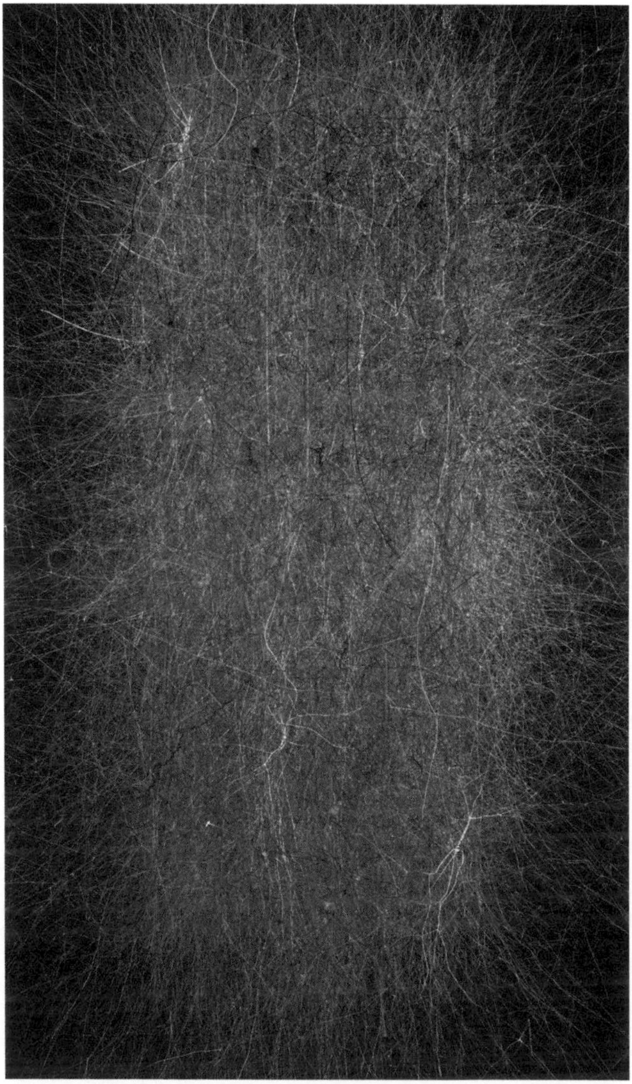

Figura 21-4. *A imensa complexidade do cérebro humano pode ser imaginada por este modelo dos 100 mil neurônios, numa porção medindo meio milímetro por dois milímetros, de um cérebro de roedor com duas semanas de idade. Unidades computacionais básicas desse tipo são repetidas milhões de vezes no cérebro humano. (Jonah Lehrer, "Blue brain,"* Seed, *n. 14, pp. 72-7, 2008. Da pesquisa de Henry Markham et al., École Polytechnique Fédérale de Lausanne.)*

Tabela 21-1. As culturas de diferentes grupos de chimpanzés silvestres na África são definidas por suas combinações de comportamentos socialmente aprendidos. [Baseado no resumo de Mary Roach, "Almost Human", *National Geographic*, pp. 136-7, abr. 2008.]

	Usam pedras para abrir nozes e frutos	*Mascam folhas para produzir esponja*	*Entram na água*	*Pescam cupins com galhos*	*Dança da chuva*	*Lançam pedras*	*Caçam pequenos animais*	*Catam outros com as mãos apertadas sobre as cabeças*	*Cortam folhas com os dentes para chamar a atenção*
Assirik, Senegal	x	x	-	-	?	x	x	x	-
Fongoli, Senegal	x	x	x	x	x	x	x	x	x
Bossou, Guiné	x	x	x	-	x	x	x	-	x
Parque Natural Taï, Costa do Marfim	x	x	-	-	x	x	x	x	x
Triângulo Goualougo, Congo	-	x	-	x	x	-	-	x	-
Budongo, Uganda	-	x	-	-	x	-	x	-	-
Parque Natural Kibale, Uganda	-	x	-	-	x	x	x	x	x
Parque Natural Gombe, Tanzânia	x	x	-	x	x	x	x	x	-
Mahale-K, Tanzânia	-	-	-	x	x	x	x	x	x
Mahale-M, Tanzânia	-	x	x	x	x	x	x	x	x

Figura 21-5. *A estepe do mamute, teatro da explosão criativa da cultura, é preservada em campos gramados e florestas nas montanhas semelhantes às do atual Refúgio Nacional de Vida Silvestre do Ártico. Durante a era glacial, o* Homo sapiens *avançou através da Eurásia ao sul da geleira continental, caçando animais grandes e substituindo sua espécie irmã* Homo neanderthalensis. (*"O outono onírico", de* Arctic Sanctuary: Images of the Arctic National Wildlife Refuge. *Fairbanks: University of Alaska Press, 2010, p. 115. Fotografias de Jeff Jones, ensaios de Laurie Hoyle.*)

Enquanto isso, o *Homo sapiens* seguiu adiante, e, mais ou menos na época em que os neandertais saíram de cena, as realizações cognitivas do *sapiens* floresceram substancialmente. A primeira população avançou ao norte ao longo do Danúbio até as terras centrais europeias cerca de 40 mil anos atrás. Dez mil anos depois, as inovações que marcaram a era paleolítica superior haviam começado: arte rupestre figurativa elegante, esculturas incluindo uma cabeça de leão num corpo humano, flautas de ossos, incêndios controlados em áreas delimitadas para direcionar e capturar a caça e xamãs em trajes típicos.

O que catapultou o *Homo sapiens* até esse nível? Os especialistas no assunto concordam que a memória de longo prazo aumentada, especialmente aquela aplicada à memória operacional, e com ela uma capacidade de desenvolver cenários e planejar estratégias em breves períodos, desempenharam um papel-chave na Europa e em outras partes, tanto antes como depois da saída da África. Qual foi a força propulsora que levou ao limiar da cultura complexa? Parece ter sido a seleção de grupo. Um grupo com membros capazes de interpretar intenções e cooperar entre si, enquanto previam as ações dos grupos concorrentes, teria uma enorme vantagem em relação a outros menos dotados. Ocorreu sem dúvida competição entre membros do grupo, levando à seleção natural de traços que davam vantagem a um indivíduo em relação a outro. Mas, mais importante para uma espécie adentrando ambientes novos e competindo com rivais poderosos, foram a união e a cooperação dentro do grupo. Moralidade, submissão, fervor religioso e capacidade de luta se combinaram a imaginação e memória para produzir o vencedor.

22. As origens da linguagem

A explosão de inovações que levou a humanidade ao domínio mundial com certeza não resultou de uma única mutação fortalecedora. Tampouco adveio como alguma inspiração mística que desceu sobre nossos ancestrais batalhadores. Nem pode ter resultado do estímulo de terras novas e recursos abundantes — desfrutados também pelas espécies relativamente pouco progressistas dos cavalos, leões e macacos antropoides. Mais provavelmente o que dotou o *Homo sapiens* de uma capacidade tão elevada para a cultura foi a aproximação gradual e enfim chegada a um divisor de águas com a transposição de um nível limítrofe de capacidade cognitiva.

A ascensão havia começado na África ao menos 2 milhões de anos antes com o *Homo habilis*, precursor do *Homo erectus*. Àquela altura, o cérebro anterior começou seu crescimento fenomenal, não visto em nenhuma outra estrutura complexa durante meio bilhão de anos anteriores de evolução animal. O que desencadeou aquela mudança? As pré-adaptações para a eussocialidade, o nível mais avançado de organização social, haviam sido postas em marcha, mas o mesmo ocorrera com as várias espécies de australopitecíneos que existiam até então, nenhuma das quais encontrou o caminho para o crescimento cerebral rápido. Acredito que a pista para o avanço do *Homo* resida na pré-adaptação crítica que impelira as poucas outras espécies de animais em evolução na história da vida que conseguiram transpor o limiar da eussocialidade. Cada uma dessas espécies, sem exceção, das cerca de duas dúzias de linhagens de insetos e crustáceos aos ratos-toupeiras-pelados, defendeu um ninho onde os membros podiam encontrar comida suficiente para sustentar a colônia. Nos raros casos em que tais colônias conseguiam superar na competição os indivíduos solitários, estes permaneciam no ninho em vez de se dispersarem para renovar o ciclo da vida solitária.

Não é por coincidência que na origem do *Homo erectus*, e bem provavelmente antes, na época de seu ancestral imediato *Homo habilis*, grupos pequenos haviam começado a formar locais de acampamento. Conseguiram criar esses equivalentes aos ninhos dos animais porque haviam mudado sua dieta de vegetariana para onívora, com uma dependência substancial da carne. Procuravam animais mortos e caçavam, e com o tempo passaram a depender do resultado altamente calórico da carne cozida. Os indícios arqueológicos revelam que os bandos deixaram de perambular constantemente pelo território coletando frutas e outros alimentos vegetais, à maneira dos chimpanzés e dos gorilas da mesma época. Agora selecionavam locais defensáveis e os fortificavam, alguns permanecendo por períodos prolongados para proteger os jovens, enquanto os outros caçavam. Com o acréscimo do fogo controlado no acampamento, a vantagem desse modo de vida se solidificou.

Mesmo assim, carne e fogueiras por si sós não são suficientes para explicar o rápido aumento ocorrido no tamanho do cérebro. Acredito com certa confiança que o elemento em falta é suprido pela hipótese da inteligência cultural de Michael Tomasello e seus colegas na antropologia biológica, desenvolvida durante as últimas três décadas.

Esses pesquisadores enfatizam que a diferença básica e crucial entre a cognição humana e a de outras espécies de animais, incluindo nossos parentes genéticos mais próximos, os chimpanzés, está na capacidade de colaborar com o propósito de atingir metas e intenções compartilhadas. A especialidade humana é a intencionalidade, amoldada por uma memória operacional imensa. Tornamo-nos experts em interpretar a mente e os campeões mundiais em inventar cultura. Não apenas interagimos intensamente entre nós, como fazem outros animais com organizações sociais avançadas, mas em um grau singular acrescentamos o impulso por colaborar. Expressamos nossas intenções como apropriadas ao momento e interpretamos as dos outros de forma brilhante, cooperando estreita e competentemente para construir ferramentas e abrigos, para treinar os jovens, para planejar expedições de forrageio, para participar de equipes, para obter quase todo o necessário à sobrevivência como seres humanos. Tanto os caçadores-coletores como os executivos de Wall Street fofocam em todos os encontros sociais, avaliando os outros, estimando sua confiabilidade e prevendo suas intenções. Nossos líderes engendram estratégias políticas com as habilidades da inteligência social. Homens de negócios fecham acordos interpretando intenções, e grande parte das artes criativas se dedica à sua expressão. Como indivíduos, mal conseguimos viver um dia sem o exercício da inteligência cultural, ainda que apenas nos ensaios frequentes que invadem nossos pensamentos privados.

Os seres humanos estão emaranhados em redes sociais. Como o proverbial peixe n'água, temos dificuldade em conceber qualquer lugar diferente desse ambiente mental que desenvolvemos. Desde a infância estamos predispostos a interpretar a intenção dos outros, e não hesitamos em cooperar se existe apenas um resquício de interesse compartilhado. Num experimento revelador, mostrou-se a crianças como abrir a porta de um compartimento. Quando adultos tentaram abrir a porta e fingiram que não o conseguiam, as crianças interromperam o que estavam fazendo e atravessaram o aposento para ajudar. Chimpanzés, bem menos avançados na consciência cooperativa, quando colocados na mesma circunstância não fizeram esse esforço.

Em outro experimento, chimpanzés foram submetidos a testes de inteligência e seus resultados foram comparados com aqueles de crianças de dois anos e meio testadas antes de ingressarem na escola e aprenderem a ler e escrever. Na resolução de problemas físicos e espaciais (por exemplo, localizar uma recompensa oculta, discriminar quantidades diferentes, entender as propriedades de ferramentas, usar um pedaço de pau para alcançar um objeto), os chimpanzés e as crianças novas praticamente empataram. No entanto, as crianças exibiram mais habilidades avançadas do que os chimpanzés em uma variedade de testes sociais. Aprenderam mais enquanto observavam uma demonstração, entenderam melhor dicas que ajudam a localizar uma recompensa, seguiram o olhar de outros até um alvo e compreenderam a intenção das ações de outros na busca de uma recompensa. O sucesso dos seres humanos, ao que parece, não se deve a uma inteligência geral elevada que enfrenta todos os desafios, e sim ao fato de nascerem para ser especialistas em habilidades sociais. Ao cooperarem pela comunicação e pela interpretação das intenções, os grupos conseguem bem mais do que o esforço de qualquer pessoa solitária.

As primeiras populações de *Homo sapiens*, ou seus ancestrais imediatos na África, chegaram ao nível máximo de inteligência social ao adquirirem uma combinação de três atributos específicos. Desenvolveram uma atenção compartilhada — em outras palavras, a tendência a prestarem atenção ao mesmo objeto que os outros também estão observando. Adquiriram um alto nível de consciência de que precisavam agir juntos para alcançar um objetivo comum (ou impedir a tentativa de outros). E adquiriram uma "teoria da mente", o reconhecimento de que seus próprios estados mentais seriam compartilhados por outros.

Quando essas qualidades haviam se desenvolvido o suficiente, línguas comparáveis às que predominam atualmente foram inventadas. Esse avanço certamente ocorreu antes da saída da África 60 mil anos atrás. Naquela época, os colonizadores possuíam a capacidade linguística plena de seus descendentes modernos e provavelmente usavam linguagens sofisticadas. O principal indício para essa conclusão é o fato de que as populações aborígines atuais, descendentes diretos dos colonizadores que hoje vivem em populações relictuais da África à Austrália, têm linguagens de alta qualidade e os atributos mentais para inventá-las.

A linguagem foi o Graal da evolução social humana. Uma vez consolidada, concedeu poderes quase mágicos à espécie humana. A linguagem utiliza símbolos e palavras arbitrárias para transmitir significado e gerar um número potencialmente infinito de mensagens. É capaz de, em última análise, expressar, ao menos de forma aproximada, tudo que os sentidos humanos conseguem perceber, cada sonho e experiência que a mente humana consegue imaginar, e cada enunciado matemático que nossas análises conseguem desenvolver. Parece lógico que a linguagem não criou a mente, mas vice-versa. A sequência na avaliação cognitiva foi da interação social intensa nos primeiros povoados a um sinergismo com capacidade crescente de interpretar e agir conforme as intenções, a uma capacidade de criar abstração ao lidar com os outros e o mundo externo e, finalmente, à linguagem. Os rudimentos da linguagem humana podem ter aparecido como as qualidades mentais habilitadoras essenciais que se reuniram e coevoluíram de forma sinérgica. Mas é altamente improvável que as tenham precedido. Michael Tomasello e seus colegas sustentaram essa tese nestes termos:

> A linguagem não é básica; ela é derivada. Repousa sobre as mesmas habilidades cognitivas e sociais subjacentes que levam as crianças a apontar para coisas e mostrar coisas a outras pessoas de forma declarativa e informativa, de uma maneira que os outros primatas não fazem, e que as levam a se envolverem em atividades colaborativas e de atenção conjunta com outros da mesma espécie, também únicas entre os primatas. A pergunta geral é: o que é a linguagem senão um conjunto de dispositivos de coordenação para direcionar a atenção dos outros? O que poderia significar dizer que a linguagem é responsável pela compreensão e pelo compartilhamento de intenções, quando na verdade a ideia da comunicação linguística sem essas habilidades subjacentes é incoerente? E assim, embora seja verdade que a linguagem representa uma grande diferença entre os seres humanos e outros primatas, acreditamos que ela realmente deriva das capacidades unicamente humanas de interpretar e compartilhar intenções com outras pessoas — que também sustentam outras habilidades singularmente humanas que emergem junto com a linguagem, como gestos declarativos, colaboração, fingimento e aprendizado imitativo.

Os animais são ocasionalmente descritos como possuindo uma linguagem. Dizem que as abelhas de mel, talvez o exemplo mais impressionante, se comunicam com sinais abstratos durante suas danças nos favos da colmeia e sobre os corpos reunidos de suas colegas operárias durante a emigração para novos locais de nidificação. A abelha dançante transmite realmente a direção e a distância do alvo, seja uma fonte de néctar e pólen ou um novo local de nidificação potencial. Mas o código é fixo, e tem sido assim há provavelmente milhões de anos. Além disso, a dança não é um símbolo abstrato como nas palavras e nas frases humanas. Ela é uma representação do voo que as abelhas precisam fazer para chegar ao alvo. Se o dançarino se move em círculo, significa que o alvo está próximo ao ninho ("desloquem-se bem perto em torno do ninho para achar o alvo"). A dança do requebrado, formando repetidamente um oito, informa que o alvo está mais distante. O segmento do meio do 8, mais parecido com a letra grega Θ, é a direção a tomar em referência ao ângulo do sol, e o comprimento do segmento do meio é proporcional à distância até o alvo. Isso é impressionante, mas somente os humanos conseguem dizer algo como: "Saia pela entrada, vire à direita, siga pela estrada até chegar no primeiro sinal, depois procure o restaurante no meio do quarteirão — não, espere, fica na esquina seguinte".

Ao contrário da comunicação das abelhas e outros animais, a linguagem humana tornou-se capaz da representação separada, fazendo referência a objetos e eventos não presentes na vizinhança imediata — ou mesmo inexistentes. Além disso, a fala humana acrescenta informações pela prosódia, a ênfase em palavras específicas e sua ritmação para invocar um estado de espírito, enfatizar ou denotar um significado de uma expressão em oposição a outro. A linguagem humana está impregnada de ironia, um jogo sutil de hipérbole e desorientação que transmite um sentido diferente do literal. A linguagem pode ser indireta, insinuando uma mensagem em vez de enunciá-la francamente, deixando assim aberta a possibilidade de negação. Entre os exemplos estão a sedução sexual aberta ou estereotipada ("Gostaria de subir ao meu apartamento para ver minhas gravuras?"), pedidos educados ("Se você puder me ajudar a trocar este pneu ficarei eternamente grato"), ameaças ("Bonita loja esta sua. Seria uma pena se algo acontecesse com ela"), subornos ("Poxa, guarda, dá para pagar a multa agora?"), solicitar uma doação ("Esperamos que você ingresse em nosso Programa de Liderança"). Como explicaram Steven Pinker e outros pesquisadores do assunto, o discurso indireto possui duas funções: transmitir informações e negociar um relacionamento entre o falante e o ouvinte.

Como a linguagem é central à existência humana, é importante conhecer sua história evolutiva. Esse objetivo é dificultado pelo fato de a linguagem também ser o mais perecível dos artefatos. Indícios arqueológicos remontam apenas à origem da escrita, cerca de 5 mil anos atrás, época em que as mudanças genéticas críticas no *Homo sapiens* haviam ocorrido e as regras da fala sofisticadas estavam uniformemente consolidadas nas sociedades no mundo inteiro.

Mesmo assim, existem uns poucos padrões na fala que podem ser citados como produtos da evolução. Um desses vestígios é a tomada de vez durante as conversas. Uma impressão popular arraigada é que as culturas diferem nos intervalos entre as falas. Acredita-se, por exemplo, que os nórdicos façam longas pausas entre a fala de uma pessoa e a resposta da outra. Os judeus de Nova York são satirizados por comediantes preferindo um discurso quase simultâneo. No entanto, quando se mediram os intervalos conversacionais entre falantes de dez idiomas do mundo inteiro, todos evitavam a sobreposição (mas não a interrupção), e a duração dos intervalos se mostrou igual. Contudo, conversas entre falantes de línguas diferentes resultaram em uma variação considerável no intervalo, conforme os interlocutores se esforçavam para captar o sentido e a intenção. Esse efeito compreensível deve ser a origem da percepção de que as culturas diferem na ritmação da conversa.

Outro vestígio da evolução linguística inicial recentemente documentado são as vocalizações não verbais, provavelmente mais antigas que a linguagem. Descobriu-se que vocalizações que comunicam emoções negativas (raiva, aversão, medo e tristeza), por exemplo, eram iguais entre falantes nativos de inglês na Europa e falantes da língua himba limitada a povoações remotas e culturalmente isoladas do norte da Namíbia. Já as vocalizações não verbais que comunicam emoções positivas (realização, diversão, prazer sensual e alívio) não mostram a mesma correspondência. Desconhece-se a razão dessa diferença.

A questão fundamental relativa à origem da linguagem não é a tomada de vez ou as elocuções pré-linguísticas, e sim a gramática. A ordem em que as palavras e as expressões são juntadas é aprendida ou de alguma forma inata? Em 1959, um diálogo histórico entre B. F. Skinner e Noam Chomsky ocorreu sobre esse tema. Tomou a forma de uma longa resenha de Chomsky sobre o livro de Skinner *Comportamento verbal*, publicado em 1957. Skinner, o fundador do behaviorismo, afirmou que a linguagem é totalmente aprendida. Chomsky discordou. Aprender uma linguagem, ele disse, com todas as suas regras gramaticais é complexo demais para uma criança memorizar durante o tempo disponível. Chomsky de início pareceu vencer a discussão. Depois reforçou seu argumento formulando uma série de regras seguidas espontaneamente, segundo ele, pelo cérebro em desenvolvimento. Essas regras foram, porém, expressas de uma forma quase incompreensível, das quais se segue um infeliz exemplo:

> Para sintetizar, fomos levados às seguintes conclusões, sob o pressuposto de que o traço de uma categoria de nível zero deve ser apropriadamente governado.
>
> 1. VP é α-marcado por I.
> 2. Somente categorias lexicais são L-marcadores, de modo que VP não é L-marcado por I.
> 3. α-governo é restrito à irmandade sem a qualificação (35).
> 4. Somente o término de uma cadeia-X^0 pode α-marcar ou Caso-marcar.

5. O movimento de cabeça para cabeça forma uma cadeia A.
6. A concordância de cabeça SPEC e cadeias envolvem a mesma indexação.
7. A coindexação de cadeia se aplica aos vínculos de uma cadeia estendida.
8. Não existe coindexação acidental de I.
9. A coindexação I-V é uma forma de concordância de cabeça para cabeça; se restrita a verbos aspectuais, então estruturas geradas por bases da forma (174) contam como estruturas de adjunção.
10. Possivelmente um verbo não governa propriamente seu complemento α-marcado.

Os estudiosos lutaram para entender o que parecia ser uma sacada nova e profunda do funcionamento do cérebro (eu fui um deles). A gramática profunda ou gramática universal, como foi alternadamente chamada, foi um tema favorito dos intelectuais de salão perplexos e seminários universitários. Por um longo tempo, Chomsky teve sucesso até porque, na falta de outro motivo, raramente sofreu a afronta de ser entendido.

Com o tempo, analistas conseguiram traduzir em linguagem e diagramas compreensíveis o que Chomsky e seus seguidores vinham dizendo. Entre os mais acessíveis e favoráveis está o best-seller de Steven Pinker *O instinto da linguagem* (1994).

Contudo, mesmo com Chomsky decodificado, a questão permaneceu: existe realmente uma gramática universal? Um instinto poderosíssimo para aprender a linguagem decerto existe. Existe também um período sensível no desenvolvimento cognitivo de uma criança quando o aprendizado é mais rápido. De fato, tão rápida é a aquisição da linguagem e tão intenso o esforço da criança por aprender que o argumento de Skinner afinal talvez não seja tão descartável. Talvez exista um período no início da infância em que a capacidade de aprender palavras e a ordem das palavras é tamanha que torna desnecessário um módulo especial do cérebro para gramática.

De fato, o progresso das pesquisas experimentais e de campo nos últimos anos deu origem a uma visão da evolução da linguagem diferente da "gramática profunda". A alternativa leva em conta as regras epigenéticas, envolvendo o "aprendizado preparado", no modo como se desenvolvem as línguas das culturas individuais. Mas as restrições impostas por essas regras são muito amplas. O psicólogo e filósofo Daniel Nettle descreveu o surgimento e as possibilidades que oferece de novos rumos nas pesquisas em linguística:

> Todas as linguagens humanas desempenham a mesma função, e o conjunto de distinções que usam para fazê-lo é provavelmente altamente limitado. As limitações advêm da arquitetura universal da mente humana, que influencia a forma da linguagem através da maneira como ouve, enuncia, recorda e aprende. Entretanto, dentro dessas limitações, existe margem para a variação de língua para língua. Por exemplo, as grandes categorias de sujeito, verbo e objeto variam em sua ordem típica, e algumas línguas sinalizam as diferenças gramaticais basicamente pela sintaxe, ou combinatória de palavras, enquanto outras o conseguem principalmente pela morfologia, ou a mutação interna das palavras.

Existe agora um número de novas avenidas prováveis para penetrar mais profundamente o enigma da linguagem, afastando a linguística da contemplação de diagramas estéreis e a aproximando da biologia. Uma delas é como o ambiente externo amplia ou reduz as limitações na evolução da linguagem, seja por evolução genética, por evolução cultural ou ambas. Nos climas quentes, tomando um exemplo simples, as línguas ao redor do mundo evoluíram para usar mais vogais e menos consoantes, criando combinações de sons mais sonoras. A explicação dessa tendência pode ser uma simples questão de eficiência acústica. Os sons sonoros se projetam mais, adequando-se à tendência das pessoas nos climas quentes de passarem mais tempo ao ar livre e se manterem mais distantes entre si.

Outro fator na geração da diversidade da linguagem pode ser genético. Existe uma correlação nos padrões geográficos entre o uso do tom de voz para transmitir a gramática e o sentido das palavras, por um lado, e a frequência dos genes tecnicamente rotulados de *ASPM* e *Microcefalina*, que afetam o desenvolvimento do tom de voz.

As propriedades-chave da mente orientando a evolução da linguagem quase certamente surgiram antes da origem da própria linguagem. Acredita-se que sua origem resida na arquitetura anterior, mais fundamental da cognição. A flexibilidade no desenvolvimento da sintaxe tem sido documentada na variabilidade das ordens das palavras em línguas creole, línguas pidgin e línguas de sinais abundantemente usadas em todos os continentes. Embora a sintaxe possa ser distorcida pelo contato prematuro com as línguas convencionais, essas influências podem ser desconsideradas em ao menos um caso: a língua de sinais dos beduínos Al-Sayyid. Todos os membros desse grupo vivem na região do Negev, em Israel, e todos são congenitamente surdos. O grupo foi fundado dois séculos atrás por 150 indivíduos, e seus membros são descendentes de dois dos cinco filhos dos fundadores. Todos sofreram profunda perda da audição pré-linguística em todas as frequências causada por um gene recessivo no cromossomo 13q12. Como resultado da endogamia daquela época em diante, todos os 3500 Al-Sayyid contemporâneos agora compartilham essa deficiência. A comunidade utiliza uma língua de sinais desenvolvida nos primórdios de sua história, empregando ordens de palavras de derivação independente. Essas estruturas diferem daquelas encontradas nas línguas faladas em volta e em outras línguas de sinais usadas em comunidades próximas.

A variabilidade natural da gramática foi ainda mais ilustrada por pesquisas em que a sequência das atividades de pessoas envolvidas em tarefas foi comparada à ordem das palavras usadas para descrever tal sequência. Em um estudo, solicitou-se que falantes de quatro línguas (inglês, turco, espanhol e chinês) descrevessem e também, separadamente, reconstituíssem o evento com o uso de figuras. A mesma ordem da comunicação não verbal (ator-paciente-ato, que é análoga à sequência sujeito-objeto-verbo na fala) acabou sendo usada por todos os voluntários. É mais ou menos assim que as pessoas pensam num cenário de ação. Mas a ordem não foi totalmente igual nas línguas que usavam ao falarem. Ator-paciente-ato foi encontrado em muitas línguas do mundo — e, mais significativamente, nas línguas gestuais recém-desenvolvidas. Portanto, parece haver uma regra epigenética enviesante para a ordem das palavras embutida em nossa estrutura cognitiva mais profunda, mas seus produtos finais na gramática são altamente flexíveis e aprendidos. Desse modo, tanto Skinner quanto Chomsky parecem ter tido parcialmente razão, mas Skinner mais.

A multiplicidade de caminhos na evolução da sintaxe elementar sugere que poucas regras genéticas, ou mesmo nenhuma, orientam o aprendizado da linguagem pelos seres humanos individuais. A razão provável foi revelada em modelos matemáticos recentes da evolução gene-cultura desenvolvidos por Nick Chater e seus colegas cientistas cognitivos. Concluíram simplesmente que o ambiente em rápida mudança da fala não fornece um ambiente estável para a seleção natural. A língua varia rápido demais entre as gerações e de uma cultura para outra para que tal evolução ocorra. Como resultado, há pouca razão para esperar que as propriedades arbitrárias da linguagem, incluindo os princípios sintáticos abstratos da estrutura da frase e a marcação dos genes, tenham sido embutidos num "módulo de linguagem" especial do cérebro pela evolução. "A base genética da aquisição da linguagem humana", os pesquisadores concluem, "não coevoluiu com a linguagem, mas basicamente precede o surgimento da linguagem. Como sugerido por Darwin, a adaptação entre a linguagem e seus mecanismos subjacentes surgiu porque a linguagem evoluiu para se adaptar ao cérebro humano, e não vice-versa."

Acredito que não seja exagero acrescentar que a incapacidade da seleção natural de criar uma gramática universal independente desempenhou um papel importante na diversificação da cultura e, com base nessas flexibilidade e inventividade potenciais, no florescimento da genialidade humana.

23. A evolução da variação cultural

A coevolução gene-cultura, o impacto dos genes sobre a cultura e, reciprocamente, da cultura sobre os genes, é um processo igualmente importante para as ciências naturais, as ciências sociais e as humanidades. Seu estudo proporciona um meio de conectar esses três grandes ramos com uma rede de explicações causais.

Se essa afirmação parece por demais ousada, consideremos a variação cultural entre as sociedades. Acredita-se normalmente que, se duas sociedades possuem diferentes traços culturais na mesma categoria — digamos, monogamia em oposição à poligamia, ou políticas belicistas em oposição a políticas pacíficas —, a gênese evolutiva dos padrões de variação e até a própria categoria devem ter sido de natureza inteiramente cultural, sem nenhuma interferência dos genes.

Esse julgamento apressado se deve a uma compreensão incompleta da relação entre genes e cultura. O que os genes determinam ou ajudam a determinar não é um traço em oposição a outro, mas a frequência de traços e o padrão que formam à medida que a inovação cultural os tornou disponíveis. A expressão dos genes pode ser plástica, permitindo a uma sociedade escolher um ou mais traços dentre uma multiplicidade de opções. Ou pode *não* ser plástica, permitindo a escolha de somente um traço por todas as sociedades.

Vejamos este exemplo familiar de plasticidade variável em traços anatômicos. Os genes determinando o desenvolvimento geral das impressões digitais são muito plásticos na expressão, permitindo um vasto número de variantes entre as pessoas. Não existem duas pessoas no mundo com impressões idênticas. Já os genes determinando o número de dedos em cada mão são totalmente rígidos. O número é cinco, sempre cinco. Somente um acidente extremo do desenvolvimento ou uma mutação nos genes pode gerar outro número.

O princípio da plasticidade variável se aplica facilmente também aos traços culturais. A prática geral da moda no vestuário, variando da tanga ao traje a rigor, possui uma base genética. Mas, devido à extrema (mas longe de infinita) plasticidade nos genes determinadores e às várias emoções que alternadamente expressam, os indivíduos selecionam dentre até centenas de opções durante suas vidas. Em outro exemplo, e no extremo oposto, o incesto é instintivamente evitado em todos os ambientes familiares normais devido ao efeito de Westermarck (crianças muito novas criadas muito próximas são psicologicamente incapazes de se relacionarem sexualmente na maturidade).

Os biólogos que estudam o desenvolvimento descobriram que o grau de plasticidade na expressão dos genes, assim como a presença ou a ausência dos próprios genes, está sujeito à evolução por seleção natural. É importante para o sucesso de um indivíduo se ele segue a moda de vestuário de seu grupo e exibe a insígnia correta de sua patente, profissão e status. Era ainda mais importante, sendo uma questão de vida ou morte, nas sociedades mais simples do tipo formado durante a maior parte da evolução humana.

No caso do efeito de Westermarck, também foi importante em toda parte e sob todas as circunstâncias, fornecendo a toda a humanidade uma defesa automática contra os efeitos mortais da endogamia.

Todas as sociedades e cada um de seus indivíduos disputam jogos de aptidão genética, cujas regras foram moldadas através de incontáveis gerações pela coevolução gene-cultura. Quando uma regra é absoluta, como a destruição por incesto, só existe um jogo possível. Nesse caso, é rotulado de "exogamia". Quando uma parte do ambiente é imprevisível, convém que a pessoa use uma estratégia mista obtida por plasticidade. Se um traço ou reação não funcionar, mude para outro dentro do repertório genético. O grau de plasticidade existente dentro de uma categoria de cultura não depende de qualquer julgamento explícito do que ocorrerá no futuro, mas do grau de desafios a que a categoria de traços ou comportamentos precisou reagir nas gerações passadas quando a coevolução gene-cultura vinha ocorrendo.

Desde a década de 1970, os biólogos têm estado atentos aos processos genéticos pelos quais a evolução da plasticidade é mais provavelmente engendrada. Possivelmente não é por mutações dos genes codificadores de proteínas, que determinam uma mudança básica na composição de aminoácidos das proteínas. É mais provável que se dê por mudanças nos genes reguladores, que determinam a taxa e as condições sob as quais as proteínas são produzidas. Pequenas mudanças nos genes reguladores não parecem grande coisa, mas podem alterar profundamente as proporções das estruturas anatômicas e da atividade fisiológica. Podem também mirar com maior precisão certas partes do corpo e processos fisiológicos específicos. Além disso, podem programar a sensibilidade a selecionar estímulos que afetam o organismo em desenvolvimento, com o resultado de que diferentes ambientes evocam a produção das variantes específicas mais adequadas à vida dentro deles. Finalmente, mutações de genes reguladores, por afetarem as interações no processo de desenvolvimento, tendem a ser menos deletérias do que mutações em genes codificadores de proteínas. Eles não produzem uma proteína nova e, com isso, uma estrutura ou comportamento desenvolvido com a proteína, uma mudança que pode facilmente perturbar o desenvolvimento do resto do organismo. Pelo contrário, alteram a quantidade de uma proteína existente, permitindo mudanças finamente ajustadas em uma estrutura ou comportamento anterior.

As formigas e outros insetos sociais ilustram em um grau extremo a evolução dessa plasticidade adaptativa. Os operários das colônias de formigas ou cupins costumam diferir tanto entre si que podem ser facilmente confundidos com membros de espécies diferentes. Porém, em colônias com uma única rainha que acasalou com um único macho, todas as castas de um sexo estão perto de ser geneticamente idênticas. Distinguem-se na anatomia ou no comportamento porque, como formas imaturas, receberam mais ou menos alimento, levando a adultos maiores ou menores. Quando imaturos, seus tecidos também cresceram em ritmos diferentes, de modo que indivíduos maiores ou menores possuíam proporções corporais diferentes. Os imaturos também eram sensíveis aos feromônios dos números da colônia adulta, alterando a direção do desenvolvimento e o tamanho atingido antes de alcançar a maturidade. Pesquisadores documentaram ainda outros fatores que dividem os membros da colônia em castas. Cada casta se especializa em seu próprio papel de trabalho durante a vida. Uma colônia, sem nenhuma variação genética significativa, pode consistir em rainhas virgens, operários pequenos e tímidos e soldados gigantes com cabeças e mandíbulas grotescamente aumentadas.

Entre as formigas, em particular, a elaboração de castas a partir da plasticidade é apenas parte de um processo sofisticado chamado de "demografia adaptativa". Não somente as castas se engajam no trabalho especializado, como estão programadas para serem criadas em certa frequência de acordo com sua taxa natural de mortalidade, de modo a produzir coeficientes de castas ideais para a colônia como um todo. Por exemplo, os membros da grande casta maior de formigas-tecelãs, que conduzem a maior parte do trabalho da colônia fora do ninho, além de defenderem a colônia contra inimigos, têm uma taxa de mortalidade maior que as operárias menores, que servem de enfermeiras dentro do ninho. Como uma consequência evidente, a colônia produz a casta maior numa taxa per capita maior que as castas menores, mantendo o que parece ser um equilíbrio ideal nos números entre as duas castas.

A variação cultural entre os humanos é determinada sobretudo por duas propriedades do comportamento social, ambas sujeitas à evolução por seleção natural. A primeira é o grau do viés da regra epigenética — muito baixa na moda de vestuário, muito alta na aversão ao incesto. A segunda propriedade da variação cultural são as chances de que membros individuais do grupo imitem outros da mesma sociedade que adaptaram o traço ("sensibilidade ao padrão de uso").

Para ilustrar a solução do enigma do gene versus cultura, observe primeiro que as três fileiras de categorias de cultura mostradas na figura 23-1 diferem entre si geneticamente. Escolha uma das três e tome um ponto sob cada um dos dois nodos que emergiram (de cima para baixo, devido à maior tendência desenvolvida de imitar as ações dos outros). Digamos que os pontos representem duas sociedades. As duas sociedades provavelmente terão escolhido diferentes traços culturais, embora sejam geneticamente idênticas para as regras que seguem na escolha. As propriedades são as regras epigenéticas e a propensão a imitar os outros, ambas originadas por coevolução gene-cultura.

As complexidades da coevolução gene-cultura são fundamentais para a compreensão da condição humana. São difíceis e

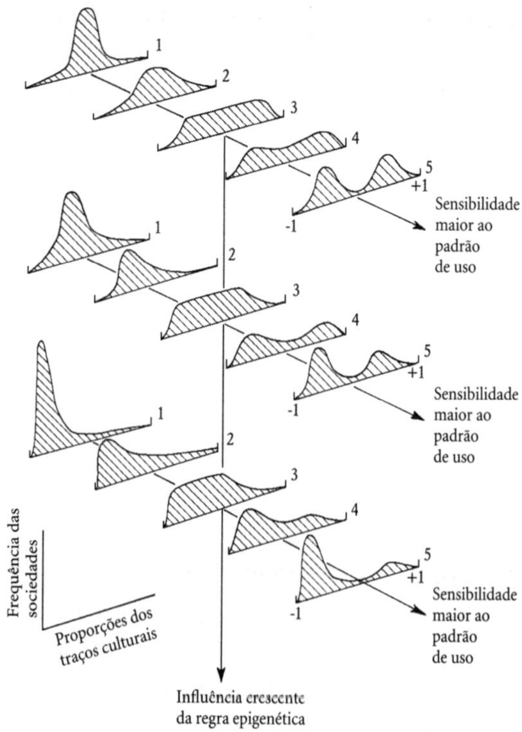

Figura 23-1. *A evolução da variação cultural, baseada no caso simples de dois traços na mesma categoria de cultura (como a aversão ao incesto e a moda de vestuário). A variação é medida como o número de sociedades escolhendo um dentre dois traços em três categorias de cultura (de cima para baixo). A propensão a imitar os outros é interpretada como a sensibilidade ao uso pelos outros. (Modificado de um modelo matemático de Charles J. Lumsden e Edward O. Wilson, "Translation of epigenetic rules of individual behavior into ethnographic patterns",* Proceedings of the National Academy of Sciences, U.S.A., *77[7], pp. 4382-6, 1980; também, Charles J. Lumsden e Edward O. Wilson,* Genes, Mind, and Culture: The Coevolutionary Process. *Cambridge, MA: Harvard University Press, 1981, p. 130.)*

à primeira vista parecem estranhas, não familiares. Mas com pesquisas que empreguem os indicadores e as análises certas, orientadas pela teoria evolutiva, podem ser dissecadas em seus elementos essenciais.

24. As origens da moralidade e da honra

As pessoas são inerentemente boas, mas corruptíveis pelas forças do mal? Ou, pelo contrário, são intrinsecamente malvadas, só podendo ser redimidas pelas forças do bem? As pessoas são ambas as coisas. E assim seremos para sempre, a não ser que mudemos nossos genes, porque o dilema humano foi preordenado pela forma como nossa espécie evoluiu, sendo portanto uma parte imutável da natureza humana. Os seres humanos e suas ordens sociais são intrinsecamente imperfeitos, e felizmente. Num mundo em constante mudança, precisamos da flexibilidade que apenas a imperfeição proporciona.

O dilema do bem e do mal foi criado pela seleção multinível, em que a seleção individual e a seleção de grupo agem conjuntamente sobre o mesmo indivíduo, mas em grande parte em oposição uma à outra. A seleção individual é o resultado da competição por sobrevivência e reprodução entre membros do mesmo grupo. Ela molda instintos em cada membro que são fundamentalmente egoístas em referência aos demais membros. Em contraste, a seleção de grupo consiste na competição entre sociedades, por meio do conflito direto e da competência diferencial na exploração do meio ambiente. A seleção de grupo molda instintos que tendem a tornar os indivíduos altruístas entre si (mas não em relação aos membros de outros grupos). A seleção individual é responsável por grande parte do que chamamos de pecado, enquanto a seleção de grupo é responsável pela maior parte da virtude. Juntas criaram o conflito entre o anjo e o demônio de nossa natureza.

A seleção individual, definida com precisão, é a longevidade diferencial e a fertilidade dos indivíduos em competição com outros membros do grupo. A seleção de grupo é a longevidade diferencial e a fertilidade vitalícia daqueles genes que determinam traços de interação entre membros do grupo, tendo surgido durante a competição com outros grupos.

Como analisar e lidar com a eterna agitação gerada pela seleção multinível é o papel das ciências sociais e humanidades. Como explicá-la é o papel das ciências naturais, que, se bem-sucedidas, devem facilitar a criação dos caminhos para a harmonia entre os três grandes ramos do aprendizado. As ciências sociais e humanidades se dedicam aos fenômenos próximos, externamente expressos, das sensações e do pensamento humanos. Assim como a história natural descritiva está ligada à biologia, as ciências sociais e humanidades estão ligadas à autocompreensão humana. Elas descrevem como os indivíduos sentem e agem, e, com a história e as artes dramáticas, contam uma fração representativa das infinitas histórias que os relacionamentos humanos podem gerar. Tudo isso, porém, existe dentro de uma caixa. Está confinado lá porque as sensações e o pensamento são regidos pela natureza humana, e a natureza humana também está em uma caixa. Ela é apenas uma dentre um vasto número de naturezas possíveis que poderiam ter se desenvolvido. Aquela que temos é o resultado do caminho improvável seguido ao longo de milhões de anos por nossos ancestrais genéticos que finalmente nos produziram. Ver a natureza humana como o produto dessa trajetória evolutiva é revelar as causas últimas das nossas sensações e do nosso pensamento. Juntar as causas próximas e últimas é a chave para a autocompreensão, o meio de nos vermos como realmente somos e depois explorarmos o que há fora da caixa.

Na busca das causas últimas da condição humana, a distinção entre os níveis de seleção natural aplicados ao comportamento humano não é perfeita. O comportamento egoísta, talvez incluindo a seleção de parentesco geradora de nepotismo, pode, de algumas formas, promover os interesses do grupo por meio de invenção e empreendedorismo. Quando os retoques finais da evolução cognitiva estavam sendo acrescentados antes e depois da saída da África, 60 mil anos atrás, provavelmente viveram os equivalentes aos Médicis, Carnegies e Rockefellers, que promoveram a si mesmos e a suas famílias de modo a também beneficiar as suas sociedades. A seleção de grupo por sua vez promoveu os interesses genéticos dos indivíduos com privilégio e status, como recompensas pelo desempenho excepcional a favor da tribo.

Mesmo assim, existe uma regra férrea na evolução social genética: indivíduos egoístas derrotam indivíduos altruístas, enquanto grupos de altruístas derrotam grupos de indivíduos egoístas. A vitória nunca pode ser completa. O equilíbrio das pressões da seleção não pode pender para nenhum dos extremos. Se a seleção individual dominasse, as sociedades se dissolveriam. Se a seleção de grupo dominasse, os grupos humanos pareceriam colônias de formigas.

Cada membro de uma sociedade possui genes cujos produtos são visados pela seleção individual e genes visados pela seleção de grupo. Cada indivíduo está ligado a uma rede de outros membros do grupo. Sua própria sobrevivência e sua capacidade reprodutiva dependem em parte de sua interação com outros na rede. O parentesco influencia a estrutura da rede, mas não é a chave para sua dinâmica evolutiva, como erroneamente postulado pela teoria da aptidão inclusiva. Pelo contrário, o que conta é a propensão hereditária a formar a miríade de alianças, favores, trocas de informações e traições que constituem a vida diária na rede.

Ao longo da pré-história, quando a humanidade desenvolvia sua capacidade cognitiva, a rede de cada indivíduo era quase idêntica à do grupo ao qual ele pertencia. As pessoas viviam em grupos espalhados, com uma centena ou menos de indivíduos (trinta era provavelmente um número comum). Tinham conhecimento de grupos vizinhos e, a julgar pelas vidas dos caçadores-coletores sobreviventes, vizinhos até certo ponto formavam alianças. Eles participavam de comércio e de trocas de mulheres jovens, mas também de rivalidades e incursões vingativas. Mas o núcleo da existência social de cada indivíduo era o grupo, e a coesão do grupo era garantida pela força aglutinadora da rede que compunha.

Com o surgimento de aldeias e depois das sociedades de chefatura no período Neolítico, em torno de 10 mil anos atrás, a natureza das redes mudou substancialmente. Aumentaram de tamanho e se decompuseram em fragmentos. Esses subgrupos se tornaram sobrepostos e, ao mesmo tempo, hierárquicos e porosos. O indivíduo vivia num caleidoscópio de membros da família, correligionários, colegas de trabalho, amigos e estranhos. Sua existência social se tornou menos estável do que o mundo de caçadores-coletores. Nos países industrializados modernos, as redes atingiram uma complexidade que se mostrou desconcertante para a mente paleolítica que herdamos. Nossos instintos ainda desejam as redes de grupos minúsculos e unidos que prevaleceram durante as centenas de milênios que precederam a aurora da história. Os nossos instintos continuam despreparados para a civilização.

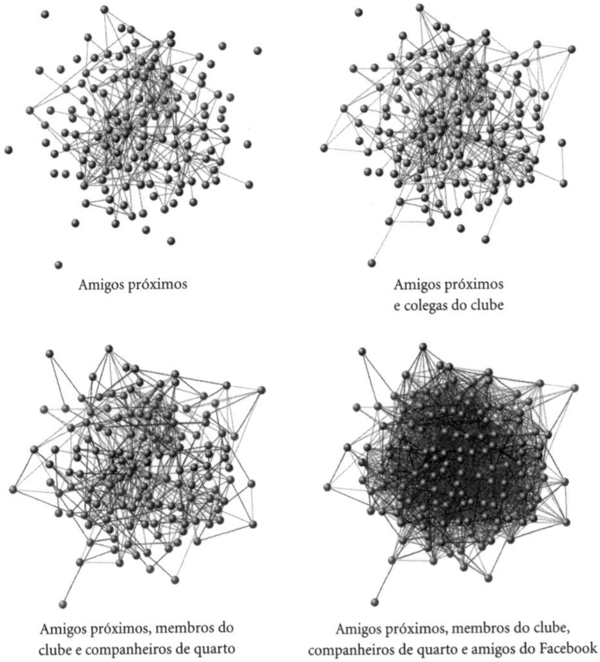

Figura 24-1. *Na sociedade moderna, as redes sociais, como as ilustradas aqui em parte para 140 estudantes universitários, tornaram-se bem maiores e mais discordantes do que na pré-história e história antiga. A revolução da internet, produzindo organizações como o Facebook, recentemente catapultou as redes para um nível novo. (De Nicholas Christakis e James M. Fowler,* Connected: The Surprising Power of Our Social Networks. *Nova York: Little, Brown, 2009 [ed. bras.:* O poder das conexões. *Rio de Janeiro: Campus, 2009].)*

A tendência provocou confusão na adesão a grupos, um dos impulsos humanos mais poderosos. Somos regidos por um desejo — ou melhor, por uma necessidade irresistível — que começou em nossa ancestralidade primata antiga. Cada pessoa é um compulsivo buscador de grupos, logo um animal intensamente tribal. Satisfaz sua necessidade alternadamente em uma família estendida, uma religião organizada, uma ideologia, um grupo étnico ou um clube esportivo, isoladamente ou em combinação. As possibilidades são vastas. Em cada um de nossos grupos encontramos competição por status, mas também confiança e virtude, os produtos inconfundíveis da seleção de grupo. Nós nos preocupamos. Indagamos a quem neste mundo global mutável de inúmeros grupos sobrepostos devemos prometer nossa fidelidade.

Em meio a isso tudo, nossos instintos permanecem no comando e confusos, mas alguns dentre eles, se tivermos a sensatez de obedecê-los, podem nos salvar. Por exemplo, sentimos empatia. Seguramos nossos impulsos. Uma série de pesquisas recentes tornou possível ver como os impulsos da moralidade poderiam funcionar dentro do cérebro. Um início promissor foi encontrado na explicação da Regra de Ouro, talvez o único preceito encontrado em todas as religiões organizadas. A regra é fundamental a todo raciocínio moral. Quando o grande teólogo e filósofo Rabino Hillel foi desafiado a explicar a Torá no tempo em que conseguia se erguer sobre um só pé, respondeu: "Não faças aos outros aquilo que não gostarias que te fizessem. Essa é toda a Torá, o resto é comentário".

A resposta poderia igualmente ter sido expressa como "empatia coercitiva", o que significa que, a não ser que as pessoas sejam psicopatas, automaticamente sentem a dor dos outros. O cérebro, o neurobiólogo Donald W. Pfaff argumenta em *The Neuroscience of Fair Play*, é um órgão não apenas dividido em grandes partes, mas dividido contra si. O medo primordial desencadeado por estímulos estressantes ou produtores de raiva é uma reação cada vez mais bem entendida nos níveis molecular e celular. Ele é contrabalançado por um bloqueio automático do pensamento indutor do medo quando o comportamento altruísta é apropriado. Inclinando-se para o comportamento hostil e potencialmente violento, o indivíduo se "perde" psicologicamente. No choque das emoções, transfere sua própria identidade um pouco para a outra pessoa.

O cérebro de nossa espécie semelhante a Jano é um sistema supremamente complexo de células nervosas entrecruzadas, hormônios e neurotransmissores. Ele cria processos que alternadamente se reforçam ou cancelam mutuamente, de acordo com o contexto.

O medo em parte é um fluxo de impulsos que passam pela amígdala, a estrutura em forma de amêndoa no cérebro contendo conexões para os circuitos das células nervosas que contribuem, ao mesmo tempo, para o medo, a memória do medo e a supressão do medo. Os sinais que percorrem essas conexões se integram e depois se deslocam para outras partes do cérebro anterior e médio. Parece que, enquanto as emoções do medo vêm da amígdala, pensamentos temerosos mais complexos sobre uma pessoa ou objeto particular causando a emoção vêm dos centros de processamento de informações do córtex cerebral.

Uma segunda pista para a natureza automática da supressão do medo e da raiva foi encontrada nos circuitos do córtex cingulado anterior e na ínsula, que ajudam a mediar a resposta emocional à sensação de dor. Os circuitos afetam não apenas a reação à nossa própria dor, mas também a percepção da dor de outra pessoa.

Pfaff é um cientista eminente que se mostra cauteloso em reunir tais fragmentos de pesquisas recentes do cérebro para criar um quadro geral, mas ele também viu o valor de criar ao menos uma teoria operacional plausível sobre um fenômeno de tão óbvia importância para a compreensão do comportamento humano. O processo de obscurecimento embutido nos circuitos do cérebro, quer desencadeado por medo, tensão mental ou outras emoções, pode explicar um repertório praticamente infinito de opções comportamentais eticamente aceitáveis. Pfaff fornece um exemplo imaginário para ilustrar o processo:

A teoria tem quatro passos. No *primeiro* passo, uma pessoa cogita tomar certa ação em relação a outra. Por exemplo, a sra. Abbott pensa em esfaquear o sr. Besser no estômago. Antes que aconteça, a ação é representada no cérebro do provável autor, como deve acontecer com todo ato. Esse ato terá consequências para o outro indivíduo que o possível autor pode entender, antever e lembrar. *Segundo*, a sra. Abbott visualiza o alvo de sua ação, o sr. Besser. Em *terceiro* lugar vem o passo crucial: ela *obscurece* a diferença entre a outra pessoa e ela própria. Em vez de ver as consequências de seu ato para o sr. Besser, com efeitos terríveis às suas entranhas e sangue, ela perde de vista *a diferença mental e emocional* entre o sangue e as entranhas do sr. Besser e aqueles dela própria. O *quarto* passo é a decisão. A sra. Abbott está agora menos propensa a atacar o sr. Besser, porque compartilha seu medo (ou, mais precisamente, compartilha o medo que ele experimentaria se soubesse o que ela estava tramando).

Para o neurocientista, essa explicação de uma decisão ética da esfaqueadora potencial possui uma característica bem atraente: envolve somente a perda de informação, não sua trabalhosa aquisição ou armazenagem. O aprendizado de informações complexas e seu armazenamento na memória são processos deliberados e penosos, mas a *perda* de informações parece ocorrer sem nenhum problema. A supressão de qualquer um dos muitos mecanismos envolvidos na memória pode explicar o obscurecimento da identidade requerido por essa teoria. No exemplo da sra. Abbott e do sr. Besser, como resultado de um obscurecimento da identidade — uma perda da individualidade —, a atacante temporariamente se põe no lugar da outra pessoa. Ela evita um ato antiético devido ao medo compartilhado.

Se essa explicação da tomada de decisões ética for válida, ela repercutirá na compreensão da seleção de grupo pela biologia evolutiva. Os seres humanos tendem a ser morais — a fazer a coisa certa, se refrear, ajudar os outros, às vezes até correndo risco pessoal — porque a seleção natural favoreceu essas interações dos membros do grupo que beneficiam o grupo como um todo.

Além da origem da empatia instintiva, a seleção de grupo pode, ao menos em parte, ser invocada para explicar a cooperação, um traço ainda mais importante da natureza humana. Em 2002, Ernst Fehr e Simon Gächter enquadraram claramente o problema científico nestes termos:

> A cooperação humana é um enigma evolutivo. Ao contrário das outras criaturas, as pessoas com frequência cooperam com estranhos sem nenhum vínculo genético, muitas vezes em grandes grupos, com pessoas que nunca mais encontrarão, e quando os ganhos reprodutivos são pequenos ou inexistentes. Esses padrões de cooperação não podem ser explicados com a teoria evolutiva da seleção de parentesco e as motivações egoístas associadas à teoria da sinalização ou a teoria do altruísmo recíproco.

A seleção de parentesco, como observei, não pode ser a solução do paradoxo. Pode-se acreditar que tenha funcionado em grupos de caçadores-coletores primitivos, onde, devido aos pequenos números, o parentesco entre os membros era estreito. Mas análises matemáticas revelaram que a seleção de parentesco em si é inoperável como uma força dinâmica evolutiva. Quando indivíduos com forte parentesco se juntam, aumentando as chances de os cooperadores encontrarem outros cooperadores genéticos, o resultado por si só não promoverá a origem da cooperação. Somente a seleção de grupo, com grupos contendo mais cooperadores contrapostos a grupos com menos cooperadores, resultará numa mudança no nível da espécie para uma cooperação instintiva maior e mais ampla.

Durante a primeira década deste século, biólogos e antropólogos enfocaram intensamente a evolução da cooperação. Concluíram que o fenômeno foi adquirido na pré-história humana por meio de uma mescla de reações inatas. Essas reações incluem a busca de status pelos indivíduos, o nivelamento pelo grupo do status elevado de indivíduos e o impulso para aplicar punição e retaliação aos que se desviam demais das normas do grupo. Cada um dos comportamentos contém elementos tanto de egoísmo como de altruísmo. Todos estão entrelaçados na causa e no efeito e se originaram por seleção de grupo.

O emaranhado de impulsos criado pelo cérebro consciente foi muito bem catalogado por Steven Pinker, em *Tábula rasa* (2002):

> As emoções de condecoração dos outros — desprezo, raiva e indignação — levam uma pessoa a punir os trapaceiros. As emoções de louvação dos outros — gratidão e uma emoção que pode ser chamada de sublimidade, admiração moral ou comoção — levam uma pessoa a recompensar os altruístas. As emoções em relação ao sofrimento dos outros — simpatia, compaixão e empatia — levam a pessoa a ajudar um beneficiário necessitado. E as emoções de autoconsciência — culpa, vergonha e constrangimento — levam a pessoa a evitar a trapaça ou a reparar seus efeitos.

A ambivalência e a ambiguidade contínuas são os frutos da estranha herança primata que governa a mente humana. Ser humano é também nivelar os outros, especialmente aqueles que parecem receber mais do que mereceram. Mesmo nas fileiras da elite, jogos delicados são disputados para alcançar um status ainda maior, enquanto se enfrentam as fileiras sucessivas de rivais invejosos. Seja modesto na conduta, sempre modesto, é o estratagema necessário. Um negócio ardiloso, como observou o ensaísta do século XVII François de La Rochefoucauld: "A modéstia se deve ao medo de despertar a inveja e o desprezo merecidos que perseguem aqueles inebriados pela boa sorte. É uma exibição inútil da força da mente; e a modéstia daqueles que alcançam a máxima eminência se deve ao desejo de parecerem ainda maiores que sua posição".

Também é bom melhorar a reputação pelo que os pesquisadores chamaram de reciprocidade indireta, pela qual uma reputação de altruísmo e cooperação é creditada a um indivíduo, ainda que as ações que a promovam sejam apenas comuns. Um ditado alemão exemplifica a tática: *Tue Gutes und rede darüber.* Praticar o bem e conversar a respeito. As portas então se abrem, e as oportunidades de amizades e alianças aumentam.

Como todos conhecem o jogo, as pessoas estão sempre dispostas a lhe fazer oposição se o conseguem com segurança. Elas são intensamente sensíveis à hipocrisia e estão sempre dispostas a nivelar aqueles em ascensão cujas credenciais não sejam impecáveis. Todos os niveladores, o que significa quase todo mundo, dispõem de um formidável arsenal. Críticas, piadas, paródias e riso zombeteiro são recursos para enfraquecer os esnobes e ultra-ambiciosos. A depreciação é uma arte baseada na sagacidade, o sal na refeição da conversa, como tem sido referida, onde a excelência deve ser valorizada. Um dos exemplos de depreciação mais conhecidos e possivelmente o mais renomado de todos os tempos é a resposta de Samuel Foote a John Montagu, quarto Earl de Sandwich, quando advertido de que iria morrer de doença venérea ou na forca. Foote respondeu: "Milorde, isso dependerá de se eu abraçarei vossa amante ou vossa moral".

Claro que existe muito mais na cooperação humana do que sua eficiência e sua proteção pela desarticulação da presunção. Todas as pessoas normais são capazes do verdadeiro altruísmo. Somos singulares entre os animais no grau em que cuidamos dos doentes e feridos, auxiliamos os pobres, confortamos os enlutados e até arriscamos voluntariamente as nossas vidas para salvar estranhos. Muitos, tendo ajudado outros numa emergência, depois partem sem se identificar. Ou, se ficam, desvalorizam seu heroísmo por uma exibição quase obrigatória de modéstia: "Não fiz nada além do meu dever" ou "Fiz apenas o que esperaria que fizessem por mim".

O altruísmo autêntico existe, como Samuel Bowles e outros pesquisadores argumentaram. Ele aumenta a força e a competitividade dos grupos e tem sido favorecido durante a evolução humana pela seleção natural no nível do grupo.

Estudos adicionais sugerem (mas ainda não provaram conclusivamente) que o nivelamento é benéfico mesmo para as sociedades humanas mais avançadas. Aquelas que mais oferecem aos seus cidadãos em qualidade de vida — da educação e da assistência médica ao controle da criminalidade e à autoestima coletiva — também possuem o menor diferencial de renda entre os cidadãos mais ricos e os mais pobres. Entre os 23 países e estados americanos individuais mais ricos do mundo, de acordo com uma análise de 2009 de Richard Wilkinson e Kate Pickett, o Japão, os países nórdicos e o estado norte-americano de New Hampshire registram o menor diferencial de riqueza e a maior qualidade de vida média. Nas piores colocações estão Reino Unido, Portugal e o restante dos Estados Unidos.

As pessoas obtêm um prazer visceral em mais do que apenas nivelar e cooperar. Elas também gostam de ver a punição aplicada aos que não cooperam (parasitas, criminosos) e mesmo àqueles que não contribuem em níveis proporcionais à sua posição (os ricos ociosos). O impulso por derrubar os perversos é plenamente satisfeito pelas denúncias nos tabloides e pelo noticiário de crimes. Parece que as pessoas não desejam apenas ver os malfeitores e vagabundos punidos. Elas também estão dispostas a participar na aplicação da justiça — ainda que a um custo para elas próprias. Repreender um colega motorista que avançou o sinal vermelho, denunciar práticas ilícitas de seu empregador, dedurar um criminoso à polícia: muitos prestarão tais serviços ainda que não conheçam o canalha pessoalmente e se arrisquem a pagar um preço por seu ato de cidadania, no mínimo perder seu tempo.

No cérebro, a aplicação de tal "punição altruísta" excita a ínsula anterior bilateral, um centro do cérebro também ativado pela dor, pela raiva e pela indignação. Seu benefício para a sociedade é mais ordem e menos desvio de recursos do patrimônio público. Não resulta de uma deliberação racional por parte do altruísta. Ele pode de início incluir em suas reflexões o impacto derradeiro sobre si e sua família. O altruísmo autêntico se baseia num instinto biológico pelo bem comum da tribo, posto em marcha pela seleção de grupo, em que grupos de altruístas na época pré-histórica prevaleceram sobre grupos de indivíduos em desordem egoísta. A nossa espécie não é *Homo oeconomicus*. Ao final do dia, ela emerge como algo mais complicado e interessante. Somos *Homo sapiens*, seres imperfeitos, batalhando contra impulsos conflitantes em um mundo imprevisível e implacavelmente ameaçador, fazendo o melhor com aquilo que temos.

E, além dos instintos comuns do altruísmo, existe algo mais, de caráter delicado e efêmero, mas transformador quando experimentado. Refiro-me à *honra*, um sentimento surgido da empatia e da cooperação inatas. É a reserva final de altruísmo que poderá ainda salvar nossa raça.

Claro que a honra é uma faca de dois gumes. Um lado da lâmina é devoção e sacrifício na guerra. Essas reações surgem do instinto de grupo primordial de confrontar um inimigo visto como uma ameaça ao grupo e se defender dele. O estado de espírito gerado foi captado perfeitamente pelo jovem poeta inglês Rupert

Brooke, em 1914, antes que a Primeira Guerra Mundial descambasse em sua indizível tragédia e ele fosse morto.

Soai, clarins, soai! Eles nos trouxeram, para nossa carência,
Santidade, que tanta falta nos fez, e Amor, e Dor.
A Honra retornou, como um rei, à terra,
E pagou aos seus súbitos a recompensa real;
E a Nobreza voltou a trilhar nossos caminhos;
E herdamos a nossa herança.

O outro gume da mesma faca é a honra do indivíduo lançada contra a multidão e, às vezes, contra um preceito moral predominante ou mesmo a própria religião. Foi expresso com elegância pelo filósofo Kwame Anthony Appiah, em *The Honor Code: How Moral Revolutions Happen* (2010), na seguinte descrição da resistência de indivíduos e grupos minoritários contra a injustiça organizada:

> Vocês podem perguntar o que a honra faz nessas histórias que a moralidade por si não faz. Uma compreensão da moralidade impedirá que soldados abusem da dignidade humana de seus prisioneiros. Fará com que desaprovem os atos daqueles que abusam. E permitirá que mulheres vítimas de abusos odiosos saibam que seus agressores merecem punição. Mas é preciso uma sensação de honra para fazer com que um soldado vá além de fazer o certo e condenar o errado e insista que se faça algo, quando outros do seu lado fazem coisas perversas. É preciso uma sensação de honra para se sentir implicado nas ações dos outros.
>
> E é preciso uma sensação de sua própria dignidade para insistir, contra tudo e contra todos, em seu direito à justiça numa sociedade que raramente a oferece a mulheres como você; e uma sensação da dignidade de todas as mulheres para reagir ao seu próprio estupro brutal não apenas com indignação e um desejo de vingan-

ça, mas com determinação para mudar seu país, de modo que as mulheres sejam tratadas com o respeito que você sabe que merecem. Fazer tais opções é viver uma vida de dificuldade, às vezes até de perigo. É também, e não por acaso, viver uma vida de honra.

A compreensão naturalista da moralidade não leva a preceitos absolutos e julgamentos infalíveis, mas alerta contra baseá-los cegamente na religião ou em dogma ideológico. Quando tais preceitos são equivocados, o que é comum, geralmente estão baseados na ignorância. Algum fator importante foi involuntariamente omitido durante a formulação. Vejamos, por exemplo, a proibição papal da contracepção artificial. A decisão foi tomada — com boas intenções — por uma pessoa, Paulo VI, em sua encíclica de 1968, *Humanae Vitae*. A razão que deu parece à primeira vista inteiramente razoável. Deus, ele afirmou, pretende que a relação sexual se limite ao propósito de conceber filhos. Mas a lógica de *Humanae Vitae* está errada. Deixa de fora um fato vital. Uma abundância de indícios da psicologia e da biologia reprodutiva, grande parte obtida desde a década de 1960, revelou que existe um propósito adicional da relação sexual. As mulheres humanas possuem a genitália externa oculta e não anunciam o cio, diferindo assim das fêmeas das outras espécies de primatas. Tanto homens como mulheres, quando mantêm uma ligação, praticam relações sexuais contínuas e frequentes. A prática costuma ser adaptativa: assegura que a mulher e seu filho tenham a ajuda do pai. Para a mulher, o compromisso assegurado pela relação sexual não reprodutiva agradável é importante, até vital em muitas circunstâncias. As crianças humanas, para adquirirem cérebros grandes e organizados com alta inteligência, precisam passar por um período singularmente longo de dependência durante seu desenvolvimento. A mãe não pode contar com o mesmo nível de apoio da comunidade, mesmo em sociedades caçadoras-coletoras coesas, que obtém de um parceiro com quem mantenha um vínculo sexual e emocional.

Um segundo exemplo de ética dogmática equivocada por falta de conhecimentos é a homofobia. O raciocínio básico é o mesmo da oposição à contracepção artificial: o sexo que não visa a reprodução deve ser uma aberração e pecado. Mas uma abundância de indícios aponta para o contrário. A homossexualidade empenhada, com a preferência aparecendo na infância, é hereditária. Isso significa que o traço nem sempre é fixo, mas parte da probabilidade maior de uma pessoa se tornar um homossexual é determinada por genes que diferem daqueles que levam à heterossexualidade. Descobriu-se ainda que a homossexualidade influenciada pela hereditariedade ocorre em populações no mundo inteiro com uma frequência grande demais para se dever somente a mutações. Geneticistas da população usam uma regra prática para explicar a abundância nesse nível: se um traço não pode ser atribuído somente a mutações aleatórias, mas reduz ou elimina a reprodução naqueles que o possuem, então esse traço deve ser favorecido pela seleção natural visando outra espécie de alvo. Por exemplo, uma dose baixa de genes de tendência homossexual pode dar vantagens competitivas a um heterossexual praticante. Ou a homossexualidade pode dar vantagens ao grupo mediante talentos especiais, qualidades incomuns de personalidade e os papéis e profissões especializados que gera. Existe uma abundância de indícios de que esse é o caso nas sociedades pré-letradas e modernas. De qualquer modo, as sociedades se equivocam ao desaprovarem a homossexualidade porque os gays têm preferências sexuais diferentes e se reproduzem menos. Pelo contrário, sua presença deveria ser valorizada por suas contribuições construtivas à diversidade humana. Uma sociedade que condena a homossexualidade prejudica a si mesma.

Existe um princípio a ser aprendido do estudo das origens biológicas do raciocínio moral. É que, afora os preceitos éticos mais claros, como a condenação da escravidão, abusos das crianças e genocídio, que todos concordam que devem ser combatidos em toda parte sem exceção, existe um domínio indeterminado maior intrinsecamente difícil de navegar. A declaração de preceitos e julgamentos éticos sobre esse domínio requer uma compreensão plena de por que nos importamos com essa questão, e isso inclui a história biológica das emoções envolvidas. Essa investigação não foi realizada. Na verdade, raramente chega a ser imaginada.

Com uma autocompreensão maior, como nos sentiremos sobre a moralidade e a honra? Não tenho dúvida de que em muitos casos, talvez na grande maioria deles, os preceitos compartilhados por quase todas as sociedades hoje resistirão ao teste do realismo baseado na biologia. Outros, como a proibição da contracepção artificial, a condenação da preferência homossexual e os casamentos forçados de meninas adolescentes, não resistirão. Qualquer que seja o resultado, parece claro que a filosofia ética se beneficiará de uma reconstrução de seus preceitos baseada na ciência e na cultura. Se essa compreensão maior corresponde ao "relativismo moral" tão fervorosamente desprezado pelos fanáticos, não se pode fazer nada.

25. As origens da religião

O Armagedom no conflito entre ciência e religião (se me permitem uma metáfora assim tão forte) começou para valer no final do século XX. É a tentativa dos cientistas de explicarem a religião em seus fundamentos — não como uma realidade independente dentro da qual a humanidade luta para encontrar seu lugar, não como obediência a uma Presença divina, mas como um produto da evolução por seleção natural. Em sua origem, a luta não é entre pessoas, mas entre visões de mundo. Pessoas não são descartáveis, mas visões de mundo são.

O Homem foi feito à imagem de Deus, ou Deus foi feito à imagem do Homem? Esse é o núcleo da diferença entre a religião e o secularismo baseado na ciência. A alternativa selecionada tem uma importância profunda para a autocompreensão humana e como as pessoas tratam umas às outras. Se Deus fez o Homem à Sua imagem, uma crença sugerida pelas histórias da criação e iconografias da maioria das religiões, é razoável supor que Ele é pessoalmente responsável pelos seres humanos. Se, no entanto, Deus não criou a humanidade à Sua imagem, existe uma boa chance de que o sistema solar não seja especial entre os cerca de 10 sextilhões de outros sistemas estelares no universo. Se a maioria suspeitasse desta última alternativa, a devoção às religiões organizadas cairia significativamente.

Chegamos então à derradeira questão, que me parece ter sido complicada desnecessariamente pelos teólogos através dos séculos. Deus existe? Caso Ele exista, será um Deus pessoal a quem possamos orar com a expectativa de receber uma resposta? E, se isso for verdade, podemos esperar ser mortais, vivendo, digamos, nos próximos trilhões de anos (só para começar) em paz e conforto?

Sobre essas perguntas básicas, uma divisão se ampliou durante o século XX entre os crentes nas religiões e os cientistas seculares. Em 1910, uma pesquisa dos "maiores" cientistas arrolados na *American Men of Science* revelou que uma porcentagem ainda expressiva de 32% acreditavam em um Deus pessoal e 37% acreditavam na imortalidade. Quando a pesquisa foi repetida em 1933, os crentes em Deus haviam caído para 13% e os que acreditavam na imortalidade, para 15%. A tendência continua. Em 1998, os membros da Academia Nacional de Ciências dos Estados Unidos, um grupo seleto patrocinado pelo governo federal, estavam se aproximando do ateísmo completo. Somente 10% afirmaram que acreditavam em Deus ou na imortalidade. Entre eles, uma escassa porcentagem de 2% dos biólogos.

Nas civilizações modernas, não é tão importante assim na população em geral pertencer a uma religião organizada. Prova disso, por exemplo, são as fortes diferenças de religiosidade entre a população dos Estados Unidos e a da Europa Ocidental. Pesquisas publicadas no final da década de 1990 constataram que mais de 95% dos americanos acreditavam em Deus ou em alguma espécie de força viva universal, contra 61% dos britânicos. Dentre os americanos, 84% achavam que Jesus foi Deus ou o filho de Deus, mas somente 46% dos britânicos compartilhavam essa crença. Numa pesquisa realizada em 1979, 70% dos americanos acreditavam na vida pós-morte, em contraste com 46% dos italianos, 43% dos franceses e 35% dos escandinavos. Quase 45% dos americanos atuais frequentam uma igreja mais de uma vez por semana, em comparação com 13% dos britânicos, 10% dos franceses, 3% dos dinamarqueses e 2% dos islandeses.

Muitas vezes me indagam sobre o motivo dessas disparidades intercontinentais, dado que a maioria dos americanos são de ascendência europeia. Existe também uma grande perplexidade com o literalismo bíblico generalizado e a negação, por metade da população americana, da evolução biológica. Tendo sido criado como um batista sulista, uma confissão evangélica que inclui uma grande porcentagem de cristãos fundamentalistas americanos, conheço bem o poder da Bíblia do rei Jaime, o calor humano e a generosidade daqueles unidos por ela e a sensação de estarem cercados por uma cultura que veem tornar-se cada vez mais ateia. A Bíblia, incorruptível e incontestável, é o instrumento de todas as necessidades espirituais. Suas passagens veneráveis são um poço sem fundo de significado. Nos momentos solitários, os crentes encontram companhia, na dor encontram conforto, e no desvio moral esperam redenção. "Que amigo temos em Jesus", entoa um hino popular. "Todos os nossos pecados e tristezas ele suportou! Que privilégio levar tudo a Deus em oração!" Existem razões históricas por que os protestantes fundamentalistas constituem tamanha porcentagem dos americanos, que deixo para os historiadores explicarem. Mas aos que acreditam que a cultura desses protestantes poderia ser destroçada pelo ridículo e pela razão, peço que pensem duas vezes. Existem circunstâncias sob as quais a identidade e o significado das vidas de pessoas inteligentes e educadas estão associados à religião, e esta é uma delas.

Se um Deus pessoal, ou deuses, ou espíritos imateriais não forem aceitos ao menos em certo grau, que dizer de uma força divina criadora do universo? Poderíamos venerar um tal Criador — ainda que não tenha nenhum interesse especial por nós? O argumento do deísmo é que a existência material foi iniciada com um propósito por algo ou alguém. Se isso é verdade, a razão do universo permanece até hoje um mistério, 13,7 bilhões de anos após o Big Bang. Uns poucos cientistas sérios têm argumentado que ao menos deve existir um Deus criador. O núcleo de seu raciocínio é o princípio antrópico, que sustenta que as leis da física e seus parâmetros tiveram de ser finamente ajustados para que os sistemas estelares evoluíssem e a vida baseada no carbono avançasse dentro deles. No universo acolhedor que nos cerca, as entidades e as forças físicas existem na medida certa: nem menos, nem mais. Por exemplo, se o Big Bang tivesse sido um pouquinho mais forte, a matéria teria se dispersado rápido demais para que as estrelas e os planetas se formassem. Não dá para negar que o princípio antrópico é intrigante. Porém, o historiador Thomas Dixon assim expressa sua dificuldade:

> Como sabemos se devemos ou não nos surpreender com dada configuração de restrições físicas? Com certeza qualquer combinação não é quase infinitamente improvável? Como, de qualquer modo, sabemos que essas restrições são livres para variarem da forma como esses argumentos supõem que sejam, e não simplesmente fixadas pela natureza ou ligadas umas às outras de um modo que não entendemos? E deve a existência real de trilhões de outros universos, em contraste com sua existência meramente possível, realmente nos deixar menos surpresos com a existência e a constituição física do nosso universo (supondo que estivéssemos surpresos para começar, o que sinceramente eu não estava)?

Esse contra-argumento reflete a percepção do Filo de Hume: "Tendo encontrado em tantos outros assuntos bem mais familiares as imperfeições e até as contradições da razão humana, jamais deveria esperar qualquer sucesso de suas débeis conjecturas num assunto tão sublime e tão remoto da esfera de nossa observação".

Suponhamos que, em oposição a esse raciocínio e de alguma maneira, optemos por interpretar as leis físicas do universo como indícios de um ser sobrenatural supremo. Seria então um enorme salto de fé imputar a história biológica que se desenrolou neste planeta a alguma intervenção divina. Se os indícios da biologia e da antropologia significam algo, outro erro da mesma magnitude seria imaginar, à maneira de Platão e Kant, preceitos éticos universais que existem separados das idiossincrasias da existência humana, como a lei moral concedida por Deus tão eloquentemente postulada por C. S. Lewis e outros apologistas cristãos. Pelo contrário, temos ótimas razões para explicar a origem da religião e da moralidade como eventos especiais na história evolutiva da humanidade induzidos pela seleção natural.

Os indícios abundantes em nossa frente apontam para a religião organizada como uma expressão do tribalismo. Toda religião ensina aos seus adeptos que eles formam uma confraria especial e que sua história da criação, seus preceitos morais e os privilégios do poder divino são superiores aos reivindicados por outras religiões. Sua caridade e outros atos de altruísmo estão concentrados em seus correligionários. Quando estendidos aos forasteiros, geralmente se visa o proselitismo e, portanto, fortalecer o tamanho da tribo e seus aliados. Nenhum líder religioso jamais exorta as pessoas a examinarem as religiões rivais e escolherem aquela que julguem melhor à sua pessoa e sociedade. Pelo contrário, o conflito entre as religiões costuma ser um acelerador, se não a causa direta, da guerra. Os crentes devotos valorizam sua religião acima de tudo e logo se enfurecem quando ela é desafiada. O poder das religiões organizadas se baseia em sua contribuição à ordem social e à segurança pessoal, não na busca da verdade. A meta das religiões é a submissão à vontade e ao bem comum da tribo.

A falta de lógica das religiões não é uma fraqueza nelas, mas sua força essencial. A aceitação de mitos da criação grotescos une os membros. Entre as diferentes confissões cristãs proeminentes, encontramos a crença de que aqueles que submeteram sua vontade a Jesus logo ascenderão corporalmente ao céu, e aqueles que ficarem para trás sofrerão por mil anos, após o que o mundo terminará. Uma seita rival discorda, mas recomenda a comunhão com Cristo na Terra comendo sua carne e bebendo seu sangue — ambos tornados literais pelo ato da transubstanciação. Um não adepto duvidar abertamente de tais dogmas é considerado uma invasão de privacidade e um insulto pessoal. Se um adepto expressa dúvidas, isso é punível como heresia.

Tal instinto intensamente tribal pôde, no mundo real, surgir na evolução somente por seleção de grupo, no contexto das tribos competindo entre si. As qualidades peculiares da fé religiosa são a consequência lógica do dinamismo nesse nível mais alto de organização biológica.

A essência das religiões organizadas tradicionais está em seus mitos da criação. Como, na história do mundo real, se originaram? Alguns se basearam em parte na memória coletiva de acontecimentos monumentais — da emigração para terras novas, de guerras vencidas ou perdidas, de grandes enchentes e erupções vulcânicas. Cada um foi reformulado e ritualizado através das gerações. A chegada em cena percebida de seres divinos é possibilitada pelos processos de pensamento pessoais dos profetas e dos crentes. Eles esperam que os deuses tenham as mesmas emoções, raciocínio e motivações que eles próprios. No Antigo Testamento, por exemplo, Javé foi, em momentos diferentes, amoroso, ciumento, raivoso e vingativo, da mesma maneira que seus súditos mortais.

As pessoas também projetam sua humanidade nos animais, em máquinas, em lugares e até em seres fictícios. A transição de soberanos humanos para seres divinos invisíveis tem sido relativamente fácil nessa transferência. Por exemplo, Deus, em todas as três religiões abraâmicas (judaísmo, cristianismo e islamismo), é um patriarca parecido com aqueles dos reinos do deserto onde essas religiões surgiram.

Mesmo os elementos mais fantasmagóricos dos mitos da criação — o aparecimento de demônios e anjos, vozes do além, a ressurreição dos mortos e a parada do Sol em sua órbita — são fáceis de entender não como leis físicas, mas à luz da fisiologia e da medicina modernas. Os líderes dos clãs e xamãs estão sempre inclinados a falar com deuses e espíritos durante sonhos, alucinações induzidas por drogas e surtos de doença mental. Especialmente vívidos são os episódios de paralisia noturna, em que pessoas normalmente sadias caem num mundo de monstros ameaçadores e medo mortal. Um voluntário estudado pelo psicólogo J. Allan Cheyne descreve "uma sombra de uma figura em movimento, braços estendidos, que tinha absoluta certeza ser sobrenatural e maléfica". Outro estava igualmente convicto de, ao despertar, encontrar a realidade de uma "coisa metade cobra, metade humana gritando algo ininteligível no seu ouvido". A imagística convincente da paralisia do sono é bem semelhante à das abduções por alienígenas, associadas, ao menos em alguns casos, à hiperatividade na região parietal do cérebro. Outras experiências relatadas durante a paralisia do sono incluem voar ou cair, ou sair do próprio corpo. A emoção básica é medo, mas às vezes muda para empolgação, euforia ou êxtase.

Ainda mais importantes na criação dos mitos da gênese são as drogas alucinógenas, que transformam ilusões em histórias de duração mais longa, plenas de símbolos e daquilo que o sonhador percebe como significado místico. Xamãs e seus seguidores nas sociedades primitivas usam essas drogas para se conectar com o mundo dos espíritos. Uma dessas substâncias que foi especialmente bem estudada é a ayahuasca, um alucinógeno amplamente consumido entre as tribos indígenas da bacia do Amazonas. Ser enfeitiçado pela ayahuasca é experimentar visões vivamente realistas, inicialmente confusas mas que depois se desenrolam em certo tipo de história. Elas aparecem alternadamente como desenhos geométricos estranhos, onças, cobras e outros animais, e a morte da própria pessoa e jornada a outro mundo. Um exemplo é de um índio siona da Colômbia que consumiu *yagé*, o nome local da ayahuasca:

> Mas então uma mulher idosa veio me envolver num grande pano, ofereceu-me o seio para sugar e depois saí voando, para bem longe, e subitamente me encontrei num lugar completamente iluminado, muito limpo, onde tudo era plácido e sereno. Ali, onde vive o povo *yagé*, como nós, mas melhor, é aonde se vai ao final da vida.

Isso poderia ser interpretado como uma entrada no céu. Outro exemplo é uma visão do inferno experimentada por uma consumidora chilena da droga cujos pais são europeus. (Os tigres se referem às onças, os grandes felinos nativos da América do Sul.)

> De início, muitos rostos de tigre. [...] Depois *o* tigre. O maior e mais forte de todos. Sei (pois leio seu pensamento) que devo segui-lo. Vejo o planalto. Ele caminha resolutamente em linha reta. Eu sigo; mas ao atingir a borda e perceber o brilho, não consigo segui-lo.

Ela então olha para um fosso circular de fogo líquido, onde pessoas estão nadando.

> O tigre quer que eu vá até lá. Não sei como descer. Agarro a cauda do tigre, e ele salta. Por causa de sua musculatura o salto é gracioso e lento. O tigre nada no fogo líquido enquanto estou sentada nas suas costas [...] Ergo-me sobre o tigre na praia [...] Existe uma cratera. Aguardamos algum tempo, e aí começa uma enorme erupção. O tigre manda que eu me atire na cratera [...]

Essas visões vívidas não são mais estranhas do que aquelas formuladas como verdades fundamentais pelas grandes religiões do mundo. Constatamos isso no testemunho de São João no livro final do Novo Testamento, o Apocalipse. O ano é no primeiro século, provavelmente 96, e o lugar é a ilha grega de Patmos. Na visão de São João, Jesus retorna à Terra do Seu trono no céu do lado direito de Deus e fala por intermédio de anjos. João é surpreendido por uma voz estranha.

> E voltei-me para ver quem falava comigo. E, ao voltar-me, vi sete candeeiros de ouro, e no meio dos candeeiros um semelhante a um filho de homem, vestido de uma roupa talar, e cingido à altura do peito com um cinto de ouro; e a sua cabeça e cabelos eram brancos como lã branca, como a neve; e os seus olhos como chama de fogo; e os seus pés, semelhantes a latão reluzente que fora refinado numa fornalha; e a sua voz como a voz de muitas águas. Tinha ele na sua destra sete estrelas; e da sua boca saía uma aguda espada de dois gumes; e o seu rosto era como o sol, quando resplandece na sua força.

Jesus em seu Segundo Advento (não o outro catastrófico que Ele está prestes a prometer a João) está com raiva. Abriga sentimentos ambíguos sobre as sete cidades representadas pelos candeeiros, e está disposto a abater os cidadãos ali que se desviaram de sua devoção por Ele. Identifica-se como o Alfa e o Ômega, que

Figura 25-1. *Mantendo os mortos em casa, bem como no mundo dos espíritos. Numa aldeia Kukukuku de Nova Guiné, um ancião morto mumificado por fumaça de fogueira é cercado por sua família. (De Vernon Reynolds e Ralph Tanner,* The Biology of Religion. *Nova York: Longman, 1983.)*

detém as "chaves do inferno e da morte". Jesus odeia especialmente as ações dos nicolaítas. E, aos membros desgarrados da Igreja de Patmos que também aderiram à doutrina nicolaíta, emite uma advertência feroz: "Arrepende-te, pois; ou se não, virei a ti em breve, e contra eles batalharei com a espada da minha boca". Jesus, no testemunho de São João, passa a vaticinar através dos anjos o Arrebatamento, a Tribulação e a guerra entre as forças de Deus e Satã, encerrando-se com a vitória final de Deus.

São João pode ter recebido uma visita divina real exatamente como relatou. Mas o mais provável é que tenha tido sonhos ao tomar drogas alucinógenas, naquela época uma prática ainda generalizada no sudeste da Europa e no Oriente Médio. As mais poderosas eram feitas da beladona (*Atropa belladonna*), datura, esporão-do-centeio (*Claviceps Purpurea*, um fungo que cresce em relvas e ciperáceas, uma fonte do LSD), maconha e haxixe (*Cannabis sativa*).

Igualmente provável é que João sofresse de esquizofrenia, que produz alucinações semelhantes às visões do Apocalipse: vozes, outros sons como conversas e ordens — às vezes experimentados como pensamentos muito poderosos e importantes, geralmente tranquilizantes, mas algumas vezes ameaçadores. Os delírios também se expandem em relatos mais longos e podem se aglutinar numa visão de mundo baseada na fantasia.

O caso de São João é de importância especial, porque o Apocalipse, o clímax e conclusão do Novo Testamento, serve de guia para protestantes evangélicos conservadores. Os sonhos de João exerceram um efeito profundo em como milhões de pessoas perfeitamente sãs e responsáveis veem o mundo e, num grau variável, ordenam suas vidas. Há quem considere suas declarações verdadeiras, mas na minha modesta opinião a imagem de um Jesus destrutivo ameaçando partir dissidentes com uma espada do século I destoa tanto do resto do Novo Testamento que uma explicação biológica se torna preferível.

De qualquer modo, os historiadores e outros estudiosos com uma perspectiva evolutiva, e não influenciados pelos pressupostos sobrenaturais da teologia tradicional, começaram a reconstituir os passos que levaram às estruturas hierárquicas e dogmáticas das religiões modernas. Em algum ponto no Paleolítico Superior, as pessoas começaram a refletir sobre a própria mortalidade. Os locais de sepultamento mais antigos conhecidos com quaisquer sinais de rituais são de 95 mil anos atrás. Naquela época, ou antes, os vivos devem ter indagado: para onde vão todas essas pessoas mortas? A resposta teria sido imediatamente óbvia para eles. Os defuntos ainda viviam, e regularmente se reuniam aos vivos — em sonhos. No mundo espiritual dos sonhos, e ainda mais vivamente nas alucinações induzidas por drogas, seus parentes falecidos residiam, junto com aliados, inimigos, deuses, anjos, demônios e monstros. Visões semelhantes, como mais tarde as sociedades descobriram, podiam também ser induzidas por jejuns, exaustão e autotortura. Atualmente, como então, a mente consciente de toda pessoa viva deixa seu corpo no sono e adentra o mundo espiritual criado pelos surtos neuronais de seu cérebro.

Em alguma época remota, os xamãs surgiram e se incumbiram da interpretação das visões, particularmente suas próprias, que

Figura 25-2. *A busca de visões pela autotortura. No ritual do povo mandan, indígenas valentes buscavam visões inserindo tiras de couro na carne e depois sendo rodados até desmaiarem. (De Vernon Reynolds e Ralph Tanner,* The Biology of Religion. *Nova York: Longman, 1983.)*

consideravam especialmente importantes. Afirmavam que as aparições controlavam o destino da tribo. Supunha-se que os seres sobrenaturais sentissem as mesmas emoções das pessoas vivas, motivo por que eram venerados e apaziguados mediante cerimônias. Esses seres tinham de ser invocados para abençoar a pequena comunidade durante os ritos de passagem — para a vida adulta, de casamento e morte. Com a revolução neolítica, e especialmente durante o surgimento dos Estados, quando alianças se forjaram para o comércio e a guerra e diferentes tribos lutaram pela supremacia religiosa, os deuses foram às vezes compartilhados.

Com o aumento da complexidade social, cresceu também a responsabilidade dos deuses por manter a estabilidade social, que seus representantes humanos, os sacerdotes, obtinham pelo controle político de cima para baixo. Quando líderes políticos, mili-

Figura 25-3. *Líder da Sociedade Buffalo Bull do povo mandan. (De Joseph Campbell, com Bill Moyers,* The Power of Myth. *Nova York: Doubleday, 1988. Pintura de Karl Bodmer, 1834.)*

tares e religiosos colaboravam para alcançar esses objetivos, o dogma era tradicional e inabalável. Na ocorrência de revoluções religiosas bem-sucedidas, os líderes religiosos geralmente encontravam um meio de se ajustarem às circunstâncias — normalmente tomando partido dos insurgentes e atenuando os velhos dogmas consagrados.

Durante a formação israelita remota do que viria a se tornar as poderosas religiões abraâmicas, vários deuses ainda presidiam sobre o povo escolhido. Em Salmos 86,8 o escriba entoa: "Entre os deuses nenhum há semelhante a ti, Senhor, nem há obras como as tuas". Com o tempo, Javé conquistou o poder absoluto sobre os israelitas. Desde então, Ele tendia a prescrever a tolerância para com as divindades dos reinos vizinhos nas épocas de bonança, e a opressão violenta nas épocas difíceis.

Os crentes religiosos atuais, como nos tempos antigos, não estão, comumente, interessados em teologia, e menos ainda nos passos evolutivos que levaram às religiões do mundo atual. Em vez disso, estão preocupados com a fé religiosa e os benefícios que ela oferece. Os mitos da criação explicam tudo de que precisam para conhecer a história profunda a fim de manter a unidade tribal. Em épocas de mudanças e perigo, sua fé pessoal promete estabilidade e paz. Diante da ameaça e da competição de grupos

Figura 25-4. *Dançarinos pré-históricos e da história antiga em disfarces místicos de cabeças de animais. (A) Pintura em caverna paleolítica de Trois Frères, França. (B) Pintura de bosquímanos pré-históricos em Afvallingskop, África do Sul. (C, D) Pinturas de Sioux das Grandes Planícies. (De R. Dale Guthrie,* The Nature of Paleolithic Art. *Chicago: University of Chicago Press, 2005.)*

externos, os mitos asseguram aos crentes que eles são supremos aos olhos de Deus. A fé religiosa oferece a segurança psicológica que advém exclusivamente do pertencimento a um grupo, e ainda por cima um grupo divinamente abençoado. Ao menos para as multidões imensas de fiéis abraâmicos ao redor do mundo, ela promete a vida eterna após a morte, e no céu, não no inferno — especialmente se escolhermos a seita certa entre as muitas disponíveis, e jurarmos praticar fielmente seus rituais.

Os credos religiosos se apropriaram de todos os estímulos do assombro e da admiração de que a mente humana é capaz em obras-primas da literatura, artes visuais, música e arquitetura. Três mil anos de Javé acarretaram um poder estético inigualável nessas artes criativas. Não há nada em minha própria experiência mais comovente do que o *Lucernarium* católico, quando a luz da vela pascal espalha a *lumen Christi* (luz de Cristo) em uma catedral escura, ou os hinos corais para os fiéis de pé e a procissão se aproximando durante uma chamada evangélica ao altar protestante.

Esses benefícios requerem a submissão a Deus, ou a seu Filho, o Redentor, ou a ambos, ou ao seu último porta-voz escolhido, Maomé. É fácil demais. Basta se submeter, prostrar-se, repetir os juramentos sagrados. Vamos e venhamos: a quem essa obediência realmente se dirige? A uma entidade que pode não ter nenhum significado ao alcance da mente humana — ou pode nem mesmo existir? Sim, talvez seja realmente a Deus. Mas talvez se trate meramente de uma tribo unida por um mito da criação. Neste último caso, a fé religiosa é mais bem interpretada como uma armadilha invisível inevitável durante a história biológica de nossa espécie. E, se isso estiver correto, certamente existem formas de encontrar a realização espiritual sem a submissão e a escravidão. A humanidade merece algo melhor.

26. As origens das artes criativas

Por mais ricas e ilimitadas que possam parecer, as artes criativas são filtradas pelos canais biológicos estreitos da cognição humana. Nosso mundo sensorial, o que podemos saber sem ajuda de instrumentos sobre a realidade externa aos nossos corpos, é lamentavelmente pequeno. A nossa visão é limitada a um segmento minúsculo do espectro eletromagnético, cujas frequências de onda, em sua plenitude, variam da radiação gama na extremidade superior caindo até a frequência ultrabaixa usada em algumas formas especializadas de comunicação. Vemos apenas uma porção minúscula no meio do todo, a que nos referimos como o "espectro visual". O nosso aparato óptico separa essa parte acessível nas divisões imprecisas que denominamos cores. Logo após o azul, em frequência vem o ultravioleta, que os insetos conseguem ver, mas nós não. Das frequências sonoras à nossa volta, ouvimos apenas umas poucas. Os morcegos se orientam pelos ecos do ultrassom, a uma frequência alta demais para nossos ouvidos, e os elefantes se comunicam rosnando em frequências baixas demais.

Os peixes mormiros tropicais usam pulsos elétricos para se orientar e se comunicar nas águas lamacentas opacas, tendo desenvolvido uma modalidade sensorial altamente eficiente inexistente nos seres humanos. Tampouco sentimos o campo magnético da Terra, pelo qual certos tipos de aves migratórias se orientam. Nem conseguimos ver a polarização da luz do Sol de trechos do céu com que as abelhas, em dias nublados, se orientam de suas colmeias até os canteiros de flores, e no seu caminho de volta.

Nossa maior fraqueza, porém, é nossa sensação pequena demais de paladar e olfato. Mais de 99% de todas as espécies vivas, de micro-organismos a animais grandes, dependem de sensações químicas para encontrar seu caminho através do meio ambiente. Elas também aperfeiçoaram a capacidade de se comunicar entre si mediante substâncias químicas especiais chamadas feromônios. Já os seres humanos, junto com os macacos, macacos antropoides e aves, estão entre as raras formas de vida que são basicamente audiovisuais e, portanto, fracos em paladar e olfato. Somos idiotas comparados com cascavéis e sabujos. Nossa pouca capacidade de cheirar e sentir gosto se reflete no tamanho pequeno de nosso vocabulário quimiossensorial, forçando-nos quase sempre a recorrer a símiles e outras formas de metáfora. Um vinho possui um buquê delicado, dizemos, seu sabor é encorpado e um tanto frutado. Uma fragrância se assemelha à da rosa, do pinheiro ou da terra molhada pela chuva.

Somos forçados a cambalear por nossas vidas quimicamente deficientes em uma biosfera quimiossensorial, dependendo do som e da visão que evoluíram basicamente para a vida nas árvores. Somente pela ciência e pela tecnologia a humanidade penetrou nos imensos mundos sensoriais no resto da biosfera. Com instrumentação, somos capazes de traduzir os mundos sensoriais dos demais seres vivos em nosso próprio. E, no processo, aprendemos a ver quase até o fim do universo, e estimamos o tempo de

Figura 26-1. *Excitação óptica no desenho visual. Das três figuras geradas por computador, a do centro, com um grau intermediário de complexidade, é automaticamente a mais estimulante. (Baseado em Gerda Smets,* Aesthetic Judgment and Arousal: An Experimental Contribution to Psycho-Aesthetics. *Leuven, Bélgica: Leuven University Press, 1973.)*

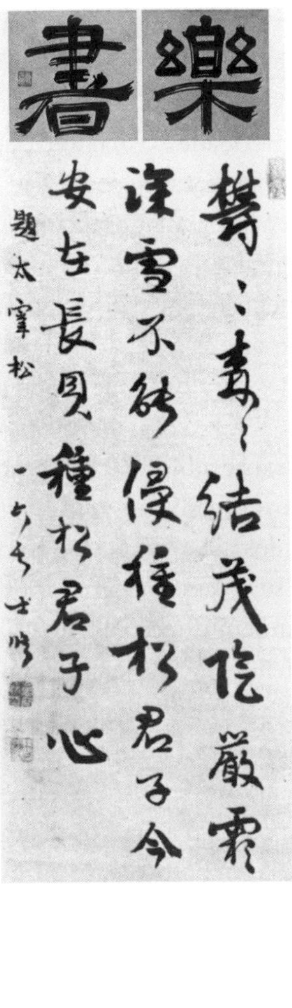

Figura 26-2. *A excitação natural pela complexidade dos pictogramas japoneses é aumentada pela disposição expressa através da caligrafia. Os dois superiores são exemplos da escrita reisho, forte, linear e simples, usada em cabeçalhos de jornais e em gravações em pedra. O de baixo está na escrita wayo, suave e elegante, usada amplamente até o início do século XX. (De Yüjir Nakata,* The Art of Japanese Calligraphy. *Nova York: Weatherhill, 1973.)*

seu início. Nunca nos orientaremos sentindo o campo magnético da Terra, nem cantaremos em feromônio, mas podemos trazer todas essas informações existentes para nosso pequeno domínio sensorial.

Usando esse poder, além do exame da história humana, podemos obter vislumbres da origem e da natureza do julgamento estético. Por exemplo, o monitoramento neurobiológico, em particular medições do amortecimento das ondas alfa durante percepções de desenhos abstratos, mostrou que o cérebro é mais excitado por padrões com cerca de 20% de redundância de elementos, ou seja, mais ou menos a complexidade encontrada em um labirinto simples, ou em duas voltas de uma espiral logarítmica, ou em uma cruz assimétrica. Pode ser por coincidência (embora eu creia que não) que aproximadamente o mesmo grau de complexidade é compartilhado por grande parte das artes em frisos, gradeamentos, colofões, logogramas e desenhos de bandeiras. Ele aflora também nos glifos dos antigos Oriente Médio e Mesoamérica, bem como nos pictogramas e caracteres das línguas asiáticas modernas. O mesmo nível de complexidade caracteriza parte do que se considera atraente nas artes primitivas e na arte e no design abstratos modernos. A origem do princípio pode ser o fato de que esse grau de complexidade é o máximo que o cérebro consegue processar de um só relance, assim como sete é o número máximo de objetos que podem ser contados de um só relance. Quando uma figura é mais complexa, o olho capta seu conteúdo pelo movimento conscientemente refletivo de um setor para outro. Uma qualidade da grande arte é a capacidade de orientar a atenção de uma de suas partes para outra de modo a agradar, informar e provocar.

Em outra esfera das artes visuais existe a biofilia, a ligação inata que as pessoas buscam com outros organismos, especialmente com o mundo natural vivo. Estudos mostraram que, com liberdade para escolher o ambiente de suas casas ou escritórios, pessoas em diferentes culturas gravitam em direção a um ambiente que combine três aspectos — fenômeno do qual paisagistas e empresários do setor imobiliário têm uma noção intuitiva. Elas querem estar no alto olhando para baixo, preferem terrenos abertos como da savana com árvores e bosques espalhados, e querem estar próximos de um corpo d'água, como um rio, lago ou oceano. Ainda que esses três elementos sejam pura-

ਜੇ ਘਰਿ ਕੀਰਤਿ ਆਖੀਐ
ਕਰਤੇ ਕਾ ਹੋਇ ਬੀਚਾਰੋ ॥ ਤਿਤੁ
ਘਰਿ ਗਾਵਹੁ ਸੋਹਿਲਾ ਸਿਵਰਿਹੁ
ਸਿਰਜਣਹਾਰੋ॥੧॥ ਤੁਮ ਗਾਵਹੁ ਮੇਰੇ
ਨਿਰਭਉ ਕਾ ਸੋਹਿਲਾ ॥ ਹਉਵਾਰੀ
ਜਿਤੁ ਸੋਹਿਲੈ ਸਦਾ ਸੁਖੁ ਹੋਇ ॥੧॥
ਰਹਾਉ ॥ਨਿਤ ਨਿਤ ਜੀਅੜੇ ਸਮਾ-
ਲੀਅਨਿ ਦੇਖੈਗਾ ਦੇਵਣਹਾਰੁ ॥
ਤੇਰੇ ਦਾਨੈ ਕੀਮਤਿ ਨਾ ਪਵੈ ਤਿਸੁ
ਦਾਤੇਕਵਣੁਸੁਮਾਰੁ॥੨॥ਸੰਬਤਿਸਾਹਾ
ਲਿਖਿਆ ਮਿਲਿ ਕਰਿ ਪਾਵਹੁ ਤੇਲੁ
॥ ਦੇਹੁ ਸਜਣ ਅਸੀਸੜੀਆ ਜਿਉ
ਹੋਵੈ ਸਾਹਿਬ ਸਿਉ ਮੇਲੁ ॥੩॥ ਘਰਿ
ਘਰਿ ਏਹੋ ਪਾਹੁਚਾ ਸਦੜੇ ਨਿਤ
ਪਵੰਨਿ ॥ ਸਦਣਹਾਰਾ ਸਿਮਰੀਐ
ਨਾਨਕ ਸੇ ਦਿਹ ਆਵੰਨਿ ॥੪॥੧॥

Figura 26-3. *A beleza intrínseca do texto punjabi, como a de muitas línguas, é realçada pela proximidade dos símbolos do nível de excitação automática máxima.* (*De* Adi Granth, *o primeiro cômputo das escrituras Sikh, em Kenneth Katzner,* The Languages of the World, *nova ed. Nova York: Routledge, 1995.*)

Figura 26-4. *A complexidade da arte "primitiva" normalmente se aproxima daquela da excitação máxima. Os remos são obras de aldeões do Suriname.* (*De Sally e Richard Price,* Afro-American Artists of the Suriname Rain Forest. *Berkeley: University of California Press, 1980.*)

mente estéticos, e não funcionais, os compradores de casas pagarão qualquer preço para que possam desfrutar uma vista dessas.

As pessoas, em outras palavras, preferem viver naqueles ambientes onde nossa espécie evoluiu por milhões de anos na África. Instintivamente, gravitam rumo à savana e à floresta transicional, olhando, a uma distância segura, para fontes confiáveis de alimento e água. Não se trata de uma associação estranha se considerada um fenômeno biológico. Todas as espécies de animais móveis são guiadas por instintos que as conduzem a habitats onde têm uma chance máxima de sobrevivência e reprodução. Não deve surpreender que,

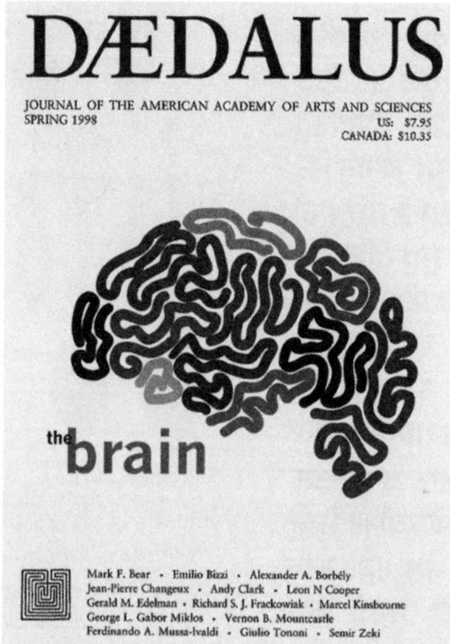

Figura 26-5. *Grande parte das artes gráficas se compõe de designs próximos do nível de excitação máxima automática, como ilustrado pelas palavras, pela figura central do cérebro e, no canto inferior esquerdo, pelo símbolo da editora acadêmica. (Reproduzido com permissão da American Academy of Arts and Sciences.)*

durante o intervalo relativamente curto desde o início do Neolítico, a humanidade ainda sinta um resíduo dessa necessidade arcaica.

Se já existiu uma razão para aproximar as humanidades da ciência, é a necessidade de entender a verdadeira natureza do mundo sensorial humano, em contraste com aquele visto pelo resto dos seres vivos. Mas existe outra razão ainda mais importante para buscarmos a consiliência* entre os grandes ramos do saber. Existem agora indícios substanciais de que o comportamento social humano surgiu geneticamente por evolução multi-

* O termo "consiliência", título de um livro de Edward O. Wilson de 1998, designa a convergência das diferentes disciplinas acadêmicas, incluindo ciências e artes. (N. T.)

Figura 26-6. *A habitação naturalmente preferida pelas pessoas exerceu um forte impacto na arquitetura paisagística. A predileção, que muitos pesquisadores acreditam ter se originado durante a evolução pré-humana nas florestas de savana africanas, inclui uma moradia alta próxima de um corpo d'água e com vista para um parque frutífero (com grandes animais à vista, ainda que apenas representados por esculturas). Este exemplo é da sede da Deere Company em Moline, Illinois.* (*De* Modern Landscape Architecture: Redefining the Garden. *Nova York: Abbeville Press, 1991. Fotografia de Felice Frankel, texto de Jory Johnson.*)

nível. Se essa interpretação for correta, e um número crescente de biólogos e antropólogos evolutivos acredita que seja, podemos esperar um conflito constante entre componentes do comportamento favorecidos pela seleção individual e aqueles favorecidos pela seleção de grupo. A seleção no nível individual tende a criar competitividade e comportamento egoísta entre membros do grupo — em torno de status, acasalamento e acesso aos recursos. Já a seleção entre grupos tende a criar um comportamento desprendido, expresso na maior generosidade e altruísmo, os quais por sua vez promovem uma maior coesão e aumentam a força do grupo como um todo.

Um resultado inevitável das forças mutuamente contrabalançantes da seleção multinível é a ambiguidade permanente na mente humana individual, levando a inúmeros cenários na forma como as pessoas acasalam, amam, se associam, traem, compartilham, sacrificam, roubam, enganam, se redimem, punem, imploram e decidem. A luta endêmica ao cérebro de cada pessoa, espelhada na vasta superestrutura da evolução cultural, é o manancial das humanidades. Um Shakespeare no mundo das formigas, livre de tal guerra entre honra e traição, e acorrentado pelos comandos rígidos do instinto a um repertório minúsculo de sentimentos, seria capaz de escrever apenas um drama de triunfo e outro de tragédia. As pessoas comuns, no entanto, podem inventar uma infinidade dessas histórias e compor uma sinfonia infinita de ambivalência e estados de espírito.

O que exatamente são as humanidades? Um esforço honesto de defini-las se encontra na lei do Congresso norte-americano, de 1965, que criou o Fundo Nacional para as Humanidades e o Fundo Nacional para as Artes:

> O termo "humanidades" inclui, mas não se limita, ao estudo do seguinte: línguas, tanto modernas quanto clássicas; linguística; literatura; história; jurisprudência; filosofia; arqueologia; religiões comparadas, ética, história, crítica literária e teoria das artes; os aspectos das ciências sociais com conteúdo humanista e empregando métodos humanistas; e o estudo e aplicação das humanidades ao ambiente humano, com atenção especial na reflexão sobre nossa herança, tradições e história diversificadas, e na relevância das humanidades às condições atuais da vida nacional.

Esse pode ser o escopo das humanidades, mas não faz nenhuma alusão à compreensão dos processos cognitivos que as unificam, nem à sua relação com a natureza humana hereditária, nem à sua origem na pré-história. Certamente jamais veremos um pleno amadurecimento das humanidades sem que essas dimensões sejam acrescidas.

Desde o enfraquecimento do Iluminismo original durante o final do século XVIII e início do século XIX, um impasse obstinado tem existido na consiliência das humanidades com as ciências naturais. Uma forma de rompê-lo é reunir o processo criativo e os estilos de escrita da literatura e da pesquisa científica. Isso pode se mostrar menos difícil do que parece à primeira vista. Os inovadores em ambos os domínios são basicamente sonhadores e contadores de histórias. Nos estágios iniciais da criação, tanto da arte como da ciência, tudo na mente é uma história. Existe um desfecho imaginado e talvez um início, e uma seleção de fragmentos e pedaços que poderiam se encaixar no meio. Nas obras, tanto da literatura como da ciência, qualquer parte pode ser mudada, repercutindo nas outras partes, algumas das quais são descartadas, enquanto partes novas são acrescidas. Os fragmentos sobreviventes são alternadamente unidos e separados, e mudam de lugar à medida que a história se forma. Um cenário emerge, depois outro. Os cenários, quer de natureza literária ou científica, competem entre si. Palavras e sentenças (ou equações ou experimentos) são testados. Desde o princípio um final de toda a imaginação é concebido. Parece um desenlace assombroso (ou uma revolução científica). Mas é o melhor, e é verdadeiro? Chegar ao final com segurança é a meta da mente criativa. Qualquer que seja, onde quer que se localize, como quer que seja expresso, começa como um espectro que poderia, até o último momento, se desvanecer e ser substituído. Pensamentos inexpressivos adejam na periferia. Conforme os melhores fragmentos se solidificam, são postos no lugar e deslocados, e a história cresce e atinge seu final inspirado. Flannery O'Connor perguntou, com razão, a todos nós, escritores literários e cientistas: "Como posso saber o que quero dizer antes de ver o que digo?". O romancista indaga: "Funciona?", e o cientista diz: "É possível que isso seja verdade?".

O cientista de sucesso pensa como um poeta mas trabalha como um escriturário. Submete-se a revisões por pares na esperança de que cientistas "de peso", aqueles com realizações e reputações próprias, aceitarão suas descobertas. A ciência cresce de uma maneira pouco entendida por não cientistas: ela é guiada tanto pela aprovação dos colegas como pela verdade de suas alegações técnicas. A reputação é a prata e o ouro das carreiras científicas. Os cientistas poderiam dizer, como disse James Cagney ao receber um Oscar pelas realizações de toda uma vida: "Nesta área você é tão bom quanto o outro sujeito acha que você é".

Mas no longo prazo uma reputação científica perdurará ou desmoronará com base no crédito por descobertas autênticas. As conclusões serão testadas repetidamente, e precisam ser válidas. Se os dados forem questionáveis as teorias se desintegram. Erros descobertos por outros podem acabar com uma reputação. A punição da fraude é nada menos que a morte... da reputação e da possibilidade de novos avanços na carreira. O crime capital equivalente em literatura é o plágio. Mas não a fraude! Na ficção, como em outras artes criativas, o voo livre da imaginação é esperado. E, na medida em que se mostra esteticamente agradável, ou de algum modo evocativo, é celebrado.

A diferença essencial entre o estilo literário e o científico é o emprego da metáfora. Em relatos científicos, a metáfora é permissível — desde que seja simples, talvez com apenas um toque de ironia e autodepreciação. Por exemplo, o seguinte seria permitido na introdução ou discussão de um relatório técnico: "Este resultado, se confirmado, irá, acreditamos, abrir a porta para uma série de outras investigações frutíferas". Mas não é permitido: "Consideramos este resultado, cuja obtenção foi dificílima, um divisor de águas potencial de onde fluirão muitas correntes de pesquisas novas".

O que conta em ciência é a importância da descoberta. O que importa em literatura é a originalidade e o poder das metáforas. Relatórios científicos acrescentam um fragmento testado ao nosso conhecimento do mundo material. A expressão lírica em literatura, por outro lado, é um dispositivo para comunicar sensações emocionais diretamente da mente do escritor à mente do leitor. Inexiste tal objetivo no relato científico, onde o autor tem como propósito persuadir o leitor, mediante indícios e raciocínios, da validade e da importância da descoberta. Em ficção, quanto mais forte o desejo de compartilhar a emoção, mais lírica deve ser a linguagem. Num grau extremo, a afirmação pode ser obviamente falsa, porque autor e leitor desejam assim. Para o poeta o Sol nasce a leste e se põe a oeste, acompanhando nossos ciclos diários de atividade, simbolizando o nascimento, o meio-dia da vida, morte e renascimento — ainda que o Sol não realize esse movimento. Essa é a maneira como nossos ancestrais distantes visualizavam a esfera celestial e o céu estrelado. Eles associavam os mistérios celestes, que eram muitos, aos de suas próprias vidas, e os registraram em textos e poesias sagradas através das eras. Passará muito tempo até que uma venerabilidade semelhante em literatura seja adquirida pelo sistema solar real, onde a Terra é um planeta girante ao redor de uma pequena estrela.

Defendendo essa outra verdade, essa verdade especial buscada na literatura, E. L. Doctorow indaga:

> Quem trocaria a *Ilíada* pelo relato histórico "real"? Claro que o escritor tem uma responsabilidade, seja como intérprete solene ou satirista, de fazer uma composição que sirva como verdade revelada. Mas exigimos isso de todos os artistas criativos, de qualquer mídia. Além disso, um leitor de ficção que depare, num romance, com uma figura pública dizendo e fazendo coisas não relatadas em nenhuma outra parte sabe que está lendo ficção. Ele sabe que o

romancista espera usar a mentira para atingir uma verdade maior de uma forma impossível pela reportagem factual. O romance é uma interpretação estética que retrataria uma figura pública assim como um quadro de um pintor. Um romance não é lido como um jornal; é lido como foi escrito, no espírito da liberdade.

Picasso exprimiu a mesma ideia de forma sumária: "A arte é a mentira que nos ajuda a ver a verdade".

As artes criativas se tornaram possíveis como um avanço evolutivo quando os seres humanos desenvolveram a capacidade do pensamento abstrato. A mente humana pôde então formar um modelo de uma forma, ou de uma espécie de objeto, ou de uma ação, e transmitir uma representação concreta do conceito para outra mente. Assim surgiu a linguagem verdadeira, produtiva, formada de palavras e símbolos arbitrários. A linguagem foi seguida pela arte visual, pela música, pela dança e por cerimônias e rituais da religião.

A data exata em que surgiu o processo que levou às artes criativas autênticas não se conhece. Já há 1,7 milhão de anos, ancestrais dos humanos modernos, mais provavelmente o *Homo erectus*, forjavam ferramentas de pedra grosseiras em forma de lágrima. Seguradas na mão, eram provavelmente usadas para cortar legumes e carne. Se existiram também na mente como uma abstração, em vez de serem meramente criadas por imitação entre membros do grupo, não se sabe.

Há 500 mil anos, na época do bem mais inteligente *Homo heidelbergensis*, uma espécie intermediária em idade e anatomia entre o *Homo erectus* e o *Homo sapiens*, os machados de mão haviam se tornado mais sofisticados, sendo acompanhados por lâminas de pedra e pontas líticas cuidadosamente forjadas. Após mais 100 mil anos, as pessoas estavam usando lanças de madeira cuja produção deve ter levado vários dias e etapas. Nesse período, a Idade da Pedra Média, os ancestrais dos humanos começaram a desenvolver a tecnologia baseada numa cultura verdadeira baseada em abstrações.

Depois vieram as conchas de caracóis perfuradas, que se acredita terem sido usadas como colares, junto com ferramentas ainda mais sofisticadas, incluindo pontas de ossos bem projetadas. O mais intrigante são as peças gravadas de ocre. Um desenho, de 77 mil anos atrás, consiste em três linhas riscadas que conectam uma fileira de nove marcas em forma de X. O significado, caso exista, se desconhece, mas a natureza abstrata do padrão parece clara.

Os enterros começaram ao menos 95 mil anos atrás, como mostram trinta indivíduos escavados na Caverna Qafzeh, em Israel. Um dos mortos, uma criança de nove anos, foi posicionada com as pernas dobradas e um corno de veado nas mãos. Esse arranjo sugere não apenas uma consciência abstrata da morte, mas certa forma de ansiedade existencial. Entre os caçadores-coletores atuais, a morte é um acontecimento enfrentado com cerimônias e arte.

Os primórdios das artes criativas conforme praticadas hoje podem permanecer para sempre ocultos. No entanto, estavam bem consolidados pela evolução genética e cultural para a "explosão criativa" que começou aproximadamente 35 mil anos atrás na Europa. Dessa época até o Paleolítico Superior, mais de 20 mil anos depois, a arte nas cavernas floresceu. Milhares de figuras, na maioria de grandes animais de caça, foram descobertas em mais de duzentas cavernas distribuídas pelo sudoeste da França e pelo nordeste da Espanha, nos dois lados dos Pirineus. Junto com os desenhos na beira de rochedos em outras partes do mundo, apresentam um instantâneo incrível da vida pouco antes do despontar da civilização.

O Louvre das galerias paleolíticas está na Grotte Chauvet, na região de Ardèche, ao sul da França. A obra-prima entre suas produções, criada por um artista único com ocre vermelho, carvão e gravação, é um grupo de quatro cavalos (uma espécie silvestre nativa na Europa naquela época) correndo juntos. Cada um dos animais é representado somente pela cabeça, mas cada uma é individual em seus atributos. O grupo é compacto e está orientado obliquamente, como que visto ligeiramente do alto e da esquerda. As bordas dos focinhos foram cinzeladas em baixo-relevo para dar maior proeminência. Análises exatas das figuras descobriram que vários artistas primeiro pintaram um par de rinocerontes machos em combate frente a frente, depois dois auroques (bois selvagens) olhando para longe. Os dois grupos foram colocados com um espaço no meio. Ali o artista único entrou em ação para criar seu pequeno bando de cavalos.

Os rinocerontes e os bois selvagens foram datados como de 32 mil a 30 mil anos atrás, e supôs-se que os cavalos tivessem a mesma idade. Mas a elegância e a tecnologia evidentes nos cavalos levaram alguns especialistas a calcular sua procedência como oriunda do período Magdaleniano, que se estendeu de 17 mil a 12 mil anos atrás. Isso alinharia sua origem com as grandes obras nas paredes da Caverna de Lascaux, na França, e de Altamira, na Espanha.

Afora a data exata da antiguidade do grupo de Chauvet, a função importante da arte das cavernas permanece duvidosa. Não há razão para supor que as cavernas servissem como protoigrejas, onde grupos se reuniam para orar aos deuses. Os solos estão cobertos com os resíduos de lareiras, ossos de animais e outros sinais de ocupação doméstica de longo prazo. O primeiro *Homo sapiens* penetrou na Europa central e oriental cerca de 45 mil anos atrás. As cavernas naquele período obviamente serviam de abrigos que permitiam às pessoas suportar os invernos rigorosos na Estepe dos Mamutes, a grande área de pradaria que se estendia sob o lençol de gelo continental através de toda a Eurásia e Novo Mundo adentro.

Alguns autores argumentaram que talvez as pinturas nas cavernas servissem para evocar uma magia simpática e aumentar o sucesso dos caçadores no campo. Respalda essa suposição o fato de que a grande maioria dos temas são animais grandes. Além disso, 15% dessas pinturas mostram animais feridos por lanças ou flechas.

Indícios adicionais de um teor ritualista na arte das cavernas europeias foram fornecidos pela descoberta de uma pintura do que pode ser um xamã com um toucado de veado ou provavelmente uma cabeça de veado real. Também estão preservadas esculturas de três "homens-leões" com corpos humanos e cabeças de leões — precursoras das quimeras metade animais, metade deuses que surgiriam mais tarde na história antiga do Oriente Médio. Mas não temos nenhuma ideia testável do que o xamã fazia ou os homens-leões representavam.

Um ponto de vista oposto do papel da arte nas cavernas foi defendido pelo biólogo da fauna selvagem R. Dale Guthrie, cuja obra-prima, *The Nature of Paleolithic Art*, é a mais minuciosa já publicada sobre o tema. Quase toda a arte, Guthrie argumenta, pode ser explicada como representações da vida diária aurignaciana e magdaleniana. Os animais representados pertencem às espécies que os moradores das cavernas regularmente caçavam (com uns poucos, como leões, que podem ter caçado pessoas), sendo portanto temas corriqueiros das conversas e da comunicação visual. Havia também mais figuras de seres humanos, ou ao menos partes da anatomia humana, que não costumam ser mencionadas nos relatos sobre a arte das cavernas. Tendem a ser prosaicas. Os habitantes muitas vezes faziam gravuras colocando as mãos na parede e expelindo pó de ocre pela boca, deixando um esboço do polegar e outros dedos abertos. O tamanho das mãos indica que eram, na maior parte, as crianças que se envolviam nessa atividade. Muitos grafites também estão presentes, sendo comuns rabiscos sem sentido e representações grosseiras das genitálias masculina e feminina. Esculturas de mulheres obesas grotescas também existem e podem ter sido oferendas aos espíritos ou deuses para aumentar a fertilidade — os pequenos grupos precisavam de todos os membros que conseguiam gerar. Contudo, as esculturas poderiam igualmente ter sido representações exageradas da gordura nas mulheres desejável durante os períodos amiúde difíceis do inverno na Estepe dos Mamutes.

A teoria utilitária da arte das cavernas, de que as pinturas e rabiscos representam a vida do dia a dia, é quase certamente em parte correta, mas não inteiramente. Poucos especialistas levaram em conta que também ocorreram, em outro domínio bem diferente, a origem e o cultivo da música. Esse evento fornece indícios independentes de que ao menos algumas das pinturas e esculturas tiveram um significado mágico na vida dos moradores das cavernas. Alguns autores argumentaram que a música não teve nenhuma importância darwiniana, tendo brotado da linguagem como um "bolo de queijo auditivo", nas palavras de um autor. É verdade que são escassos os indícios do conteúdo da própria mú sica — assim como, incrivelmente, não dispomos de nenhuma partitura e, portanto, de nenhum registro da música grega e romana, apenas dos instrumentos. Mas instrumentos musicais também existiram a partir de um período prematuro da explosão criativa. "Flautas" rudimentares de ossos de aves foram encontradas datando de 30 mil anos atrás ou mais. Em Isturitz, na França, e outras localidades, cerca de 225 objetos foram classificados como flautas, algumas delas com certa autenticidade. As melhores possuem orifícios para os dedos obliquamente alinhados e curvados no sentido horário aparentemente para alinhá-los com os dedos da mão humana. Os orifícios também são chanfrados para poderem ser fechados pelas pontas dos dedos. Um flautista moderno, Graeme Lawson, tocou uma réplica de uma delas, embora, claro, sem uma partitura paleolítica à mão.

Também foram encontrados artefatos cuja interpretação como instrumentos musicais é plausível. Incluem lâminas de sílex finas que, quando juntadas e percutidas, produzem sons agradáveis como de carrilhões de vento. Além disso, embora talvez apenas por coincidência, as seções de paredes onde foram feitas as pinturas nas cavernas tendem a emitir ecos impressionantes do som nos arredores.

A música foi darwiniana? Possuía valor de sobrevivência para as tribos paleolíticas que a praticavam? Examinando os costumes das culturas caçadoras-coletoras contemporâneas do mundo inteiro, é difícil chegar a outra conclusão. As canções, geralmente acompanhadas por danças, são quase universais. E como os aborígines australianos permaneceram isolados desde a chegada de seus ancestrais, cerca de 45 mil anos atrás, e suas canções e danças são semelhantes no gênero às de outras culturas caçadoras-coletoras, é razoável supor que se assemelhem às praticadas por seus ancestrais paleolíticos.

Os antropólogos têm prestado relativamente pouca atenção à música dos caçadores-coletores contemporâneos, relegando seu estudo aos especialistas em música, como também tendem a fazer com a linguística e a etnobotânica (o estudo das plantas usadas pelas tribos). Mesmo assim, canções e danças são elementos importantes de todas as sociedades caçadoras-coletoras. Além disso, costumam ser comunitárias e abordam uma variedade impressionante de questões da vida. As canções dos bem estudados inuítes, dos pigmeus do Gabão e dos aborígines da Terra de Arnhem se aproximam de um nível de detalhe e sofisticação comparável ao das civilizações modernas avançadas. A música dos caçadores-coletores modernos geralmente serve como ferramentas que revigoram a vida deles. Os temas dos repertórios incluem histórias e mitologias da tribo, bem como conhecimentos práticos sobre a terra, plantas e animais.

De especial importância para o significado dos animais de caça na arte das cavernas paleolíticas da Europa, as canções e as danças das tribos modernas versam principalmente sobre caçadas. Falam das diversas presas; enaltecem as armas de caça, incluindo os cães; apaziguam os animais que mataram ou estão prestes a matar; e homenageiam a terra onde caçam. Recordam e celebram caçadas bem-sucedidas do passado. Homenageiam os mortos e pedem favores aos espíritos que regem seus destinos.

É evidente que as canções e as danças dos povos caçadores--coletores contemporâneos são úteis nos níveis individual e grupal. Elas unem os membros da tribo, criando um conhecimento e propósito comuns. Despertam a paixão pela ação. São mnemônicas, incitando e contribuindo para a lembrança das informações que servem ao propósito tribal. Além disso, o conhecimento das canções e das danças confere poder dentro da tribo aos que as conhecem melhor.

Criar e interpretar música constitui um instinto humano. É um dos verdadeiros universais de nossa espécie. Tomando um exemplo extremo, o neurocientista Aniruddh D. Patel aponta para a pequena tribo pirarrã no Amazonas brasileiro: "Os membros dessa cultura falam uma língua sem números ou um conceito de contagem. Sua língua não possui termos fixos para as cores. Eles não têm mitos de criação, e só desenham bonecos palitos simples. Contudo, possuem música em abundância, em forma de canções".

Patel referiu-se à música como uma "tecnologia transformadora". No mesmo grau que a escrita e a própria língua, ela mudou a maneira de as pessoas verem o mundo. Aprender a tocar um instrumento musical altera até a estrutura do cérebro, dos circuitos subcorticais que codificam padrões sonoros às fibras neurais que conectam os dois hemisférios cerebrais e padrões de densidade da matéria cinzenta em certas regiões do córtex cerebral. A música é poderosa em seu impacto no sentimento humano e na interpretação dos eventos. É extraordinariamente complexa nos circuitos neurais que emprega, parecendo despertar emoção em pelo menos seis mecanismos diferentes do cérebro.

A música está intimamente associada ao desenvolvimento mental e, em alguns aspectos, parece derivar da linguagem. Os padrões de discriminação dos altos e baixos melódicos são semelhantes. Mas, enquanto a aquisição da linguagem em crianças é rápida e em grande parte autônoma, a música é adquirida mais lentamente e depende de ensino e prática substancial. Além disso, existe um período crítico distinto para aprender a língua, durante o qual as habilidades são assimiladas rápida e facilmente, enquanto para a música não se conhece tal período sensível. Mesmo assim, tanto a linguagem como a música são sintáticas, estando dispostas como elementos separados — palavras, notas e acordes. Entre pessoas com defeitos congênitos na percepção da música (compondo de 2% a 4% da população), cerca de 30% também sofrem de deficiência na entoação, uma propriedade compartilhada em paralelo com a fala.

No todo, existem razões para acreditar que a música chegou tarde na evolução humana. É possível que tenha surgido como um desdobramento da fala. Mas essas suposições não permitem concluir que a música não passa de uma elaboração cultural da fala. Ela possui ao menos um aspecto não compartilhado com a fala: o compasso, que, além disso, pode ser sincronizado da canção para a dança.

Somos tentados a pensar que o processamento neural da linguagem serviu de pré-adaptação para a música, a qual, uma vez surgida, mostrou-se suficientemente vantajosa para adquirir sua própria predisposição genética. Esse é um tema que merece pesquisas adicionais mais profundas, incluindo a síntese de elementos da antropologia, da psicologia, da neurociência e da biologia evolutiva.

VI. PARA ONDE VAMOS?

27. Um novo Iluminismo

Os conhecimentos científicos e a tecnologia dobram a cada uma ou duas décadas, dependendo da disciplina em que as informações são medidas. Esse crescimento exponencial torna imprevisível o futuro além de uma década, sem falar em séculos ou milênios. Os futuristas portanto tendem a se concentrar nas direções que, segundo eles, a humanidade deveria trilhar. Mas, dada a nossa terrível falta de autocompreensão como uma espécie, o melhor objetivo na época atual talvez seja escolher aonde *não* ir. O que, então, deveríamos ter cuidado em evitar? Ao pensarmos sobre o assunto, estamos destinados a sempre retornar às perguntas existenciais: De onde viemos? O que somos? Para onde vamos?

Os seres humanos são atores em uma história. Somos a ponta de crescimento de um épico inacabado. A resposta para as perguntas existenciais deve residir na história, e é essa a abordagem adotada pelas humanidades. Mas a história convencional por si mesma está truncada, tanto na sua linha do tempo como na percepção do organismo humano. A história não faz sentido sem a pré-história, e a pré-história não faz sentido sem a biologia.

A humanidade é uma espécie biológica em um mundo biológico. Em cada função de nosso corpo e mente e em cada nível, somos perfeitamente adaptados para viver neste planeta particular. Pertencemos à biosfera onde nascemos. Embora exaltados de várias formas, permanecemos uma espécie animal da fauna global. Nossas vidas são limitadas pelas duas leis da biologia: todas as entidades e processos da vida obedecem às leis da física e da química, e todas as entidades e processos da vida surgiram através da evolução por seleção natural.

Quanto mais aprendemos sobre nossa existência física, mais aparente se torna que, mesmo as formas mais complexas do comportamento humano, são, em última análise, biológicas. Elas exibem as especializações desenvolvidas ao longo de milhões de anos por nossos ancestrais primatas. A marca indelével da evolução está clara na forma idiossincrásica como os canais sensoriais da humanidade limitam a nossa percepção natural da realidade. Ela se confirma na maneira como programas hereditariamente preparados e contrapreparados guiam o desenvolvimento da mente.

Mesmo assim, não podemos escapar da questão do livre-arbítrio, que, segundo a argumentação de alguns filósofos, ainda nos distingue. É um produto do centro de tomada de decisões subconsciente do cérebro que dá ao córtex cerebral a ilusão de ação independente. Quanto mais os processos físicos da consciência foram definidos pela pesquisa científica, menos sobrou para qualquer fenômeno que possa ser intuitivamente rotulado como livre-arbítrio. Somos livres como seres independentes, mas nossas decisões não são livres de todos os processos orgânicos que criaram nosso cérebro e nossa mente. O livre-arbítrio, portanto, parece ser na verdade biológico.

Claro que, por qualquer padrão concebível, a humanidade é de longe a maior realização da vida. Somos a mente da biosfera, do sistema solar e — quem sabe? — talvez da galáxia. Olhando à nossa volta, aprendemos a traduzir para nossos sistemas audiovisuais limitados as modalidades sensoriais de outros organismos. Conhecemos grande parte da base bioquímica de nossa própria biologia. Logo criaremos organismos simples em laboratório. Aprendemos a história do universo e a observamos quase até seu limite.

Os nossos ancestrais foram uma em apenas umas duas dúzias de linhagens de animais a desenvolverem a eussocialidade, o seguinte grande nível de organização biológica acima da organísmica. Ali, membros do grupo que incluem duas ou mais gerações permanecem juntos, cooperam, cuidam dos jovens e dividem o trabalho de modo a favorecer a reprodução de alguns indivíduos em detrimento de outros. Os pré-humanos eram bem maiores fisicamente do que qualquer dos insetos e outros invertebrados eussociais. Foram dotados de cérebros bem mais volumosos desde o princípio. Com o tempo, descobriram a linguagem baseada em símbolos, a escrita, e a tecnologia baseada na ciência que nos dá a vantagem em relação ao resto dos seres vivos. Agora, exceto o fato de nos comportarmos como macacos antropoides grande parte do tempo e termos tempo de vida geneticamente limitado, somos semelhantes a deuses.

Qual força dinâmica nos alçou a essa posição elevada? Eis uma pergunta de enorme importância para a autocompreensão. A resposta aparente é a seleção natural multinível. No nível mais alto dos dois níveis relevantes da organização biológica, os grupos competem entre si, favorecendo traços sociais cooperativos entre os membros do mesmo grupo. No nível mais baixo, membros do mesmo grupo competem entre si de forma que leva ao comportamento egoísta. A oposição entre os dois níveis de seleção natural resultou em um genótipo quimérico em cada pessoa, tornando cada um de nós em parte santo, em parte pecador.

A interpretação das forças da seleção humana que apresentei em *A conquista social da Terra*, com base em pesquisas recentes, opõe-se à teoria da aptidão inclusiva, substituindo-a por modelos-padrão da genética de populações aplicados a vários níveis de seleção natural. A aptidão inclusiva baseia-se na seleção de parentesco, em que os indivíduos tendem a cooperar entre si, ou não, de acordo com sua proximidade genealógica. Acreditou-se que esse modo de seleção, se definido de maneira suficientemente ampla, explicasse todas as formas de comportamento social, inclusive a organização social avançada. A explicação antagônica, incluindo uma crítica matemática da teoria da aptidão inclusiva, foi plenamente desenvolvida de 2004 a 2010.

Dadas a complexidade técnica e a importância do assunto, a controvérsia gerada pela nova abordagem deve continuar por anos, talvez bem depois que minha própria capacidade de compreender dados novos chegue ao fim. No caso, porém, de a teoria da aptidão inclusiva continuar sendo amplamente usada, isso deve ter pouco efeito sobre a percepção da seleção de grupo como a força propulsora de nosso passado e futuro. Os próprios teóricos da aptidão inclusiva argumentaram que a seleção de parentesco pode ser traduzida na seleção de grupo, embora essa crença agora tenha sido refutada matematicamente. A seleção de grupo — o que é mais importante — é claramente o processo responsável pelo comportamento social avançado. Ela também engloba os dois elementos necessários à evolução. Em primeiro lugar, descobriu-se que os traços no nível do grupo, incluindo cooperação, empatia e padrões de interligação, são hereditários nos seres humanos — ou seja, variam geneticamente em certo grau de uma pessoa para outra. Segundo, cooperação e unidade afetam claramente a sobrevivência de grupos que estão competindo.

Ocorre ainda que a percepção da seleção de grupo como a principal força propulsora da evolução combina bem com grande parte do que é mais típico — e desconcertante — na natureza humana. Além disso, repercute nos indícios dos campos normalmente discrepantes da psicologia social, da arqueologia e da biologia evolutiva de que os seres humanos são, por natureza, intensamente tribalistas. Um elemento básico da natureza humana é que as pessoas se sentem compelidas a pertencer a grupos e, tendo aderido a um deles, consideram-no superior aos grupos concorrentes.

A seleção multinível (seleção de grupo e individual combinadas) também explica a natureza conflituosa das motivações. Toda pessoa normal sente a pressão da consciência, do heroísmo contra a covardia, da verdade contra a fraude, do compromisso contra o distanciamento. Constitui nosso destino sermos atormentados por grandes e pequenos dilemas ao abrirmos caminho diariamente pelo mundo arriscado e incontrolável que nos deu origem. Temos sentimentos contraditórios. Não estamos seguros quanto a esse ou aquele rumo. Sabemos muito bem que ninguém é tão sábio ou superior que seja incapaz de cometer um erro catastrófico, e que nenhuma organização é tão nobre que esteja livre da corrupção. Todos nós vivemos nossas vidas em conflitos e controvérsias.

As lutas oriundas da seleção natural multinível também são onde as humanidades e as ciências sociais habitam. Os seres humanos são fascinados por outros seres humanos, como todos os demais primatas são fascinados por seus próprios semelhantes. Sentimos um prazer incessante em observar e analisar nossos parentes, amigos e inimigos. A fofoca sempre foi a ocupação favorita em todas as sociedades, dos grupos caçadores-coletores às cortes reais. Avaliar o mais exatamente possível as intenções e a confiabilidade daqueles que afetam nossa própria vida pessoal é bem humano e altamente adaptativo. Também é adaptativo julgar o impacto do comportamento dos outros sobre o bem-estar do grupo como um todo. Somos gênios em interpretar as intenções dos outros, enquanto eles também lutam, hora após hora, com seus próprios anjos e demônios. O direito civil é o meio pelo qual moderamos o dano de nossas falhas inevitáveis.

A confusão é aumentada pelo fato de que a humanidade vive em um mundo em grande parte mítico, assolado por espíritos. Devemos isso à nossa história arcaica. Quando os nossos ancestrais remotos adquiriram pleno reconhecimento de sua mortalidade pessoal, provavelmente entre 100 mil e 75 mil anos atrás, buscaram uma explicação de quem eles eram e o sentido do mundo que cada um estava destinado a logo deixar. Devem ter indagado: para onde vão os mortos? Para o mundo dos espíritos, muitos acreditavam. E como poderíamos vê-los novamente? Era possível vê-los a qualquer momento por meio de sonhos, drogas, magia ou privações e torturas autoinfligidas.

Os primeiros seres humanos não tinham nenhum conhecimento da Terra além do alcance de seu território e das redes comerciais. Nada sabiam do céu além da esfera celeste na superfície interna por onde passavam o Sol, a Lua e estrelas. Para explicar os mistérios de sua existência, acreditavam em seres superiores em muitos aspectos semelhantes a eles, os seres divinos que construíam não apenas ferramentas e abrigos, mas que haviam criado o universo inteiro. Com a evolução das sociedades de chefatura e depois dos Estados políticos, as pessoas imaginaram a existência de governantes sobrenaturais, além dos governantes terrestres a quem obedeciam.

Os primeiros seres humanos precisavam de uma história sobre as coisas importantes que aconteciam com eles, porque a mente consciente não consegue funcionar sem histórias e explicações de seu próprio sentido. A melhor, a *única* forma de nossos ancestrais conseguirem explicar a própria existência, era um mito de criação. E todo mito de criação, sem exceção, afirmava a superioridade da tribo que o inventou em relação a todas as demais tribos. Com essa suposição, todo crente religioso se considerava uma pessoa eleita.

As religiões organizadas e seus deuses, embora concebidos na ignorância de grande parte do mundo real, infelizmente se tornaram verdades absolutas na história antiga. Como no princípio, continuam sendo em toda parte uma expressão do tribalismo pelo qual os membros estabelecem sua própria identidade e uma relação especial com o mundo sobrenatural. Seus dogmas codificam regras de conduta que os devotos podem aceitar absolutamente sem hesitação. Questionar os mitos sagrados é questionar a identidade e o valor daqueles que neles acreditam. Por isso os céticos, inclusive aqueles comprometidos com mitos diferentes mas igualmente absurdos, são tão fanaticamente malvistos. Em alguns países, podem acabar na prisão ou serem mortos.

No entanto, as mesmas circunstâncias biológicas e históricas que nos levaram ao atoleiro da ignorância foram, em outros aspectos, benéficas à humanidade. As religiões organizadas presidem sobre os ritos de passagem, do nascimento à maturidade, do casamento à morte. Oferecem o melhor que uma tribo tem a oferecer: uma comunidade empenhada que oferece apoio emocional sincero, acolhe e perdoa. As crenças nos deuses ou num Deus único sacralizam as ações comunitárias, incluindo nomeação dos líderes, obediência às leis e declarações de guerra. Crenças na imortalidade e na justiça divina suprema oferecem um conforto precioso e estimulam resolução e bravura em épocas difíceis. Durante milênios as religiões organizadas foram a fonte de grande parte das artes criativas.

Por que então convém questionar abertamente os mitos e os deuses das religiões organizadas? Porque atentam contra a inteligência e semeiam a discórdia. Porque cada uma é apenas uma versão de uma multiplicidade de cenários concorrentes que poderiam ser verdadeiros. Porque encorajam a ignorância e desviam as pessoas do reconhecimento dos problemas do mundo real, conduzindo-as muitas vezes em direções erradas para ações desastrosas. Fiéis às suas origens biológicas, encorajam intensamente o altruísmo entre seus membros, estendendo-o sistematicamente aos forasteiros, embora geralmente com o objetivo adicional de proselitismo. O compromisso com uma religião particular é por definição um ato de fanatismo religioso. Nenhum missionário protestante jamais aconselha seu rebanho a examinar o catolicismo romano ou o islamismo como uma alternativa possivelmente superior. Ele deve, por implicação, declará-los inferiores.

Mas é insensato pensar que as religiões organizadas poderão num futuro próximo ser extirpadas e substituídas por uma paixão racionalista pela moralidade. O mais provável é que isso aconteça gradualmente, como vem ocorrendo na Europa, impulsionado por diversas tendências atuais. A mais potente das tendências é a reconstituição científica cada vez mais detalhada da crença religiosa como um produto biológico evolutivo. Quando contrastada com os mitos de criação e seus excessos teológicos, a reconstituição é cada vez mais persuasiva para qualquer mente ainda que apenas ligeiramente aberta. Outra tendência contra o infortúnio da devoção sectária é o crescimento da internet e a globalização das instituições e de seus usuários. Uma análise recente mostrou que a interligação crescente das pessoas no mundo inteiro fortalece suas atitudes cosmopolitas. Para isso, enfraquece a importância de afiliação étnica, localidade e nacionalidade como fontes de identificação. A interligação também intensifica uma segunda tendência: a homogeneização da humanidade quanto a raça e etnia por meio do casamento misto. Inevitavelmente, isso enfraquecerá a confiança nos mitos de criação e nos dogmas sectários.

Um bom passo inicial para a libertação da humanidade das formas opressivas do tribalismo seria o repúdio, respeitoso, das alegações daqueles no poder que se dizem porta-vozes de Deus, representantes de Deus ou conhecedores exclusivos da vontade divina. Entre esses fornecedores de narcisismo teológico estão os aspirantes a profetas, fundadores de cultos religiosos, pastores evangélicos eloquentes, aiatolás, imames, rabinos-chefes, chefes de *yeshivas*, o Dalai Lama e o papa. O mesmo vale para as ideologias políticas dogmáticas baseadas em preceitos incontestáveis, de esquerda ou direita, especialmente quando justificadas pelos dogmas das religiões organizadas. As religiões podem até conter sabedoria intuitiva digna de ser ouvida. Seus líderes podem ter boas intenções. Mas a humanidade já sofreu demais com as histórias incorretas contadas por profetas equivocados.

Lembro-me de uma história, que um entomologista médico me contou anos atrás, sobre a transmissão da febre recorrente por carrapatos *Ornithodorus* na África Ocidental. Quando a febre se agravava, ele disse, as pessoas transferiam a aldeia para um local novo. Um dia, durante uma dessas emigrações, ele viu um ancião apanhando alguns dos feios parentes distantes das aranhas, do chão sujo de uma moradia, e colocando-os cuidadosamente numa caixinha. Quando indagado do motivo, o homem respondeu que os estava transportando para o local novo porque "seus espíritos nos protegem da febre".

Outro argumento a favor de um novo Iluminismo é que estamos sozinhos neste planeta com qualquer racionalidade e compreensão que consigamos reunir e, portanto, somos os únicos responsáveis por nossas ações como uma espécie. O planeta que conquistamos não é apenas uma parada no caminho para um mundo melhor em alguma outra dimensão. Um preceito moral com que podemos todos concordar é parar de destruir nosso local de nascimento, o único lar que a humanidade jamais terá. Os indícios do aquecimento global, com a poluição industrial como causa principal, são agora esmagadores. Também evidente a uma inspeção ainda que fortuita é o rápido desaparecimento de florestas tropicais, pradarias e outros habitats onde reside grande parte da diversidade da vida. Se não controlarmos as mudanças globais causadas pela destruição dos habitats, espécies invasivas, poluição, superpopulação e superexploração, metade das espécies de plantas e animais poderão estar extintas ou pelo menos entre os "mortos vivos" — prestes a se extinguirem — no final deste século. Estamos desnecessariamente matando a galinha dos ovos de ouro que herdamos dos antepassados e por isso seremos desprezados por nossos descendentes.

A destruição da biodiversidade no mundo vivo tem recebido bem menos atenção do que as mudanças climáticas, esgotamento de recursos insubstituíveis e outras transformações do ambiente físico. Faríamos bem em observar o seguinte princípio: se salvarmos o mundo vivo, automaticamente também salvaremos o mundo físico, porque, para conseguir o primeiro, precisamos também conseguir o segundo. Mas se salvarmos somente o mundo físico, o que parece nossa atual inclinação, acabaremos perdendo os dois. Nunca mais veremos voando muitas espécies de aves que existiam até recentemente. Lá se foram os sapos que nunca mais ouviremos coaxar nas noites chuvosas e quentes. Lá se foram os peixes prateados brilhantes de nossos lagos e riachos agora empobrecidos.

Convém dar uma segunda olhada na ciência e na religião para entendermos a verdadeira natureza da busca da verdade objetiva. A ciência não é mais um empreendimento, como a medicina, a engenharia ou a teologia. Ela é o manancial de todos os nossos conhecimentos do mundo real que podem ser testados e ajustados aos conhecimentos preexistentes. É o arsenal de tecnologias e matemática inferencial necessário para distinguir o verdadeiro do falso. Ela formula os princípios e as fórmulas que unificam todos esses conhecimentos. A ciência pertence a todos. Suas partes componentes podem ser desafiadas por qualquer um com informações suficientes para fazê-lo. Não é apenas "outro modo de conhecer", como muitas vezes se alega, tornando-a coigual à fé religiosa. O conflito entre o conhecimento científico e os ensinamentos das religiões organizadas é irreconciliável. O abismo continuará aumentando e perpetuando os problemas, enquanto os líderes religiosos continuarem fazendo alegações insustentáveis sobre as causas sobrenaturais da realidade.

Outro princípio que acredito se justificar pelos indícios científicos até agora é que ninguém irá emigrar deste planeta, jamais. Numa escala local — o sistema solar —, faz pouco sentido continuar a exploração enviando astronautas vivos à Lua, e menos ainda a Marte e mais além, onde formas simples de vida extraterrestre poderiam razoavelmente ser procuradas: em Europa, a lua coberta de gelo de Júpiter, e na flamejante Enceladus, uma lua de Saturno. Será bem mais barato, e sem nenhum risco às vidas humanas, explorar o espaço com robôs. Contamos com uma tecnologia em propulsão de foguetes, robótica, análise remota e transmissão de informações para enviarmos robôs capazes de fazer mais do que qualquer visitante humano, inclusive tomar decisões no ato e transmitir imagens e dados de máxima qualidade à Terra. É verdade que a ideia de um ser humano — um de *nós* — caminhando num corpo celeste, como os exploradores de continentes desconhecidos no passado, nos entusiasma. No entanto, a verdadeira emoção será descobrir minuciosamente o que existe por lá e vermos com nossos olhos qual o seu aspecto, nos mínimos detalhes, aos nossos pés virtuais a dois metros de distância, colhendo solo e possivelmente organismos com nossas mãos virtuais e os analisando. Podemos conseguir tudo isso, e em breve. Enviar pessoas em vez de robôs seria caríssimo, arriscado para as vidas humanas e ineficiente — tudo não passaria de um espetáculo circense.

A mesma miopia cósmica existe hoje nos sonhos de colonizar outros sistemas estelares. Trata-se de um delírio especialmente perigoso, se vemos a emigração para o espaço como uma solução depois que tivermos exaurido este planeta. Está na hora de perguntarmos seriamente por que, durante a história de 3,5 bilhões de anos da biosfera, nosso planeta nunca foi visitado por extraterrestres (exceto talvez pelas luzes indistintas de óvnis no céu e por estranhos visitantes durante pesadelos em plena vigília). E por que o projeto SETI de busca de inteligência extraterrestre, após vasculhar a galáxia por anos, nunca recebeu uma mensagem do espaço exterior? A possibilidade teórica de tal contato existe, e a busca deve continuar. Mas imagine que, em uma das bilhões de estrelas da parte habitável da galáxia, surgiu uma civilização avançada que optou por conquistar outros sistemas estelares a fim de expandir seu espaço vital galáctico. Esse evento poderia facilmente ter ocorrido 1 bilhão de anos atrás. Se desencadeou um ciclo de conquistas que levou 1 milhão de anos para alcançar outro planeta aproveitável e, após uma ampla exploração, mais 1 milhão de anos para enviar frotas de colonizadores a diversos outros planetas exploráveis, a raça de conquistadores extraterrestres há muito teria ocupado todo o segmento habitável da galáxia, incluindo nosso próprio sistema solar.

Claro que um cenário para explicar a ausência de extraterrestres é que somos únicos em toda a galáxia, contando todos esses bilhões de anos, e somente nós nos tornamos capazes das viagens espaciais, de modo que a Via Láctea agora aguarda a nossa conquista. Tal cenário é altamente improvável.

Defendo outra possibilidade. Talvez os extraterrestres tenham simplesmente crescido. Talvez tenham descoberto que os problemas imensos de suas civilizações em evolução não poderiam ser solucionados pela competição entre crenças religiosas, ideologias ou nações guerreiras. Descobriram que grandes problemas exigem grandes soluções, racionalmente obtidas pela cooperação entre as facções que os dividiam. Se chegaram até aí, terão percebido que não havia necessidade de colonizar outros sistemas estelares. Seria suficiente se contentarem em explorar as possibilidades ilimitadas de seu planeta natal.

Portanto, agora confessarei a minha própria fé cega. A Terra, no século XXI, poderá ser transformada, se desejarmos, num paraíso permanente para os seres humanos; poderemos ao menos começar essa transformação para valer. Ainda infligiremos muito mais danos a nós e aos demais seres vivos pelo caminho, mas se adotarmos uma ética de simples decência com os outros, aplicarmos sistematicamente a razão e aceitarmos quem realmente somos, os nossos sonhos enfim se tornarão realidade.

E quanto a você, Paul Gauguin, por que escreveu aquelas linhas na sua pintura? Claro que a resposta imediata que suponho é que você quisesse ser bem claro sobre a simbolização da grande extensão da atividade humana retratada em seu panorama taitiano, para o caso de alguém não perceber. Mas sinto que houve algo mais. Talvez você formulasse as três perguntas de modo a implicar que não existem respostas, nem no mundo civilizado que você rejeitou e deixou para trás, nem no mundo primitivo que adotou para encontrar a paz. Ou, de novo, talvez você quisesse dizer que a arte não pode ir mais longe do que você foi. E tudo que lhe restava pessoalmente era expressar as perguntas preocupantes por escrito. Permita que eu sugira mais uma razão para o mistério que você nos legou, não necessariamente em conflito com essas outras conjecturas. Acredito que o que você escreveu é uma exclamação de triunfo. Você realizou sua paixão de viajar para longe, de descobrir e adotar novos estilos de arte visual, de fazer as perguntas de uma nova maneira, e, com base em tudo isso, criar uma obra autenticamente original. Nesse sentido sua carreira será eterna. O preço que você pagou não foi em vão. Em nossa própria época, reunindo a análise racional com a arte e forjando uma parceria entre ciência e humanidades, chegamos mais perto das respostas que você buscou.

D'où Venons Nous
Que Sommes Nous
Où Allons Nous

Agradecimentos

Ao escrever esta obra, fui o feliz beneficiário dos conselhos e encorajamentos de um grande editor, Robert Weil, de anos de apoio inspirado de meu agente, John Taylor Williams, e dos conhecimentos de pesquisa e preparação de originais proporcionados por Kathleen M. Horton.

D'où venons nous/ Que sommes nous/ Où allons nous (*De onde viemos/ O que somos/ Para onde vamos.*), de Paul Gaugin (1848-1903), óleo sobre tela, Museum of Fine Arts, Boston, Massachusetts; fotografia © SuperStock.

Referências

PRÓLOGO [PP. 7-11]

Vida e arte de Paul Gauguin. A obra definitiva, de Belinda Thomson (Org.), com Tamar Garb e diversos autores, é *Gauguin: Maker of myth*. Washington: Tate Publishing, National Gallery of Art, 2010.

2. OS DOIS CAMINHOS A CONQUISTAR [PP. 23-32]

Origens geológicas dos grupos de insetos eussociais. Cupins: Jessica L. Ware, David A. Grimaldi e Michael S. Engel, "The effects of fossil placement and calibration on divergence times and rates: An example from the termites (Insecta: Isoptera)", *Arthropod Structure and Development*, 39, pp. 204-19 (2010). **Formigas:** síntese das estimativas por Edward O. Wilson e Bert Hölldobler, "The rise of the ants: A phylogenetic and ecological explanation", *Proceedings of the National Academy of Sciences, U.S.A.* 102 (21), pp. 7411-4, 2005. **Abelhas:** Michael Ohl e Michael S. Engel, "Die Fossilgeschichte der Bienen und ihrer nächsten Verwandten (Hymenoptera: Apoidea)", *Denisia* 20, pp. 687-700, 2007.

Evolução inicial dos primatas do Velho Mundo. Iyad S. Zalmout et al., "New Oligocene primate from Saudi Arabia and the divergence of apes and Old World monkeys", *Nature* 466, pp. 360-4, 2010.

3. A ABORDAGEM [PP. 33-46]

O número de indivíduos em toda a linhagem do *Homo sapiens*. O raciocínio que escolhi tem 10^8 anos como todo o tempo geológico e dez anos como a longevidade média de um animal reprodutor na linhagem do *Homo sapiens*, portanto 10^7 gerações no tempo geológico, em comparação com 10^4 indivíduos em cada geração.

Caminhada nos nós dos dedos versus caminhada ereta. Tracy L. Kivell e Daniel Schmitt, "Independent evolution of knuckle-walking in African apes shows that humans did not evolve from a knuckle-walking ancestor", *Proceedings of the National Academy of Sciences, U.S.A.*, 106 (34), pp. 14241-6, 2009.

Caçada persistente. Louis Liebenberg, "Persistence hunting by modern hunter-gatherers", *Current Anthropology*, 47 (6), pp. 1017-25, 2006.

Sobre a corrida de persistência por Shawn Found. Bernd Heinrich, *Racing the antelope: What animals can teach us about running and life*. Nova York: HarperCollins, 2001.

A capacidade de atirar objetos como uma pré-adaptação. Paul M. Bingham, "Human uniqueness: A general theory", *Quarterly Review of Biology*, 74 (2), pp. 133-69, 1999.

Taxas de extinção em pequenos e grandes mamíferos. Lee Hsiang Liow et al., "Higher origination and extinction rates in larger mammals", *Proceedings of the National Academy of Sciences, U.S.A.*, 105 (16), pp. 6097-102, 2008.

A fragmentação das populações sociais. Guy L. Bush et al., "Rapid speciation and chromosomal evolution in mammals", *Proceedings of the National Academy of Sciences, U.S.A.*, 74 (9), pp. 3942-6, 1977; Don Jay Melnick, "The genetic consequences of primate social organization", *Genetica*, 73, pp. 117-35, 1987.

4. A CHEGADA [PP. 47-60]

Sobre o *Homo habilis*. Winfried Henke, "Human biological evolution", em Franz M. Wuketits e Francisco Ayala (Orgs.), *Handbook of evolution*, v. 2, *The evolution of living systems (including humans)*. Weinheim: Wiley-VCH, 2005, pp. 117-222.

Mudança climática e evolução inicial dos hominídeos. Elisabeth S. Vrba et al. (Orgs.), *Paleoclimate and evolution, with emphasis on human origins*. New Haven: Yale University Press, 1995.

Ferramentas de cavar dos chimpanzés. R. Adriana Hernandez-Aguilar, Jim Moore e Travis Rayne Pickering, "Savanna chimpanzees use tools to harvest the underground storage organs of plants", *Proceedings of the National Academy of Sciences, U.S.A.*, 104 (49), pp. 19210-3, 2007.

Inteligência nas aves grandes. Daniel Sol et al., "Big brains, enhanced cognition, and response of birds to novel environments", *Proceedings of the National Academy of Sciences, U.S.A.*, 102 (15), pp. 5460-5, 2005.

Tamanho do cérebro e organização social nos carnívoros. John A. Finarelli e John J. Flynn, "Brain-size evolution and sociality in Carnivora", *Proceedings of the National Academy of Sciences, U.S.A.*, 106 (23), pp. 9345-9, 2009.

Ferramentas antigas. J. Shreeve, "Evolutionary road", *National Geographic*, 218, pp. 34-67, jul. 2010.

A mudança evolutiva para a alimentação carnívora. David R. Braun et al., "Early hominin diet included diverse terrestrial and aquatic animals 1.95 Ma in East Turkana, Kenya", *Proceedings of the National Academy of Sciences, U.S.A.*, 107 (22), pp. 10002-7, 2010; Teresa E. Steele, "A unique hominin menu dated to 1.95 million years ago", *Proceedings of the National Academy of Sciences, U.S.A.*, 107 (24), pp. 10771-2, 2010.

Predação pelos bonobos. Martin Surbeck e Gottfried Hohmann, "Primate hunting by bonobos at LuiKotale, Salonga National Park", *Current Biology*, 18 (19), pp. R906-7, 2008.

Homens de Neanderthal como caçadores de animais grandes. Michael P. Richards e Erik Trinkaus, "Isotopic evidence for the diets of European Neanderthals and early modern humans", *Proceedings of the National Academy of Sciences, U.S.A.*, 106 (38), pp. 16034-9, 2009. Os homens de Neanderthal também consumiam uma variedade de alimentos vegetais quando disponíveis: Amanda G. Henry, Alison S. Brooks e Dolores R. Piperno, "Microfossils in calculus demonstrate consumption of plants and cooked foods in Neanderthal diets (Shanidar III, Iraq; Spy I and II, Belgium)", *Proceedings of the National Academy of Sciences, U.S.A.*, 108 (2), pp. 486-491, 2011.

6. AS FORÇAS CRIATIVAS [PP. 66-75]

Seleção de parentesco na evolução humana. Na década de 1970, fui um dos cientistas que promoveram a seleção de parentesco como central à origem da eussocialidade e evolução humana, em *Sociobiology: The New Synthesis* (Cambridge, MA: Belknap Press of Harvard University Press, 1975) e *On Human Nature* (Cambridge, MA: Harvard University Press, 1978 [ed. bras.: *Da natureza humana*. São Paulo: T. A. Queiroz, 1978]). Acredito agora que eu estava errado no grau em que a enfatizei. Ver Edward O. Wilson, "One giant leap: How insects achieved altruism and colonial life", *BioScience*, 58 (1), pp. 17-25, 2008; Martin A. Nowak, Corina E. Tarnita e Edward O. Wilson, "The evolution of eusociality", *Nature*, 466, pp. 1057-62, 2010.

Uma teoria nova da evolução eussocial, incluindo a seleção de rainha para rainha entre os insetos sociais. Martin A. Nowak, Corina E. Tarnita e Edward O. Wilson, "The evolution of eusociality", *Nature*, 466, pp. 1057-62, 2010.

7. O TRIBALISMO É UM TRAÇO HUMANO FUNDAMENTAL [PP. 76-81]

Comemoração de uma vitória atlética. Roger Brown, *Social psychology*. Nova York: Free Press, 1965; 2ª ed. 1985, p. 553.

Formação grupal como instinto. Roger Brown, *Social psychology*. Nova York: Free Press, 1965; 2ª ed. 1985, p. 553; Edward O. Wilson, *Consilience: The Unity of Knowledge*. Nova York: Knopf, 1998 [ed. bras.: *Consiliência: A unidade do conhecimento*. Rio de Janeiro: Campus, 1999].

A preferência pela língua nativa na formação de grupos. Katherine D. Kinzler, Emmanuel Dupoux e Elizabeth S. Spelke, "The native language of social cognition", *Proceedings of the National Academy of Sciences, U.S.A.*, 104 (30), pp. 12577-80, 2007.

Ativação do cérebro e controle do medo. Jeffrey Kluger, "Race and the brain", *Time*, p. 59, 20 out. 2008.

8. A GUERRA COMO A MALDIÇÃO HEREDITÁRIA DA HUMANIDADE [PP. 82-99]

William James sobre a guerra. William James, "The moral equivalent of war", *Popular Science Monthly*, 77, pp. 400-10, 1910.

Guerra e genocídio pela URSS e Alemanha nazista. Timothy Snyder, "Holocaust: The ignored reality", *New York Review of Books*, 56 (12), 16 jul. 2009.

Martinho Lutero sobre o uso por Deus da guerra. Martin Luther em *Whether soldiers, too, can be saved* (1526), trad. inglesa J. M. Porter, *Luther: Selected political writings*. Lanham, MD: University Press of America, 1988, p. 103.

Atenienses conquistam Melos. William James, "The moral equivalent of war", *Popular Science Monthly*, 77, pp. 400-10, 1910; Tucídides, *The Peloponnesian War*, trad. inglesa Walter Branco. Nova York: W. W. Norton, 1998 [ed. bras.: *História da guerra do Peloponeso*. São Paulo: Martins Fontes, 2008]. A citação no original é da tradução inglesa usada por William James.

Indícios de guerra pré-histórica. Steven A. LeBlanc e Katherine E. Register, *Constant battles: The myth of the peaceful, noble savage*. Nova York: St. Martin's Press, 2003.

Budismo e guerra. Bernard Faure, "Buddhism and violence", *International Review of Culture & Society*, n. 9, primavera 2002; Michael Zimmermann (Org.), *Buddhism and violence*. Bhairahana, Nepal: Lumbini International Research Institute, 2006.

Persistência da guerra. Steven A. LeBlanc e Katherine E. Register, *Constant battles: The myth of the peaceful, noble savage*. Nova York: St. Martin's Press, 2003.

Modelos antigos de seleção de grupo. Richard Levins, "The theory of fitness in a heterogeneous environment, IV: The adaptive significance of gene flow", *Evolution*, 18 (4), pp. 635-8, 1965; Richard Levins, *Evolution in changing environments: Some theoretical explorations*. Princeton, NJ: Princeton University Press, 1968; Scott A. Boorman e Paul R. Levitt, "Group selection on the boundary of a stable population", *Theoretical Population Biology*, 4 (1), pp. 85-128, 1973; Scott A. Boorman e P. R. Levitt, "A frequency-dependent natural selection model for the evolution of social cooperation networks", *Proceedings of the National Academy of Sciences, U.S.A.*, 70 (1), pp. 187-9, 1973. Os artigos anteriores foram examinados por Edward O. Wilson, *Sociobiology: The New Synthesis*. Cambridge, MA: Belknap Press of Harvard University Press, 1975, pp. 110-117.

Violência e morte em humanos e chimpanzés. Richard W. Wrangham, Michael L. Wilson e Martin N. Muller, "Comparative rates of violence in chimpanzees and humans", *Primates*, 47, pp. 14-26, 2006.

Comparação entre a agressão humana e a dos chimpanzés. Richard W. Wrangham e Michael L. Wilson, "Collective violence: Comparison between youths and chimpanzees", *Annals of the New York Academy of Science*, 1036, pp. 233-56, 2004.

Guerra entre chimpanzés. John C. Mitani, David P. Watts e Sylvia J. Amsler, "Lethal intergroup aggression leads to territorial expansion in wild chimpanzees", *Current Biology*, 20 (12), pp. R507-8, 2010. Um excelente relato e comentário é fornecido por Nicholas Wade em "Chimps that wage war and annex rival territory", *New York Times*, p. D4, 22 jun. 2010.

Controle da população. O conceito de *fator limitador mínimo* foi introduzido por Carl Sprengel em 1828 para a agricultura e mais tarde formalizado por Justus von Liebig — daí ser às vezes chamado de lei do mínimo de Liebig. Na formulação original, dizia que o crescimento das colheitas é determinado não pela quantidade total de nutrientes, mas pelo mais escasso dentre eles.

Choques demográficos e formação de alianças. E. A. Hammel, "Demographics and kinship in anthropological populations", *Proceedings of the National Academy of Sciences, U.S.A.*, 102 (6), pp. 2248-53, 2005.

Limites regionais ao tamanho da população humana. R. Hopfenberg, "Human carrying capacity is determined by food availability", *Population and Environment*, 25, pp. 109-17, 2003.

9. A SAÍDA [PP. 100-9]

Pegadas do *Homo erectus*. Informe em "World Roundup: Archaeological assemblages: Kenya", *Archaeology*, p. 11, maio-jun. 2009.

Aparição do moderno *Homo sapiens*. G. Philip Rightmire, "Middle and later Pleistocene hominins in Africa and Southwest Asia", *Proceedings of the National Academy of Sciences, U.S.A.*, 106 (38), pp. 16046-50, 2009.

Genomas de africanos. Stephan C. Schuster et al., "Complete Kohisan and Bantu genomes from southern Africa", *Nature*, 463, pp. 943-7, 2010.

10. A EXPLOSÃO CRIATIVA [PP. 110-24]

Efeito fundador serial na emigração humana. Sohini Ramachandran et al., "Support from the relationship of genetic and geographic distance in human populations for a serial founder effect originating in Africa", *Proceedings of the National Academy of Sciences, U.S.A.*, 102 (44), pp. 15942-7, 2005.

Alcance genético dos emigrantes Nilo acima. Henry Harpending e Alan Rogers, "Genetic perspectives on human origins and differentiation", *Annual Review of Genomics and Human Genetics*, 1, pp. 361-85, 2000.

Mudanças climáticas e a disseminação para fora da África. Andrew S. Cohen et al., "Ecological consequences of early Late Pleistocene megadroughts in tropical Africa", *Proceedings of the National Academy of Sciences, U.S.A.*, 104 (42), pp. 16422-7, 2007.

***Homo sapiens* adentra a Europa e os neandertais desaparecem.** John F. Hoffecker, "The spread of modern humans in Europe", *Proceedings of the National Academy of Sciences, U.S.A.*, 106 (38), pp. 16040-5, 2009; J. J. Hublin, "The origin of Neandertals", *Proceedings of the National Academy of Sciences, U.S.A.*, 106 (38), pp. 16022-7, 2009.

Descoberta de um novo hominíneo, os "denisovanos". David Reich et al., "Genetic history of an archaic hominin group from Denisova Cave in Siberia", *Nature*, 468, pp. 1053-60, 2010.

Disseminação do *Homo sapiens* no Velho Mundo. Peter Foster e S. Matsumura, "Did early humans go north or south?" *Science*, 308, pp. 965-6, 2005; Cristopher N. Johnson, "The remaking of Australia's ecology", *Science*, 309, pp. 255-6; Gifford H. Miller et al., "Ecosystem collapse in Pleistocene Australia and a human role in megafaunal extinction", *Science*, 309, pp. 287-90, 2005.

Invasão humana do Novo Mundo. Ted Goebel, Michael R. Waters e Dennis H. O'Rourke, "The Late Pleistocene dispersal of modern humans in the Americas", *Science*, 319, pp. 1497-1502, 2008; Andrew Curry, "Ancient excrement", *Archaeology*, pp. 42-45, jul-ago. 2008.

Descontinuidades na inovação cultural. Francesco d'Errico et al., "Additional evidence on the use of personal ornaments in the Middle Paleolithic of North Africa", *Proceedings of the National Academy of Sciences, U.S.A.*, 106 (38), pp. 16051-6, 2009.

Taxa de evolução aumenta com a disseminação da humanidade. John Hawks et al., "Recent acceleration of human adaptive evolution", *Proceedings of the National Academy of Sciences, U.S.A.*, 104 (52), pp. 20753-8, 2007.

Evolução adaptativa na evolução humana recente. Jun Gojobori et al., "Adaptive evolution in humans revealed by the negative correlation between the polymorphism and fixation phases of evolution", *Proceedings of the National Academy of Sciences, U.S.A.*, 104 (10), pp. 3907-12, 2007.

Mudanças na frequência dos genes mutantes. Jun Gojobori et al., "Adaptive evolution in humans revealed by the negative correlation between the polymorphism and fixation phases of evolution", *Proceedings of the National Academy of Sciences, U.S.A.*, 104 (10), pp. 3907-12, 2007.

Genes na evolução da cognição humana. Ralph Haygood et al., "Contrasts between adaptive coding and noncoding changes during human evolution", *Proceedings of the National Academy of Sciences, U.S.A.*, 107 (17), pp. 7853-7, 2010.

Herança genética de traços mentais. B. Devlin, Michael Daniels e Kathryn Roeder, "The heritability of IQ", *Nature*, 388, pp. 468-71, 1997. Diferentes estimativas de QI ficam entre 0,4 e 0,7, mais provavelmente perto do valor menor.

Primeira lei de Turkheimer. E. Turkheimer, "Three laws of behavior genetics and what they mean", *Current Directions in Psychological Science*, 9 (5), pp. 160-4, 2000.

Fatores genéticos na interligação. James Fowler, Christopher T. Dawes e Nicholas A. Christakis, "Model of genetic variation in human social networks", *Proceedings of the National Academy of Sciences, U.S.A.*, 106 (6), pp. 1720-4, 2009.

Conceitos inventados durante o Neolítico ou antes. Dwight Read e Sander van der Leeuw, "Biology is only part of the story", *Philosophical Transactions of the Royal Society*, B 363, pp. 1959-68, 2008.

Origem das plantas domésticas. Colin E. Hughes et al., "Serendipitous backyard hybridization and the origin of crops", *Proceedings of the National Academy of Sciences, U.S.A.*, 104 (36), pp. 14389-94, 2007.

Seleção natural nos seres humanos atuais. Steve Olson, "Seeking the signs of selection", *Science*, 298, pp. 1324-5, 2002; Michael Balter, "Are humans still evolving?" *Science*, 309, pp. 234-7, 2005; Cynthia M. Beall et al., "Natural selection on *EPAS1 (H1F2α)* associated with low hemoglobin concentration in Tibetan highlanders", *Proceedings of the National Academy of Sciences, U.S.A.*, 107 (25), pp. 11459-64, 2010; Oksana Hlodan, "Evolution in extreme environments", *BioScience*, 60 (6), pp. 414-8, 2010.

11. O SALTO PARA A CIVILIZAÇÃO [PP. 125-34]

O salto para a civilização de bandos a Estados. Kent V. Flannery, "The cultural evolution of civilizations", *Annual Review of Ecology and Systematics*, 3, pp. 399-426, 1972; H. T. Wright, "Recent research on the origin of the state", *Annual Review of Anthropology*, 6, pp. 379-97, 1977; Charles S. Spencer, "Territorial expression and primary state formation", *Proceedings of the National Academy of Sciences, U.S.A.*, 107, pp. 7119-26, 2010.

Princípio das hierarquias de Simon. Herbert A. Simon, "The architecture of complexity", *Proceedings of the American Philosophical Society*, 106, pp. 467--82, 1962.

Variação de personalidade em Burkina Faso. Richard W. Robins, "The nature of personality: genes, culture, and national character", *Science*, 310, pp. 62-3, 2005.

Variação de personalidade dentro e entre as culturas. A. Terraciano et al., "National character does not reflect mean personality trait levels in 49 cultures", *Science*, 310, pp. 96-100, 2005.

Épocas de origem da civilização baseada no Estado. Charles S. Spencer, "Territorial expansion and primary state formation", *Proceedings of the National Academy of Sciences, U.S.A.*, 107 (16), pp. 7119-26, 2010.

Datas de origem dos Estados primários. Charles S. Spencer, "Territorial expansion and primary state formation", *Proceedings of the National Academy of Sciences, U.S.A.*, 107 (16), pp. 7119-26, 2010.

Origem rápida de um Estado primário no Havaí. Patrick V. Kirch e Warren D. Sharp, "Coral 230Th dating of the imposition of a ritual control hierarchy in precontact Hawaii", *Science*, 307, pp. 102-4, 2005.

Inscrições em ovos de avestruz usados como recipientes. Pierre-Jean Texier et al., "A Howiesons Poort tradition of engraving ostrich eggshell containers dated to 60,000 years ago at Diepkloof Rock Shelter, South Africa", *Proceedings of the National Academy of Sciences, U.S.A.*, 107 (14), pp. 6180-5, 2010.

Arte e armas africanas mais antigas. Constance Holden, "Oldest beads suggest early symbolic behavior", *Science*, 304, p. 369, 2004; Christopher Henshilwood et al., "Middle Stone Age shell beads from South Africa", *Science*, 304, p. 404, 2004.

Templo antigo em Göbekli Tepe. Andrew Curry, "Seeking the roots of ritual", *Science*, 319, pp. 278-80, 2008.

Origem da escrita. Andrew Lawler, "Writing gets a rewrite", *Science*, 292, pp. 2418-20, 2001; John Noble Wilford, "Stone said to contain earliest writing in Western Hemisphere", *New York Times*, A12, 15 set. 2006.

Significado das escritas antigas. Barry B. Powell, *Writing: Theory and History of the Technology of Civilization*. Malden, MA: Wiley-Blackwell, 2009.

Evolução cultural a origem do período Neolítico. Jared Diamond, *Guns, Germs, and Steel: The Fates of Human Societies*. Nova York: W. W. Norton, 1997 [ed. bras.: *Armas, germes e aço*. Rio de Janeiro: Record, 2001]; Douglas A. Hibbs Jr. e Ola Olsson, "Geography, biogeography, and why some countries are rich and others are poor", *Proceedings of the National Academy of Sciences, U.S.A.*, 101 (10), pp. 3715-20. 2004.

12. A INVENÇÃO DA EUSSOCIALIDADE [PP. 137-48]

Predominância dos insetos sociais na floresta amazônica. H. J. Fittkau e H. Klinge, "On biomass and trophic structure of the central Amazonian rainforest ecosystem", *Biotropica*, 5, pp. 2-14, 1973.

13. INVENÇÕES QUE FAVORECERAM OS INSETOS SOCIAIS [PP. 149-62]

Formigas migratórias e bandos de sugadores de seiva. U. Maschwitz, M. D. Dill e J. Williams, "Herdsmen ants and their mealybug partners", *Abhandlungen der Senckenbergischen Naturforschenden Gesellschaft Frankfurt am Main*, 557, pp. 1-373, 2002.

14. O DILEMA CIENTÍFICO DA RARIDADE [PP. 165-71]

A origem evolutiva da eussocialidade. Edward O. Wilson e Bert Hölldobler, "Eusociality: Origin and consequences", *Proceedings of the National Academy of Sciences, U.S.A.*, 102 (38), pp. 13367-71, 2005; Charles D. Michener, *The Bees of the World*. Baltimore: Johns Hopkins University Press, 2007; Bryan N. Danforth, "Evolution of sociality in a primitively eusocial lineage of bees", *Proceedings of the National Academy of Sciences, U.S.A.*, 99 (1), pp. 286-90, 2002; Bert Hölldobler e Edward O. Wilson, *The Superorganism: The Beauty, Elegance, and Strangeness of Insect Societies*. Nova York: W. W. Norton, 2009.

Eussocialidade nos camarões. J. Emmett Duffy, C. L. Morrison e R. Ríos, "Multiple origins of eusociality among sponge-dwelling shrimps (*Synalpheus*)", *Evolution*, 54 (2), pp. 503-16, 2000.

Eventos evolutivos únicos. Geerat J. Vermeij, "Historical contingency and the purported uniqueness of evolutionary innovations", *Proceedings of the National Academy of Sciences, U.S.A.*, 103 (6), pp. 1804-9, 2006.

Auxiliares nos ninhos das aves. B. J. Hatchwell e J. Komdeur, "Ecological constraints, life history traits and the evolution of cooperative breeding", *Animal Behaviour*, 59 (6), pp. 1079-86, 2000.

15. EXPLICAÇÃO DO ALTRUÍSMO DOS INSETOS E DA EUSSOCIALIDADE [PP. 172-81]

Origens das sociedades de insetos. William Morton Wheeler, *Colony Founding among Ants, with an Account of Some Primitive Australian Species*. Cambridge, MA: Harvard University Press, 1933; Charles D. Michener, "The evolution of social behavior in bees", *Proceedings of the Tenth International Congress in Entomology, Montreal*, 2, pp. 441-7, 1956; Howard E. Evans, "The evolution of social life in wasps", *Proceedings of the Tenth International Congress in Entomology, Montreal*, 2, pp. 449-57, 1956.

Substituição da seleção de parentesco. Martin A. Nowak, Corina E. Tarnita e Edward O. Wilson, "The evolution of eusociality", *Nature*, 466, pp. 1057-62, 2010. Um relato posterior é fornecido por Martin A. Nowak e Roger Highfield em *SuperCooperators: Altruism, Evolution, and Why We Need Each Other to Succeed*. NovaYork: Free Press, 2011.

Os passos para a eussocialidade nos insetos. Edward O. Wilson, "One giant leap: How insects achieved altruism and colonial life", *BioScience*, 58, pp. 17-25, 2008.

Recursos naturais e eussocialidade inicial nos insetos. Edward O. Wilson e Bert Hölldobler, "Eusociality: Origin and consequences", *Proceedings of the National Academy of Sciences, U.S.A.*, 102 (38), pp. 13367-71, 2005.

Himenópteros solitários. James T. Costa, *The Other Insect Societies*. Cambridge, MA: Belknap Press of Harvard University Press, 2006.

Besouros eussociais. D. S. Kent e J. A. Simpson, "Eusociality in the beetle *Austroplatypus incompertus* (Coleoptera: Curculionidae)", *Naturwissenschaften*, 79, pp. 86-7, 1992.

Tripes e pulgões eussociais. Bernard J. Crespi, "Eusociality in Australian gall thrips", *Nature*, 359, pp. 724-6, 1992; David L. Stern e W. A. Foster, "The evolution of soldiers in aphids", *Biological Reviews of the Cambridge Philosophical Society*, 71, pp. 27-79, 1996.

Camarão eussocial. J. Emmett Duffy, "Ecology and evolution of eusociality in sponge-dwelling shrimp", in J. Emmett Duffy e Martin Thiel (Orgs.), *Evolutionary Ecology of Social and Sexual Systems: Crustaceans as Model Organisms*. Nova York: Oxford University Press, 2007.

Colônias de abelhas eussociais artificialmente induzidas. Shoichi F. Sakagami e Yasuo Maeta, "Sociality, induced and/or natural, in the basically solitary small carpenter bees (*Ceratina*)", em Yosiaki Itô, Jerram L. Brown e Jiro Kikkawa (Orgs.), *Animal Societies: Theories and Facts*. Tóquio: Japan Scientific Societies Press, 1987, pp. 1-16; William T. Wcislo, "Social interactions and behavioral context in a largely solitary bee, *Lasioglossum (Dialictus) figueresi* (Hymenoptera, Halictidae)", *Insectes Sociaux*, 44, pp. 199-208, 1997; Raphael Jeanson, Penny F. Kukuk e Jennifer H. Fewell, "Emergence of division of labour in halictine bees: Contributions of social interactions and behavioural variance", *Animal Behaviour*, 70, pp. 1183-93, 2005.

Modelo do limiar fixo na divisão de trabalho dos insetos. Gene E. Robinson e Robert E. Page Jr., "Genetic basis for division of labor in an insect society", em Michael D. Breed e Robert E. Page Jr. (Orgs.), *The Genetics of Social Evolution*. Boulder, CO: Westview Press, 1989, pp. 61-80; E. Bonabeau, G. Theraulaz e Jean-Luc Deneubourg, "Quantitative study of the fixed threshold model for the regulation of division of labour in insect societies", *Proceedings of the Royal Society*, B 263, pp. 1565-9, 1996; Samuel N. Beshers e Jennifer H. Fewell, "Models of division of labor in social insects", *Annual Review of Entomology*, 46, pp. 413-40, 2001.

16. OS INSETOS DÃO O GRANDE SALTO [PP. 182-93]

O valor da defesa do ninho. J. Field e S. Brace, "Pre-social benefits of extended parental care", *Nature*, 427, pp. 650-2, 2004.

Evolução social para trás e para a frente entre as abelhas. Bryan N. Danforth, "Evolution of sociality in a primitively eusocial lineage of bees", *Proceedings of the National Academy of Sciences, U.S.A.*, 99 (1), pp. 286-90, 2002.

A mudança sazonal promove o comportamento social. James H. Hunt e Gro V. Amdam, "Bivoltinism as an antecedent to eusociality in the paper wasp genus *Polistes*", *Science*, 308, pp. 264-7, 2005.

A origem das operárias sem asas entre as formigas. Ehab Abouheif e G. A. Wray, "Evolution of the gene network underlying wing polyphenism in ants", *Science*, 297, pp. 249-52, 2002.

A origem da poligamia entre as formigas lava-pés. Kenneth G. Ross e Laurent Keller, "Genetic control of social organization in an ant", *Proceedings of the National Academy of Sciences, U.S.A.*, 95 (24), pp. 14232-7, 1998.

Genes e comportamento eussocial entre as formigas lava-pés. M. J. B. Krieger e Kenneth G. Ross, "Identification of a major gene regulating complex social behavior", *Science*, 295, pp. 328-32, 2002.

Genética e desenvolvimento entre as vespas sociais. James H. Hunt e Gro V. Amdam, "Bivoltinism as an antecedent to eusociality in the paper wasp genus *Polistes*", *Science*, 308, pp. 264-7, 2005.

Cooperação entre as abelhas solitárias. Shoichi F. Sakagami e Yasuo Maeta, "Sociality, induced and/or natural, in the basically solitary small carpenter bees (*Ceratina*)", em Yosiaki Itô, Jerram L. Brown e Jiro Kikkawa (Orgs.), *Animal Societies: Theories and Facts*. Tóquio: Japan Scientific Societies Press, 1987, pp. 1-16.

Rainhas cooperadoras entre as abelhas primitivamente eussociais. Miriam H. Richards, Eric J. von Wettberg e Amy C. Rutgers, "A novel social polymorphism in a primitively eusocial bee", *Proceedings of the National Academy of Sciences, U.S.A.*, 100 (12), pp. 7175-80, 2003.

Reversão da sequência na estratégia leva à eussocialidade. Gro V. Amdam et al., "Complex social behaviour from maternal reproductive traits", *Nature*, 439, pp. 76-8, 2006; Gro V. Amdam et al., "Variation in endocrine signaling underlies variation in social lifehistory", *American Naturalist*, 170, pp. 37-46, 2007.

O ponto sem retorno na evolução eussocial. Edward O. Wilson, *The Insect Societies*. Cambridge, MA: Belknap Press of Harvard University Press, 1971; Edward O. Wilson e Bert Hölldobler, "Eusociality: Origin and consequence", *Proceedings of the National Academy of Sciences, U.S.A.*, 102 (38), pp. 13367-71, 2005.

17. COMO A SELEÇÃO NATURAL CRIA INSTINTOS SOCIAIS [PP. 194-202]

Darwin sobre os instintos como adaptação genética. As grandes obras de Darwin: além de *A expressão da emoção em homens e animais* (1873), as outras três foram *A viagem do Beagle* (1838), *A origem das espécies* (1859) e *A descendência do homem* (1872).

18. AS FORÇAS DA EVOLUÇÃO SOCIAL [PP. 203-22]

Hamilton sobre a seleção de parentesco. William D. Hamilton, "The genetical evolution of social behaviour, I, II", *Journal of Theoretical Biology*, 7, pp. 1-52, 1964.

Formulação de Haldane da seleção de parentesco. J. B. S. Haldane, "Population genetics", *New Biology* (Penguin Books), 18, pp. 34-51, 1955.

O fracasso da hipótese haplodiploide. Edward O. Wilson, "One giant leap: How insects achieved altruism and colonial life", *BioScience*, 58 (1), pp. 17-25, 2008.

Vantagens da diversidade genética em colônias de formigas. Blaine Cole e Diane C. Wiernacz, "The selective advantage of low relatedness", *Science*, 285, pp. 891-3, 1999; William O. H. Hughes e J. J. Boomsma, "Genetic diversity and disease resistance in leaf-cutting ant societies", *Evolution*, 58, pp. 1251-60, 2004.

Castas de formigas geneticamente diversificadas. F. E. Rheindt, C. P. Strehl e Jürgen Gadau, "A genetic component in the determination of worker polymorphism in the Florida harvester ant *Pogonomyrmex badius*", *Insectes Sociaux*, 52, pp. 163-8, 2005.

Controle climático em ninhos de insetos sociais. J. C. Jones, M. R. Myerscough, S. Graham e Ben P. Oldroyd, "Honey bee nest thermoregulation: Diversity supports stability", *Science*, 305, pp. 402-4, 2004.

Fatores genéticos na divisão de trabalho dentro de colônias de formigas. T. Schwander, H. Rosset e M. Chapuisat, "Division of labour and worker size polymorphism in ant colonies: The impact of social and genetic factors", *Behavioral Ecology and Sociobiology*, 59, pp. 215-21, 2005.

A teoria multinível sequenciada deve sua origem a várias fontes, mas o principal impulso para seu desenvolvimento ocorreu por meio dos seguintes artigos, em que o presente autor desempenhou um papel. Edward O. Wilson, "Kin selection as the key to altruism: Its rise and fall", *Social Research*, 72 (1) pp. 159-66, 2005; Edward O. Wilson e Bert Hölldobler, "Eusociality: Origin and consequences", *Proceedings of the National Academy of Sciences, U.S.A.*, 102 (38), pp. 13367-71, 2005; David Sloan Wilson e Edward O. Wilson, "Rethinking the theoretical foundation of sociobiology", *Quarterly Review of Biology*, 82 (4), pp. 327-48, 2007; Edward O. Wilson, "One giant leap: How insects achieved altruism and colonial life", *BioScience*, 58 (1), pp. 17-25, 2008; David Sloan Wilson e Edward O. Wilson, "Evolution 'for the good of the group'", *American Scientist*, 96, pp. 380-9, 2008; e enfim e definitivamente, Martin A. Nowak, Corina E. Tarnita e Edward O. Wilson, "The evolution of eusociality", *Nature*, 466, pp. 1057-62, 2010. O texto atual baseou-se fortemente no último desses artigos.

Investimentos na razão sexual entre os insetos sociais. Robert L. Trivers e Hope Hare, "Haplodiploidy and the evolution of the social insects", *Science*, 191, pp. 249-63, 1976; Andrew F. G. Bourke e Nigel R. Franks, *Social Evolution in Ants*. Princeton, NJ: Princeton University Press, 1995.

Comportamento de domínio e policiamento entre os insetos sociais. Francis L. W. Ratnieks, Kevin R. Foster e Tom Wenseleers, "Conflict resolution in insect societies", *Annual Review of Entomology*, 51, pp. 581-608, 2006.

Número de acasalamentos de cada rainha dos insetos sociais. William O. H. Hughes et al., "Ancestral monogamy shows kin selection is key to the evolution of eusociality", *Science*, 320, pp. 1213-6, 2008.

Contribuições da teoria da aptidão inclusiva. Edward O. Wilson, "One giant leap: How insects achieved altruism and colonial life", *BioScience*, 58, pp. 17-25, 2008; Bert Hölldobler e Edward O. Wilson, *The Superorganism: The Beauty, Elegance, and Strangeness of Insect Societies*. Nova York: W. W. Norton, 2009.

O conceito de parentesco usado pela teoria da aptidão inclusiva. Este relato e grande parte do resto do capítulo foi adaptado de Martin A. Nowak, Corina E. Tarnita e Edward O. Wilson, "The evolution of eusociality", *Nature*, 466, pp. 1057-62, 2010.

Definições variáveis de parentesco. Raghavendra Gadagkar, *The Social Biology of* Ropalidia marginata: *Toward Understanding the Evolution of Eusociality*. Cambridge, MA: Harvard University Press, 2001; Barbara L. Thorne, Nancy L. Breisch e Mario L. Muscedere, "Evolution of eusociality and the soldier caste in termites: Influence of accelerated inheritance", *Proceedings of the National Academy of Sciences, U.S.A.*, 100, pp. 12808-13, 2003; Abderrahman Khila e Ehab Abouheif, "Evaluating the role of reproductive constraints in ant social evolution", *Philosophical Transactions of the Royal Society*, B 365, pp. 617-30, 2010.

O fracasso da inequação de Hamilton na teoria social. Arne Traulsen, "Mathematics of kin- and group-selection: Formally equivalent?", *Evolution*, 64, pp. 316-23, 2010.

Crítica da teoria da aptidão inclusiva. Martin A. Nowak, Corina E. Tarnita e Edward O. Wilson, "The evolution of eusociality", *Nature*, 466, pp. 1057-62, 2010. Ver também Martin A. Nowak e Roger Highfield, *SuperCooperators: Altruism, Evolution, and Why We Need Each Other to Succeed*. Nova York: Free Press, 2011.

Seleção fraca na evolução social. Martin A. Nowak, Corina E. Tarnita e Edward O. Wilson, "The evolution of eusociality", *Nature*, 466, pp. 1057-62, 2010.

Teorias alternativas da evolução social. Martin A. Nowak, Corina E. Tarnita e Edward O. Wilson, "The evolution of eusociality", *Nature*, 466, pp. 1057-62, 2010.

Seleção de grupo entre os micro-organismos. A força propulsora da evolução nos micro-organismos eussociais. Uma resenha da literatura e apresentação de teorias antagônicas são fornecidas por David Sloan Wilson e Edward O. Wilson, "Rethinking the theoretical foundations of sociobiology", *Quarterly Review of Biology*, 82 (4), pp. 327-48, 2007.

Monogamia e seleção de parentesco. W. O. H. Hughes et al., "Ancestral monogamy shows kin selection is key to the evolution of eusociality", *Science*, 320, pp. 1213-6, 2008.

Vários acasalamentos e colônias grandes entre os insetos sociais. Bert Hölldobler e Edward O. Wilson, *The Superorganism: The Beauty, Elegance, and Strangeness of Insect Societies*. Nova York: W. W. Norton, 2009.

Seleção de parentesco postulada para o policiamento entre os insetos sociais. Francis L. W. Ratnieks, Kevin R. Foster e Tom Wenseleers, "Conflict resolution in insect societies", *Annual Review of Entomology*, 51, pp. 581-608, 2006.

Propostas de coeficientes de investimento em sexo entre os insetos sociais. Robert L. Trivers e Hope Hare, "Haplodiploidy and the evolution of the social insects", *Science*, 191, pp. 249-63, 1976.

Análise do coeficiente de investimento em sexo. Andrew F. G. Bourke e Nigel R. Franks, *Social Evolution in Ants*. Princeton, NJ: Princeton University Press, 1995.

Aranhas subsociais. J. M. Schneider e T. Bilde, "Benefits of cooperation with genetic kin in a subsocial spider", *Proceedings of the National Academy of Sciences, U.S.A.*, 105 (31), pp. 10843-6, 2008.

Auxiliares no ninho: aves. Stuart A. West, A. S. Griffin e A. Gardner, "Evolutionary explanations for cooperation", *Current Biology*, 17, pp. R661-72, 2007.

História natural, aves auxiliares. B. J. Hatchwell e J. Komdeur, "Ecological constraints, life history traits and the evolution of cooperative breeding", *Animal Behaviour*, 59 (6), pp. 1079-86, 2000.

19. A EMERGÊNCIA DE UMA TEORIA NOVA DA EUSSOCIALIDADE [PP. 223-8]

A formação de grupos sociais elementares. J. W. Pepper e Barbara Smuts, "A mechanism for the evolution of altruism among nonkin: Positive assortment through environmental feedback", *American Naturalist*, 160, pp. 205-13, 2002; J. A. Fletcher e M. Zwick, "Strong altruism can evolve in randomly formed groups", *Journal of Theoretical Biology*, 228, pp. 303-13, 2004.

Organização social primitiva dos cupins. Barbara L. Thorne, Nancy L. Breisch e Mario L. Muscedere, "Evolution of eusociality and the soldier caste in termites: Influence of accelerated inheritance", *Proceedings of the National Academy of Sciences, U.S.A.*, 100, pp. 12808-13, 2003.

Formigas operárias como robôs. Martin A. Nowak, Corina E. Tarnita e Edward O. Wilson, "The evolution of eusociality", *Nature*, 466, pp. 1057-62, 2010.

Seleção de grupo e o superorganismo. Bert Hölldobler e Edward O. Wilson, *The Superorganism: The Beauty, Elegance, and Strangeness of Insect Societies*. Nova York: W. W. Norton, 2009.

Apresentação da teoria da coevolução gene-cultura. Charles J. Lumsden e Edward O. Wilson, "Translation of epigenetic rules of individual behavior into ethnographic patterns", *Proceedings of the National Academy of Sciences, U.S.A.*, 77 (7), pp. 4382-6, 1980; "Gene-culture translation in the avoidance of sibling incest", *Proceedings of the National Academy of Sciences, U.S.A.*, 77 (10), pp. 6248-50, 1980; *Genes, mind, and culture: The coevolutionary process*. Cambridge, MA: Harvard University Press, 1981; Edward O. Wilson, *Biophilia*. Cambridge, MA: Harvard University Press, 1984.

Extensões da teoria dos genes-cultura. Charles J. Lumsden e Edward O. Wilson, *Promethean fire: Reflection on the origin of the mind*. Cambridge, MA: Harvard University Press, 1983.

Genes e cultura. Luigi Luca Cavalli-Sforza e Marcus W. Feldman, *Cultural Transmission and Evolution: A Quantitative Approach*. Princeton, NJ: Princeton University Press, 1981; Robert Boyd e Peter J. Richerson, *Culture and the Evolutionary Process*. Chicago: University of Chicago Press, 1985. Em 1976, Marcus W. Feldman e Luigi L. Cavalli-Sforza publicaram uma análise, "Cultural and biological evolutionary processes, selection for a trait under complex transmission", *Theoretical Population Biology*, 9, pp. 238-59, 1976, e "The evolution of continuous variation, II: Complex transmission and assortative mating", *Theoretical Population Biology*, 11, pp. 161-81, 1977, em que ocorrem dois estados, "qualificado" e "não qualificado", cujas probabilidades dependem do fenótipo dos pais e do genótipo da prole. O traço é de capacidade geral. Posteriormente não se prestou atenção à abundância de dados sobre regras epigenéticas embutidas na cognição humana. A história desse e de outros trabalhos anteriores ligados à coevolução gene-cultura é sintetizada em Charles J. Lumsden e Edward O. Wilson, *Genes, mind, and culture: The coevolutionary process*. Cambridge, MA: Harvard University Press, 1981, pp. 258-63.

Evolução da tolerância dos adultos à lactose. Sarah A. Tishkoff et al., "Convergent adaptation of human lactase persistence in Africa and Europe", *Nature Genetics*, 39 (1), pp. 31-40, 2007.

Coevolução gene-cultura e as expansões da dieta. Olli Arjama e Tima Vuoriselo, "Gene-culture coevolution and human diet", *American Scientist*, 98, pp. 140-6, 2010.

A evolução da dieta humana. Richard Wrangham, *Catching Fire: How Cooking Made Us Human*. Nova York: Basic Books, 2009 [ed. bras.: *Pegando fogo: Como cozinhar nos tornou humanos*. Rio de Janeiro: Zahar, 2010].

Coevolução gene-cultura e a aversão ao incesto. O relato da fuga do incesto dado aqui é extraído principalmente de Edward O. Wilson, *Consilience: The Unity of Knowledge* (Nova York: Knopf, 1998), atualizado pela literatura recente.

Indícios do efeito de Westermarck. Arthur P. Wolf, *Sexual Attraction and Childhood Association: A Chinese Brief for Edward Westermarck*. Stanford, CA: Stanford University Press, 1995; Joseph Shepher, "Mate selection among second generation kibbutz adolescents and adults: Incest avoidance and negative imprinting", *Archives of Sexual Behavior*, 1 (4), pp. 293-307, 1971; William H. Durham, *Coevolution: Genes, culture, and human diversity*. Stanford, CA: Stanford University Press, 1991.

Doenças causadas pela endogamia. Jennifer Couzain e Joselyn Kaiser, "Closing the net on common disease genes", *Science*, 316, pp. 820-2, 2007; Ken N. Paige, "The functional genomics of inbreeding depression: A new approach to an old problem", *BioScience*, 60, pp. 267-77, 2010.

Exogamia e o efeito de Westermarck. As muitas implicações culturais da exogamia humana resultantes da aversão ao incesto são o tema de um tratado de Bernard Chapais, *Primeval kinship: How pair-bonding gave rise to human society*. Cambridge, MA: Harvard University Press, 2008.

Uma explicação alternativa do efeito Westermarck. William H. Durham, *Coevolution: Genes, culture, and human diversity*. Stanford, CA: Stanford University Press, 1991.

Definição de "epigenético" e "regras epigenéticas". Charles J. Lumsden e Edward O. Wilson, *Genes, Mind, and Culture: The Coevolutionary Process*. Cambridge, MA: Harvard University Press, 1981; Tabitha M. Powledge, "Epigenetics and development", *BioScience*, 59, pp. 736-41, 2009.

Visão das cores. O relato da visão e vocabulário das cores aqui é extraído em grande parte de Edward O. Wilson, *Consilience: The Unity of Knowledge* (Nova York: Knopf, 1998), atualizado e com referências adicionais.

Classificação das cores intercultural. Brent Berlin e Paul Kay, *Basic Color Terms: Their Universality and Evolution*. Berkeley: University of California Press, 1969.

Experimento de Nova Guiné sobre a classificação das cores. Eleanor Rosch, Carolyn Mervis e Wayne Gray, *Basic objects in natural categories*. Berkeley: University of California, Language Behavior Research Laboratory, Working Paper nº 43, 1975.

Percepção e categorias de cores. Trevor Lamb e Janine Bourriau (Orgs.), *Colour: art & science*. Nova York: Cambridge University Press, 1995; Philip E. Ross, "Draining the language out of color", *Scientific American*, pp. 46-7, abr. 2004; Terry Regier, Paul Kay e Naveen Khetarpal, "Color naming reflects optimal partitions of color space", *Proceedings of the National Academy of Sciences, U.S.A.*, 104 (4), pp. 1436-41, 2007; A. Franklin et al., "Lateralization of categorical perception of color changes with color term acquisition", *Proceedings of the National Academy of Sciences, U.S.A.*, 105 (47), pp. 18221-5, 2008.

Pesquisa posterior sobre a percepção das cores. Paul Kay e Terry Regier, "Language, thought and color: Recent developments", *Trends in Cognitive Sciences*, 10, pp. 53-4, 2006.

Linguagem e percepção das cores. Wai Ting Siok et al., "Language regions of brain are operative in color perception", *Proceedings of the National Academy of Sciences, U.S.A.*, 106 (20), pp. 8140-5, 2009.

Evolução da percepção das cores. André A. Fernandez e Molly R. Morris, "Sexual selection and trichromatic color vision in primates: Statistical support for the preexisting-bias hypothesis", *American Naturalist*, 170 (1), pp. 10-20, 2007.

21. COMO A CULTURA EVOLUIU [PP. 256-70]

Definição de cultura. Toshisada Nishida, "Local traditions and cultural transmission", em Barbara B. Smuts et al. (Orgs.), *Primate Societies*. Chicago: University of Chicago Press, 1987, pp. 462-74; Robert Boyd e Peter J. Richerson, "Why culture is common, but cultural evolution is rare", *Proceedings of the British Academy*, 88, pp. 77-93, 1996.

A natureza das culturas dos seres humanos e animais. Kevin N. Laland e William Hoppitt, "Do animals have culture?", *Evolutionary Anthropology*, 12 (3), pp. 150-9, 2003.

Aprendizado de traços culturais por chimpanzés. Andrew Whiten, Victoria Horner e Frans B. M. de Waal, "Conformity to cultural norms of tool use in chimpanzees", *Nature*, 437, pp. 737-40, 2005. Sobre a imitação do movimento de um chimpanzé em contraste com observar um artefato sendo manipulado pelo chimpanzé, ver Michael Tomasello conforme citado por Greg Miller, "Tool study supports chimp culture", *Science*, 309, p. 1311, 2005.

Uso de ferramentas pelos golfinhos. Michael Krützen et al., "Cultural transmission of tool use in bottlenose dolphins", *Proceedings of the National Academy of Sciences, U.S.A.*, 102 (25), pp. 8939-43, 2005.

Capacidade de memória de pássaros e babuínos. Joël Fagot e Robert G. Cook, "Evidence for large long-term memory capacities in baboons and pigeons and its implications for learning and the evolution of cognition", *Proceedings of the National Academy of Sciences, U.S.A.*, 103 (46), pp. 17564-7, 2006.

A natureza da memória operacional. Michael Baltar, "Did working memory spark creative culture?", *Science*, 328, pp. 160-3, 2010.

Genes e desenvolvimento do cérebro. Gary Marcus, *The Birth of the Mind: How a Tiny Number of Genes Creates the Complexity of Human Thought*. Nova York: Basic Books, 2004; H. Clark Barrett, "Dispelling rumors of a gene shortage", *Science*, 304, pp. 1601-2, 2004.

A origem do pensamento abstrato e da linguagem sintática. Thomas Wynn, "Hafted spears and the archaeology of mind", *Proceedings of the National Academy of Sciences, U.S.A.*, 106 (24), pp. 9544-5, 2009; Lyn Wadley, Tamaryn Hodgskiss e Michael Grant, "Implications for complex cognition from the hafting of tools with compound adhesives in the Middle Stone Age, South Africa", *Proceedings of the National Academy of Sciences, U.S.A.*, 106 (24), pp. 9590-4, 2009.

Taxas de crescimento dos cérebros dos neandertais. Marcia S. Ponce de León et al., "Neanderthal brain size at birth provides insights into the evolution of human life history", *Proceedings of the National Academy of Sciences, U.S.A.*, 105 (37), pp. 13764-8, 2008.

História dos neandertais. Thomas Wynn e Frederick L. Coolidge, "A stone-age meeting of minds", *American Scientist*, 96, pp. 44-51, 2008.

A hipótese da inteligência. Michael Tomasello et al., "Understanding and sharing intentions: The origins of cultural cognition", *Behavioral and Brain Sciences*, 28 (5), pp. 675-91; comentário pp. 691-735, 2005; Michael Tomasello, *The Cultural Origins of Human Cognition*. Cambridge, MA: Harvard University Press, 1999.

Inteligência de chimpanzés e crianças humanas. Esther Herrmann et al., "Humans have evolved specialized skills of social cognition: The cultural intelligence hypothesis", *Science*, 317, pp. 1360-6, 2007.

As qualidades da inteligência social avançada. Eörs Szathmáry e Szabolcs Számadó, "Language: a social history of words", *Nature*, 456, pp. 40-1, 2008.

22. AS ORIGENS DA LINGUAGEM [PP. 271-84]

O argumento a favor da intencionalidade como predecessora da linguagem. Michael Tomasello et al., "Understanding and sharing intentions: The origins of cultural cognition", *Behavioral and Brain Sciences*, 28 (5), pp. 675-91; comentário pp. 691-735, 2005. Ver também Michael Tomasello, *The Cultural Origins of Human Cognition*. Cambridge, MA: Harvard University Press, 1999.

Singularidade da linguagem humana. D. Kimbrough Oller e Ulrike Griebel (Orgs.), *Evolution of Communication Systems: A Comparative Approach*. Cambridge, MA: MIT Press, 2004.

Linguagem indireta. Steven Pinker, Martin A. Nowak e James J. Lee, "The logic of indirect speech", *Proceedings of the National Academy of Sciences, U.S.A.*, 105 (3), pp. 833-8, 2008.

Diferenças entre culturas na tomada de vez ocorrem no ritmo da conversa. Tanya Stivers et al., "Universals and cultural variation in turn-taking in conversation", *Proceedings of the National Academy of Sciences, U.S.A.*, 106 (26), pp. 10587-92, 2009.

Vocalizações não verbais: variação entre culturas. Disa A. Sauter et al., "Cross-cultural recognition of basic emotions through nonverbal emotional vocalizations", *Proceedings of the National Academy of Sciences, U.S.A.*, 107 (6), pp. 2408-12, 2010.

Chomsky sobre Skinner. Noam Chomsky, "'Verbal Behavior' by B. F. Skinner (The Century Psychology Series), pp. viii, 478, Nova York: Appleton-Century-Crofts, Inc., 1957", *Language*, 35, pp. 26-58, 1959.

Noam Chomsky citado sobre gramática. Steven Pinker, *The Language Instinct: The New Science and Mind*. Nova York: Penguin Books, 1994, p. 104 [ed. bras.: *O instinto da linguagem: Como a mente cria a linguagem*. São Paulo: Martins, 2004].

Restrição e variação em gramática. Daniel Nettle, "Language and genes: A new perspective on the origins of human cultural diversity", *Proceedings of the National Academy of Sciences, U.S.A.*, 104 (26), pp. 10755-6, 2007.

Climas quentes e eficiência acústica. John G. Fought et al., "Sonority and climate in a world sample of languages: Findings and prospects", *Cross-Cultural Research*, 38, pp. 27-51, 2004.

Genes e tom nas diferenças entre línguas. Dan Dediu e D. Robert Ladd, "Linguistic tone is related to the population frequency of the adaptive haplogroups of two brain size genes, *ASPM* and *Microcephalin*", *Proceedings of the National Academy of Sciences, U.S.A.*, 104 (26), pp. 10944-9, 2007.

Linguagens recém-desenvolvidas. Derek Bickerton, *Roots of Language*. Ann Arbor, MI: Karoma, 1981; Michael DeGraff (Org.), *Language Creation and Language Change: Creolization, Diachrony, and Development*. Cambridge, MA: MIT Press, 1999.

A linguagem de sinais dos beduínos Al-Sayyid. Wendy Sandler et al., "The emergence of grammar: Systemic structure in a new language", *Proceedings of the National Academy of Sciences, U.S.A.*, 102 (7), pp. 2661-5, 2005.

A ordem natural da representação não verbal. Susan Goldin-Meadow et al., "The natural order of events: How speakers of different languages represent events nonverbally", *Proceedings of the National Academy of Sciences, U.S.A.*, 105 (27), pp. 9163-8, 2008.

A ausência de um módulo da linguagem. Nick Chater, Florencia Reali e Morten H. Christiansen, "Restrictions on biological adaptation in language evolution", *Proceedings of the National Academy of Sciences, U.S.A.*, 106 (4), pp. 1015-20, 2009.

23. A EVOLUÇÃO DA VARIAÇÃO CULTURAL [PP. 285-90]

***Bet-hedging* e a evolução da plasticidade.** Vincent A. A. Jansen e Michael P. H. Stumpf, "Making sense of evolution in an uncertain world", *Science*, 309, pp. 2005-7, 2005.

Codificação e genes reguladores no desenvolvimento. Rudolf A. Raff e Thomas C. Kaufman, *Embryos, Genes, and Evolution: The Developmental-Genetic Basis of Evolutionary Change.* Nova York: Macmillan, 1983; reed., Bloomington: Indiana University Press, 1991; David A. Garfield e Gregory A. Wray, "The evolution of gene regulatory interactions", *BioScience*, 60, pp. 15-23, 2010.

Plasticidade do desenvolvimento e longevidade em castas de formigas. Edward O. Wilson, *The insect societies.* Cambridge, MA: Harvard University Press, 1971); Bert Hölldobler e Edward O. Wilson, *The Superorganism: The Beauty, Elegance, and Strangeness of Insect Societies.* Nova York: W. W. Norton, 2009.

24. AS ORIGENS DA MORALIDADE E DA HONRA [PP. 291-307]

O fundamento biológico da Regra de Ouro. Donald W. Pfaff, *The neuroscience of fair Play: Why we (usually) follow the Golden Rule.* Nova York: Dana Press, 2007.

O enigma do comportamento cooperativo. Ernst Fehr e Simon Gächter, "Altruistic punishment in humans", *Nature*, 415, pp. 137-40, 2002.

Seleção de grupo e o enigma evolutivo da cooperação. Robert Boyd, "The puzzle of human sociality", *Science*, 314, pp. 1555-6, 2006; Martin Nowak, Corina Tarnita e Edward O. Wilson, "The evolution of eusociality", *Nature*, 466, pp. 1059-62, 2010.

Reciprocidade indireta. Martin A. Nowak e Karl Sigmund, "Evolution of indirect reciprocity", *Nature*, 437, pp. 1291-8, 2005; Gretchen Vogel, "The evolution of the Golden Rule", *Science*, 303, pp. 1128-31, 2004.

Os papéis complexos do humor. Matthew Gervais e David Sloan Wilson, "The evolution and functions of laughter and humor: A synthetic approach", *Quarterly Review of Biology*, 80, pp. 395-430, 2005.

Altruísmo genuíno nos humanos. Robert Boyd, "The puzzle of human sociality", *Science*, 314, pp. 1555-6, 2006.

Seleção de grupo e altruísmo. Samuel Bowles, "Group competition, reproductive leveling, and the evolution of human altruism", *Science*, 314, pp. 1569-72, 2006.

Diferencial de renda e qualidade de vida. Michael Sargent, "Why inequality is fatal", *Nature*, 458, pp. 1109-10, 2009; Richard G. Wilkinson e Kate Pickett, *The Spirit Level: Why More Equal Societies Almost Always Do Better.* Nova York: Allen Lane, 2009.

Punição altruísta. Robert Boyd et al., "The evolution of altruistic punishment", *Proceedings of the National Academy of Sciences, U.S.A.*, 100 (6), pp. 3531-

-5, 2003; Dominique J.-F. de Quervain et al., "The neural basis of altruistic punishment", *Science*, 305, pp. 1254-8, 2004; Christoph Hauert et al., "Via freedom to coercion: The emergence of costly punishment", *Science*, 316, pp. 1905-7, 2007; Benedikt Herrmann, Christian Thöni e Simon Gächter, "Antisocial punishment across societies", *Science*, 319, pp. 1362-7, 2008; Louis Putterman, "Cooperation and punishment", *Science*, 328, pp. 578-9, 2010.

25. AS ORIGENS DA RELIGIÃO [PP. 308-22]

Crença dos cientistas em Deus. Gregory W. Graffin e William B. Provine, "Evolution, religion, and free will", *American Scientist*, 95 (4), pp. 294-7, 2007.

Religião nos Estados Unidos e Europa. Phil Zuckerman, "Secularization: Europe — Yes, United States — No", *Skeptical Inquirer*, 28 (2), pp. 49-52, mar.-abr. 2004.

Sobre o deísmo e a derradeira criação. Thomas Dixon, "The shifting ground between the carbon and the Christian", *Times Literary Supplement*, pp. 3-4, 22 e 29 dez. 2006.

Ética e lei moral universais. Paul R. Ehrlich, "Intervening in evolution: Ethics and actions", *Proceedings of the National Academy of Sciences, U.S.A.*, 98 (10), pp. 5477-80, 2001; Robert Pollack, "DNA, evolution, and the moral law", *Science*, 313, pp. 1890-1, 2006.

Predisposições cognitivas à crença religiosa. Pascal Boyer, "Religion: Bound to believe?", *Nature*, 455, pp. 1038-9, 2008.

Atividade do cérebro e imaginação. J. Allan Cheyne e Bruce Bower, "Night of the crusher", *Time*, pp. 27-9, 19 jul. 2005. Uma cobertura completa da função cerebral e da crença no sobrenatural, incluindo os fundadores e profetas religiosos, é fornecida por vários autores em Rhaw Joseph (Org.), *Neurotheology: Brain, Science, Spirituality, Religious Experience*. San Jose, CA: University of California Press, 2002.

Sonhos induzidos por ayahuasca. Frank Echenhofer, "Ayahuasca shamanic visions: Integrating neuroscience, psychotherapy, and spiritual perspectives", em Barbara Maria Stafford (Org.), *A field guide to a new meta-field: Bridging the humanities-neurosciences divide*. Chicago: University of Chicago Press, 2011. Os sonhos citados por Echenhofer foram originalmente registrados pelo antropólogo Milciades Chaves e pelo psiquiatra Claudio Naranjo.

Drogas alucinógenas e profetas religiosos. Richard C. Schultes, Albert Hoffmann e Christian Rätsch, *Plants of the Gods: Their sacred, healing, and hallucinogenic powers*, ed. rev. Rochester, VT: Healing Arts Press, 1998.

Os passos evolutivos para a religião moderna. Robert Wright, *The Evolution of God*. Nova York: Little, Brown, 2009.

26. AS ORIGENS DAS ARTES CRIATIVAS [PP. 323-41]

Excitação óptica no desenho visual. Gerda Smets, *Aesthetic Judgment and Arousal: An Experimental Contribution to Psycho-Aesthetics*. Leuven, Bélgica: Leuven University Press, 1973.

Biofilia e o habitat humano preferido. Gordon H. Orians, "Habitat selection: General theory and applications to human behavior", em Joan S. Lockard (Org.), *The Evolution of Human Social Behavior*. Nova York: Elsevier, 1980, pp. 49-66; Edward O. Wilson, *Biophilia*. Cambridge, MA: Harvard University Press, 1984; Stephen R. Kellert e Edward O. Wilson (Orgs.), *The Biophilia Hypothesis*. Washington: Island Press, 1993; Stephen R. Kellert, Judith H. Heerwagen e Martin L. Mador (Orgs.), *Biophilic Design: The Theory, Science, and Practice of Bringing Buildings to Life*. Hoboken, NJ: Wiley, 2008; Timothy Beatley, *Biophilic cities: Integrating Nature into Urban Design and Planning*. Washington: Island Press, 2011.

Sobre a ficção como verdade. E. L. Doctorow, "Notes on the history of fiction", *Atlantic Monthly Fiction Issue*, pp. 88-92, ago. 2006.

O despontar das artes criativas. Michael Balter, "On the origin of art and symbolism", *Science*, 323, pp. 709-11, 2009; Elizabeth Culotta, "On the origin of religion", *Science*, 326, pp. 784-7, 2009.

O sentido da arte das cavernas paleolíticas. R. Dale Guthrie, *The Nature of Paleolithic Art*. Chicago: University of Chicago Press, 2005; William H. McNeill, "Secrets of the cave paintings", *New York Review of Books*, pp. 20-3, 19 out. 2006; Michael Balter, "Going deeper into the Grotte Chauvet", *Science*, 321, pp. 904-5, 2008.

Instrumentos musicais paleolíticos. Lois Wingerson, "Rock music: Remixing the sounds of the Stone Age", *Archaeology*, pp. 46-50, set.-out. 2008.

Canções e danças de caçadores e coletores. Cecil Maurice Bowra, *Primitive Song*. Londres: Weidenfeld & Nicolson, 1962; Richard B. Lee e Richard Heywood Daly (Orgs.), *The Cambridge encyclopedia of hunters and gatherers*. Nova York: Cambridge University Press, 1999.

Relação entre linguagem e música. Aniruddh D. Patel, "Music as a transformative technology of the mind", em Aniruddh D. Patel, *Music, Language, and the Brain*. Oxford: University of Oxford Press, 2008.

27. UM NOVO ILUMINISMO [PP. 345-59]

Controvérsia sobre a teoria da aptidão inclusiva. Martin A. Nowak, Corina E. Tarnita e Edward O. Wilson, "The evolution of eusociality", *Nature*, 466, pp. 1059-62, 2010; resposta dos críticos em *Nature*, mar. 2011, on-line.

Globalização e a ampliação da identificação com grupo pessoal. Nancy R. Buchan et al., "Globalization and human cooperation", *Proceedings of the National Academy of Sciences, U.S.A.*, 106 (11), pp. 4138-42, 2009.

Índice remissivo

ESTA OBRA FOI COMPOSTA EM MINION PELO ACQUA ESTÚDIO E IMPRESSA
PELA PROL EDITORA GRÁFICA EM OFSETE SOBRE PAPEL PÓLEN SOFT DA SUZANO
PAPEL E CELULOSE PARA A EDITORA SCHWARCZ EM FEVEREIRO DE 2013